普通高等教育机电类系列教材

现代设计方法基础

第 2 版

主编　孟宪颐
参编　高振莉　刘永峰　梁清香
主审　王长松

机械工业出版社

本书主要介绍常用的现代设计方法的基本原理，特别是有限元法、优化设计和可靠性的基础知识和求解机械工程问题的步骤。

第 1 章简要介绍了现代设计方法产生和发展的背景及其特点；第 2 章介绍了有限元方法的基本原理，特别是结合工程机械，着重介绍了平面问题、杆件结构、板壳问题、空间问题以及动力问题的求解原理，并分别结合目前流行的结构分析软件 ANSYS 给出一些求解实例；第 3 章介绍了优化设计的基本概念和原理，以及几种常用的优化设计方法的原理和求解步骤，对机械优化设计中的一些常见问题的处理也做了简要介绍，举例说明了机械结构和机构两大类型的优化设计数学模型的建立过程；第 4 章介绍了可靠性工程的基础知识、机械零件的可靠性设计、系统可靠性设计及疲劳强度的可靠性分析的原理和方法；第 5 章简要介绍了其他一些常用的现代设计方法。

本书可作为高等学校机械类专业本科生及研究生的教材，也可供有关工程技术人员阅读与参考。

本书配有电子课件，向授课教师免费提供，需要者可登录机械工业出版社教育服务网（www.cmpedu.com）下载。

图书在版编目（CIP）数据

现代设计方法基础/孟宪颐主编 . —2 版 . —北京：机械工业出版社，2015. 11（2023. 6 重印）

普通高等教育机电类系列教材

ISBN 978-7-111-52174-7

Ⅰ. ①现… Ⅱ. ①孟… Ⅲ. ①机械设计—高等学校—教材 Ⅳ. ①TH122

中国版本图书馆 CIP 数据核字（2015）第 270738 号

机械工业出版社（北京市百万庄大街 22 号 邮政编码 100037）
策划编辑：蔡开颖 责任编辑：蔡开颖 段晓雅 章承林
责任校对：纪 敬 封面设计：张 静
责任印制：单爱军
北京虎彩文化传播有限公司印刷
2023 年 6 月第 2 版第 6 次印刷
184mm×260mm · 14.75 印张 · 363 千字
标准书号：ISBN 978-7-111-52174-7
定价：39.80 元

电话服务　　　　　　　　　　网络服务
客服电话：010-88361066　　机　工　官　网：www.cmpbook.com
　　　　　010-88379833　　机　工　官　博：weibo.com/cmp1952
　　　　　010-68326294　　金　书　网：www.golden-book.com
封底无防伪标均为盗版　机工教育服务网：www.cmpedu.com

第2版前言

本书是在第 1 版的基础上，根据几年来的教学实践和应用型大学相关专业对现代设计方法教学的要求，对原书的一些内容和章节做了增删和修改。如根据工程分析软件 ANSYS 的发展和应用情况，在第 2 章中增加了 ANSYS Workbench 的应用介绍和一些实例，以使学习者能够与最新版本的工程软件保持同步应用。在第 4 章中增加了采用 AN-SYS 进行可靠性分析的介绍，使学习者能够全面了解和初步掌握采用 ANSYS 求解结构分析、优化设计和可靠性工程所涉及的问题和能力。通过软件的应用过程，将使学习者更能理解现代设计方法的基本思想和知识内容，更有助于理论与实际应用的结合。考虑到应用型大学的培养目标及专业要求，本次修订时将第 1 版第 4 章中的可靠性试验一节以及其他章节中的一些推导过程删除。另外，对第 1 版中的一些错误和容易混淆的符号进行了修正。

本书第 1、3、5 章由孟宪颐编写，第 2 章由高振莉编写，第 4 章由刘永峰、梁清香编写，全书由孟宪颐主编统稿。全书由王长松教授主审。由于作者水平有限，书中难免存在错误和叙述不周之处，谨请广大读者及专业人员批评指正。

编　者

第1版前言

　　20世纪中后期以来，在社会经济发展需求的推动下，新的设计理念不断涌现，随着计算机技术的飞速发展，设计方法发生了革命性的变化。其中应用最广的有限元法、优化设计和可靠性、计算机辅助设计等技术是从20世纪50年代开始发展起来的。20世纪70年代末到80年代初，这些方法逐渐在我国推广。目前，现代设计方法的工程应用已经在世界范围内产生了巨大的社会效益和经济效益，现代设计方法也已经发展到几十种之多。由于这些方法的先进性，很快得到了我国研究人员和工程技术人员的重视和科技教育部门的关注。随着在设计和制造单位的推广和应用，这些方法已成为设计人员必不可少的设计技术手段。对高等院校机械工程专业教学也产生了重大影响，现代设计方法课程应运而生。20世纪80年代初期，有限元法、优化设计和可靠性课程首先在我国高校的研究生教学中开设，随后，各个高校纷纷在本科生中开设这些课程。现代设计方法包括了所有新出现的设计方法和分析方法，除了较早的有限元法、优化设计、可靠性、计算机辅助设计、模糊设计外，像稳健设计、虚拟设计、绿色设计、并行工程、智能CAD、机电一体化设计、创新设计、动态设计、神经网络及其在机械工程中的应用、工程遗传算法、智能工程、价值工程、工业艺术造型设计、人机工程模块化设计、相似性设计、反求工程设计、建模与仿真技术、面向X的设计等都属于现代设计方法范畴。但是如何统一称呼这些方法呢？北京建筑工程学院的教师在全国首先推出了"现代设计法"的提法，并从20世纪80年代开始在机械本科生中分别开设有限元法、优化设计和可靠性课程，至今已开设了20余届，取得了很好的效果和经验。在大部分高等院校，逐渐约定俗成地将这些方法统称为"现代设计方法"，并纷纷开设了该课程。可以说，"现代设计方法"这个名称已经得到了广泛的认可。至于开设的课程中，包含了多少种方法，则各取所需。但不管怎样，有限元法、优化设计和可靠性这"老三样"是必不可少的。而计算机辅助设计（CAD）则往往单独开设为一门课程。目前，市场上介绍现代设计方法的同类教材中，适用于应用型大学本科生及研究生的较少。特别是对以工程机械等行业为特色的大学来说，适合培养对象的现代设计方法的教材为数更少。另外在我国的机械工程行业，有为数不少的工程技术人员对采用现代设计方法进行分析和设计还比较陌生。对于他们来说，并不需要了解过多的理论知识，而应主要侧重基本原理的了解，方法和实际应用步骤的掌握。我国在各个领域开展了大规模的基本建设，工程机械得到了大力的发展，急需能够采用先进技术开展工程机械的设计、制造和使用的工程技术人员。因此，编写一本适合应用型大学、特别针对以工程机械为设计分析对象的本科生和研究生的现代设计方法的教材，同时也可作为这些行业的工程技术人员的参考书是非常必要的。本书是编著者依据长期教学经验，并参考了一些书籍编写而成的。本书的主要特色是紧密结合机械工程实际，结合应用型大学人才的培养定位，使学生或不熟悉现代设计方法的读者，以最短的时间掌握现代设计方法的基本原理、实际运用步骤和方法。书中还结合现代设计方法应用，介绍了目前最为流行的结构分析软件的使用。书中除了介绍现代设计方法的基础知识外，还选编了一部分提高内容，因此在教学使用中，可根据本科生、研究生以及专业的不同要求对书中内容进行取舍。

本书可作为高等院校机械类专业本科生及研究生的教材，也可供有关工程技术人员阅读与参考。

本书的第1、3、5章由孟宪颐编写，第2章由高振莉编写，第4章由刘永峰编写。全书由孟宪颐主编、统稿。全书由王长松教授主审。为了配合学生的双语教学，作为学生的辅助学习材料和内容的补充，特别参考了张维刚、钟志华教授编的《Advanced Design Methods》一书，在此对两位教授表示感谢，同时对本书参考的其他资料的作者也在此一并致谢。由于作者水平有限，书中难免有一些不够周全，甚至错误的地方，希望同行专家和广大读者指正。

本书配有电子课件，向授课教师免费提供，需要者可登录机工教育服务网（www. cmpedu. com）下载。

编　者

目　　录

第1章 绪 论

本章学习目标和要点

本章的学习目标是使读者在学习现代设计方法基础知识前，对现代设计方法的整体有一个概括了解，从而在学习后面的内容时做到心中有数。本章中，读者应学习了解现代设计方法产生的背景和基本思想，以及现代设计方法的主要特点和目前常用相关应用软件的基本情况。

1.1 概述

在当今世界，随着科学技术的飞速发展，新的领域不断被开辟，新技术不断涌现，促进了经济的高速发展。同时，也使企业间的竞争日益激烈，而且这种竞争已成为世界范围内技术水平、经济实力的全面竞争。这种竞争必然促进生产力的提高，促进设计方法和手段的改进。现代设计方法就是在这样的社会竞争下发展起来的。

从 20 世纪 50 年代开始，随着计算机技术的发展和新的设计思想及理念的出现，一些先进的设计方法得到了发展，并首先在发达国家得到了推广和应用。20 世纪 70 年代后期，随着我国的改革开放，这些方法也逐渐被我国的学术界和工程界所重视。最早得到重视和应用的是有限元法、优化设计、可靠性、CAD 等技术，这些技术在工程设计的各个方面都有应用。可以说，20 世纪以来是设计方法发生巨大变革的时期，新的设计方法已经或将对工程设计领域产生非常重大和深远的影响。

设计随着时代的变化而发展，通常用"传统设计"与"现代设计"来分别指过去和当前的设计方法。那么，现代设计方法与传统设计方法有什么区别呢？传统设计方法是一种经历了直觉设计、经验设计、半经验半理论设计三个阶段并于 20 世纪 50 年代后期形成的，至今仍被广泛采用的设计方法，也称之为经典的设计方法。传统设计方法基本上是凭借直接或间接的经验，通过类比法来确定方案，然后以机械零件的强度和刚度理论对确定的形状和尺寸进行必要的计算和验算，以满足限定的约束条件的。例如，在 CAD 技术运用之前，传统设计仅依赖于手工的操作，不仅费时，而且限制设计师的思维。传统设计图样以二维形式为工具，很难向工程技术人员展示出设计的结论。这样一来，对设计结论进行计算、判断及改进就困难多了。还有，对一个工程问题，传统设计靠分析方法来解决，并且伴有许多的假设或简化。原因是由于数学工具有限而非工程本身的需要。现代设计方法法则是以设计产品为目标的一个知识群体的总称，运用了系统工程，实行人-机-环境一体化设计，设计思想、设计进程和设计组织更合理化。它采用了动态的分析方法，使问题分析动态化，设计进程和战略、设计方案和数据的选择广义化，计算、绘图甚至分析计算机化。在现代设计方法中最早得到应用的 CAD 和 CAE 技术被认为是对传统设计方法的一种革新。CAD 取代了人工绘图，而 CAE 取代了分析和计算。应用 CAD 技术以来，大部分设计工作可以由计算机完成，设计者可以从计算结果中迅速得到数据，并且可以更容易地对数据进行复制、修改和存储。更为重要的是，三维计算机图形可直接反映出设计结果，可实现工程物理数据可视化，比如应力场、速度场和温度场等。因此，对工程师来说，可以更方便地对相应的设计实现计算、优化和分析。随着 CAE 技术的发展，只要计算机有足够的容量，复杂的工程问题就能进行高精度的求解。正因为 CAE 技术的强大功能，那些以前被认为不能设计的产品，现在也能实现。包括 CAD、CAE 技术在内，现代设计方法同样包含一些现代设计理念，例如产品的优化、可靠性，产品制造过程的并行工程等。产品的优化是指在某些条件下完成产品的评价指标优化，可靠性是指研究部件、产品或系统在规定时间、规定条件下完成规定功能而不失效的概率，并行工程则是一种综合工程设计、制造、管理经营的思想、方法和工作模式。

现代设计方法包括了几乎所有新发展的设计和分析方法，除了较早的有限元法、优化设计、可靠性设计、计算机辅助设计、模糊设计外，像稳健设计、虚拟设计、绿色设计、并行工程、智能计算机辅助设计、机电一体化设计、创新设计、动态设计、神经网络及其应用、工程遗传算法、价值工程、工业艺术造型设计、模块化设计、相似性设计、反求工程设计、建模与仿真技术、面向 X 的设计等都属于现代设计方法。

但是，无论什么样的设计方法的产生都与科技发展的水平有关，与社会和生产力的需求有关，也与人们的设计观念有关。所谓的现代设计方法是在传统设计方法发展的过程中产生的，因此，传统设计方法仍然是现代设计方法的基础，起码在现阶段是如此。

1.2　现代设计方法的特点

1. 多种方法综合运用

现代设计综合运用信息论、优化论、相似论、模糊论和可靠性理论等自然科学理论，同时采用集合、矩阵、图论、数学规划等数学工具和电子计算机技术，提供多种解决设计问题的科学途径。

2. 全生命周期和多目标优化设计

传统设计仅局限于产品的设计，而现代设计考虑产品的全生命周期，包含客户需求分析、生产计划、产品制造、测试、维护、价格、可回收等。传统设计中往往是单目标设计。现代设计中由于计算速度提高和采用先进的设计方法，往往可以同时考虑多个目标，实现多目标的优化设计。

3. 计算机化和可视化

传统设计已经被计算机辅助设计所取代，计算机在设计方面的应用已经从早期的工程分析与计算，发展到现代的优化设计、立体建模、设计过程监测和实现制造的可视化、仿真等。在设计周期被大大缩短的同时，产品质量也得到极大的改善。传统设计中产品与部件的形状仅仅是制造出来后才能看到，而现代设计中，由于采用了计算机三维立体造型技术、仿真技术及可视化制造技术，一个产品或部件的形状，甚至工作过程可以在制造前就能看到。因此，很容易对设计结果进行改进或优化，避免产品制造完成后，由于修改设计而带来损失。

4. 分析趋于精确化

在传统设计中，载荷和应力被认为是集中作用和不变的，改进产品可靠性的方法只能通过增加安全系数来实现。但在实际中，载荷和应力通常是随机分布和动态的，增加设计安全系数对改进产品的可靠性并不总是有效的。因此，现代设计更关注载荷与应力的分布特性和动态特性。通过有限元法这一强大的工具，产品的实际工作状态和最终结果可被准确地模拟和获得，并可根据概率和统计理论预测出产品的可靠性。

5. 环境保护和节约能源

人类环境由于现代工业的发展，日益受到破坏。现今的产品设计必须考虑环境因素，由于设备运行而引起的环境污染应该越来越少，对人体的危害也应降到最低程度。因此，设计中考虑环境应是现代设计的一个发展趋势。绿色设计的方法可以在设计阶段充分评价产品对环境的影响和可回收性。

6. 制造过程的集成化

传统设计中产品的设计、制造和检测等是独立的工作过程，设计信息在向其他过程的传递当中，由于不同技术人员的理解以及其他原因，可能带来信息的偏差。现代设计中采用统一的产品数据模型，保证了产品全生命周期过程中数据的统一性，同时，大大提高了各个过程之间数据的转换效率。

1.3 现代设计方法应用软件简介

随着现代设计方法的广泛使用，大量现代设计方法的应用软件应运而生。国际知名的商业化有限元分析软件主要有 SAP 系列、NASTRAN、ANSYS、ADINA、ABAQUS、ALGOR、COSMOS、LS-DYNA 、MARC 等。在这些分析软件中备有各种类型的单元，能够求解静力学、动力学、线性及非线性问题、流体动力学、电磁学、运动学问题等。由于软件和硬件技术的原因，较早发展的软件界面使用并不方便，前、后处理功能非常简单。最初的有限元模型由人工绘制问题简化后的图形，并由人工划分网格，采集数据完成后，采用纸带、纸卡片穿孔实现输入，非常麻烦，输出结果也只是一大串数据。后来采用磁盘数据文件输入，再后来发展到用屏幕界面交互方式输入。图像技术、人机交互技术及智能化网格划分技术的发展，使得分析软件从两个方面发展其功能。一方面是大部分有限元软件都在其核心分析功能的基础上增加了非常完善的前后处理功能，而这些处理功能逐渐发展为以三维建模为基础的自动网格划分和其他的边界条件的智能化处理，如 ANSYS 等。另一方面是有些计算机辅助设计软件在其强大的图形功能的基础上加入了有限元分析功能，利用其本身的三维建模优势，把有限元的前、中、后处理功能集成到了一起，如 PRO/E、UG、CATIA 等。而后来兴起的各种仿真软件则直接采用有限元进行结构的力学仿真，如 ADAMS、SolidWorks、IDEAS 等。在这些软件中，除了有些本身就具备的三维造型、设计绘图功能以及有限元分析外，还有不少的加入了优化和可靠性分析功能。譬如新版的 ANSYS Workbench 就将实体建模与有限元分析及其他功能集成在一起，已然不仅仅是单纯的有限元分析软件了。应该说，只要是现代设计方法中涉及的数值计算工作，目前都能够找到相应的应用软件。

ANSYS 是国际上流行的工程分析软件，在我国 ANSYS 的用户数量更是占了绝对的优势，这主要是由于 ANSYS 软件在我国高校、企业长期的推广和其优秀的前后处理能力。本书在介绍有限元法、优化设计方法和可靠性工程时均以 ANSYS 作为分析工具介绍这些方法的应用，部分章节还介绍了使用 ANSYS Workbench 求解工程问题的内容。

1.4 本书内容

本书主要介绍目前发展最为成熟和在工程界应用最为广泛的有限元法、优化设计和可靠性工程，并对其他一些新的方法做了简要的描述，以助于读者从整体上了解现代设计方法的基本原理。本书第 2 章介绍有限元法的基本原理，特别是结合工程机械设计中经常遇到的工程问题，着重介绍了平面问题、杆件结构、板壳结构、空间结构以及动态问题的求解原理及步骤，并分别结合目前流行的结构分析软件 ANSYS 给出一些求解实例，本章还对 ANSYS Workbench 的应用做了介绍；第 3 章介绍了优化设计的基本概念和原理，以及一维搜索方法、无约束和有约束优化中常用方法的原理和求解步骤，对机械优化设计中的一些常见问题，如数学模型的规格化、多目标优化、离散变量优化问题也作了简要介绍，举例说明了机械结构和机构两大类型的优化设计数学模型的建立过程，并对采用 ANSYS 求解优化问题作了介绍；第 4 章介绍了可靠性工程的基础知识，以及机械零件的可靠性设计、系统可靠性设计及疲劳强度的可靠性分析的原理和方法，对采用 ANSYS 分析可靠性问题做了介绍；第 5 章简要介绍了其他一些近年来发展起来的现代设计方法。

第2章　有限元法基础

本章学习目标和要点

学习目标：

在工程技术领域中，有许多力学问题或场的问题，很难用理论分析的办法求得其解，而有限元法是解决此类问题的有效方法。本章通过对工程技术领域几个典型问题的分析，详细讲解运用有限元法求解这些问题的原理和过程。通过本章的学习，学习者应能了解有限元法的基本原理和方法，获得运用有限元法解决工程实际问题的能力。

学习要点：

1. 有限元法求解问题的基本思路。
2. 平面问题、梁问题、空间问题、薄板及壳问题和动力问题的有限元基本理论和方法。
3. 工程分析软件 ANSYS 的使用方法和分析解决实际问题的步骤。

2.1　有限元法简介

本节学习要点

了解有限元法的产生、发展过程及在工程实际中的应用，熟知该方法的分析过程。

2.1.1　有限元法的产生及基本思想

在工程技术领域中，对于许多力学问题或场问题，有时可以建立基本方程，即常微分方程或偏微分方程，再加上相应的边界条件，以求出方程的解。但用解析法求精确解往往比较困难，除非方程比较简单，且几何边界相当规则的少数问题，对于大多数工程技术问题则很少有解析解；另有一些工程技术问题微分方程式也难以建立，更无法求解。因此，人们曾提出两种古典的近似求解法，即有限差分法与变分法，以弥补求解方式的不足。

有限差分法的实质就是将由物理模型建立的微分方程及其相应的边界条件离散化，建立相应的差分方程组来代替，求得的是近似的数值解，但是当遇到几何形状复杂的边界时，有限差分法解的精度往往受到限制，甚至不可能求出解。

变分法是研究泛函极值问题的一种方法，泛函中的变量是函数，因此泛函是函数的函数。在实际的工程技术问题中，有时直接对微分方程的边值问题求解非常困难，但由变分原理可知，微分方程的边值问题的解等价于相应泛函极值问题的解，因此将微分方程的边值问题转化为泛函的变分问题来求解反而容易。泛函一般以积分形式表达，而能量一般也以积分形式的泛函表达，因此变分法在此也可称为能量法。

有限元法是变分问题直接法中的一种有效方法。它利用离散化的概念，直接对研究的问题（对象）进行离散化处理，省略了有限差分法中需建立微分方程的中间环节，并使有限元法在利用变分原理时，只要假定求解函数的分段连续就可以了，降低了变分法中函数整体连续的要求，把数值解与解析解结合起来。从整体而言，有限元法是数值解；从分段而言，它又是解析解。

因此，有限元法的基本思想就是把弹性体假想地分割成为有限个单元所组成的集合体，即在计算的图形上划分网格，分成有限个单元，简称离散化。这些单元仅在其顶角处互相连接，这些连接点称为节点。离散化的组合体与真实的弹性体的区别在于组合体中单元与单元之间的连接除节点外，再无任何关联。但是这种连接必须满足变形协调条件，既不能出现裂缝，也不允许发生重叠。显然，单元之间只能通过节点传递内力。通过节点传递的内力称为节点力。作用在节点上的载荷称为节点载荷。当弹性体受到外力作用发生变形时，组成它的各个单元也将发生变形，因而各个节点将产生不同程度的位移，这种位移称为节点位移。

2.1.2　有限元法的分析过程

1. 结构离散化

应用有限元法来分析工程问题的第一步是将结构离散化（图2-1）。其过程就是将待分析的结构用一些假想的线或面进行切割，使其成为具有选定切割形状的有限个单元体。这些单元体被认为仅仅在单元的一些指定点处相互连接，这些单元上的点则成为单元的节点。这一步的实质也就是用单元的集合体来代替原来的结构。为了便于理论推导和用计算程序进行分析，一般结构离散化的具体步骤是：建立单元和整体坐标系，对单元和节点进行合理的编号，为后续有限元分析准备必需的数据化信息。

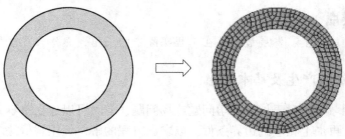

图 2-1　结构离散化

2. 确定单元位移模式

结构离散化后，接下来的工作就是对结构离散化所得的任一典型单元进行所谓单元特征分析。为此，首先必须对该单元中任意一点的位移分布做出假设。即在单元内用只具有有限自由度的简单位移代替真实位移。对单元来说，就是将单元中任意一点的位移近似地表示为该单元节点位移的函数，该位移称为单元的位移模式或位移函数。位移函数的假设合理与否，将直接影响有限元分析的计算精度、效率和可靠性。目前，比较常用的方法是以多项式作为位移模式。这主要是因为多项式的微积分运算比较简单，而且从泰勒级数展开的意义来说，任何光滑函数都可以用无限项的泰勒级数多项式来展开。位移模式的合理选择是有限元法的最重要内容之一。所谓创建一种新型的单元，位移模式的确定是其核心内容。本书后续各章将结合具体单元，对其进行较详细的讨论。

3. 单元特性分析

确定了单元位移模式后，就可以对单元做如下三个方面的工作。

1）利用应变和位移之间的关系即几何方程，将单元中任意一点的应变用待定的单元节点位移来表示。

2）利用应力和应变之间的关系即物理方程，推导出用单元节点位移表示的单元中任意一点应力的矩阵方程。

3）利用虚位移原理或最小势能原理（对其他类型的一些有限元将应用其他对应的变分原理）建立单元刚度方程。

4. 整体分析

在确定了每个单元的单元刚度方程之后，可以将各单元集合成整体结构进行分析，建立起表示整个结构节点平衡的方程组，即整体刚度方程。然后引入结构的边界条件，对方程组进行求解，得出节点位移，并进而求出各单元的内力和变形。

5. 输出结果分析

在得出节点位移，并进而求出各单元的内力和变形后，可对数据结果进行整理分析。分析的主要内容有：应力场、应变场、位移场、速度场和温度场等。目前商用有限元软件已很发达，计算机可按照指令完成用户下达的任务，并以图形、数字和场等多种形式表达出来，满足用户的需求。

2.1.3 有限元法在工程中的应用

经过60多年的发展，有限元法的应用范围经历了由杆状构件问题发展到弹性力学平面问题，并进一步扩展到空间问题和板壳问题；由静力平衡问题扩展到稳定问题、动力问题、波动问题和接触问题。研究的对象从弹性材料扩展到弹塑性、黏弹性和黏塑性复合材料问题。由研究小变形问题扩展到研究大变形问题，由简单的线性问题扩展到复杂的非线性问题，由固体力学扩展到流体力学、热传导、电磁学等连续介质领域。可以说有限元法作为一种数值计算方法已渗透到了科学工程的方方面面，可以解决几乎所有的连续介质和场的问题，在机械工程、土木工程、航空结构、热传导、电磁场、流体力学、地质力学、核工程和生物医学工程等各个领域中得到了越来越广泛的应用。其计算结果的应用已成为各类工业产品设计和性能分析的可靠及有效的手段。以机电行业为例，目前有限元法可用于以下几类分析：

1）结构线性静力分析。主要有各类机械零件（如连杆、齿轮、带轮、轴、轴承座等零件）的受力分析，压力容器的受力分析，悬臂梁的受力分析等。

2）动力学分析。主要有圆柱齿轮的模态分析、电动机系统谐响应分析、汽车碰撞模拟分析。

3）非线性分析。材料成形模拟分析、圆柱壳的屈曲分析等。

4）流体力学分析、热传导分析等。研究流体的势流、流体的黏性流动；在电磁学、热传导领域用来研究固体和流体中的稳态温度分布、瞬态热流问题，以及进行二维时变、三维时变、高频电磁场分析等。

>>>>>>>>>

本章以弹性平面问题为首例，逐步对平面单元、梁单元、板单元、空间问题及动力问题进行分析，以实例求解过程来展示有限元法在机械工程领域的应用。

2.2 弹性力学基础知识

📝 **本节学习要点**

1. 两类平面问题的特征。
2. 弹性力学基本方程和虚功原理。

材料力学主要研究杆、梁、柱，结构力学主要研究杆系（或梁系），弹性力学主要研究实体和板的受力与变形。工程中的许多构件是由实体或板构成的，而且有限元法所能解决的问题有许多是属于弹性力学范畴，因此要解决工程问题和学好有限元法必须掌握弹性力学知识。弹性力学假设所研究的物体是连续的、完全弹性的、均匀的、各向同性的、微小变形的和无初应力的，并在这六条假设的基础上研究受力物体一点上的应力、应变、变形和平衡关系。为了简单起见，下面以弹性力学平面问题为例。

2.2.1 弹性力学平面问题

工程中许多构件形状与受力状态使它们可以简化为弹性平面问题处理。平面问题有两大类：平面应力问题与平面应变问题。

1. 平面应力问题

如图 2-2 所示，一个矩形薄板受到外力作用。如果板的厚度远小于板的长度，外力平行作用于 xOy 平面，且沿 z 轴方向均匀分布，这类问题就称为平面应力问题。此时的应力、应变状态为：$\sigma_z = 0$，$\varepsilon_z \neq 0$，$\tau_{yz} = \tau_{xz} = 0$。很多机器零部件的应力状态均可看作平面应力状态，例如发动机的连杆。

2. 平面应变问题

如图 2-3 所示，一个水坝受到沿 z 轴方向均匀分布的外力作用。取截面 xOy 为研究对象，则沿 z 轴上的应变为零，这类问题称为平面应变问题。此时的应力、应变状态为：$\varepsilon_z = 0$，$\sigma_z \neq 0$，$\gamma_{yz} = \gamma_{xz} = 0$。在机械零件中滚柱轴承可看作平面应变问题。

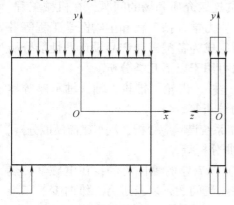

图 2-2　矩形薄板受力分布

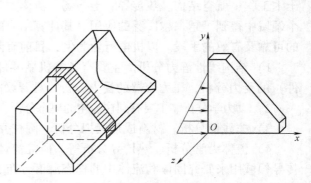

图 2-3　水坝受力模型

2.2.2 弹性力学基本方程

1. 应变-位移关系

可以用两种方法描述物体的变形。一种方法是给出 x 方向的位移，用 u 表示；y 方向的位移，用 v 表示。另一种方法是给出应变的无穷小量，如图2-4所示，给出了在 xOy 平面上的各应变分量。应变分量的定义描述如下：

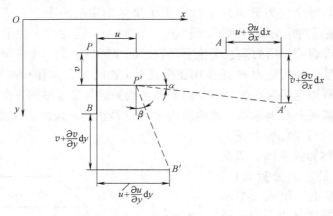

图2-4 微小单元应变

在一个弹性体上任取一点 P，考虑到沿 x、y 方向存在无穷小的线段 PA、PB。由外力作用产生变形，P、A、B 三点相应地移到新的位置，即 P'、A'、B'。令 P 点在 x、y 方向的位移用 u、v 表示，则 A 点在 x 方向的位移分量为 $u + (\partial u/\partial x)\mathrm{d}x$。那么，在 x 方向上，应变分量可由以下形式表示，即

$$\varepsilon_x = \frac{u + \dfrac{\partial u}{\partial x}\mathrm{d}x - u}{\mathrm{d}x} = \frac{\partial u}{\partial x} \tag{a}$$

同理，y 方向的应变分量可表示为

$$\varepsilon_y = \frac{\partial v}{\partial y} \tag{b}$$

在 PA 与 PB 之间夹角的改变定义为切应变。由于 PA 位移产生的角度为 α，则

$$\alpha = \frac{v + \dfrac{\partial v}{\partial x}\mathrm{d}x - v}{\mathrm{d}x} = \frac{\partial v}{\partial x} \tag{c}$$

由 PB 位移产生的角度为 β，同理有

$$\beta = \frac{\partial u}{\partial y}$$

因此，在 PB 与 PA 间的夹角的变化为

$$\gamma_{xy} = \alpha + \beta = \frac{\partial v}{\partial x} + \frac{\partial u}{\partial y} \tag{2-1}$$

联立式（a）、式（b）和式（2-1），则平面问题的应变位移关系可表示为

$$\varepsilon_x = \frac{\partial u}{\partial x}, \quad \varepsilon_y = \frac{\partial v}{\partial y}, \quad \gamma_{xy} = \frac{\partial v}{\partial x} + \frac{\partial u}{\partial y} \tag{2-2}$$

从式（2-2）中可以看出，只要给出位移分量，就能确定应变分量。另外，给定应变分量，并不能唯一确定位移分量。这是因为：如果一个物体内存在相同的应变分布，那么在不同的边界条件下，物体可能有不同的刚体运动。

2. 应变-应力关系

（1）三维问题中的应变-应力关系　研究三维问题时，先假定一个如图 2-5 所示的正六面体。在正六面体中，有 3 对平面，两两相同。在每个平面上，都有 3 个应力分量，一个正应力，两个切应力。每个应力分量均平行于 3 个坐标轴中的一个。正应力分量用 σ 表示，用 x、y、z 为下标表示对应分量分别平行于 x、y、z 轴。切应力用 τ 表示，下标由两个字母来表示，前一个字母表明作用面垂直于该字母表示的坐标轴，后一个字母表明作用方向沿着该字母表示的坐标轴，如切应力 τ_{xy} 是作用在垂直于 x 轴的面上，沿 y 轴方向。

应力分量的符号被定义为：如果一个面的外法线矢量与坐标轴的正向一致，那么该截面就称为正表面，该截面上与坐标轴一致的应力方向也是正的；反之，应力分量的方向为负。若截面的外法线矢量与坐标轴的正向相反，那么该截面称为负表面，该截面上与坐标轴一致的应力分量为负；反之，应力分量为正。如图 2-5 所示，由以上符号的描述可以看出，所有的应力分量均为正。

由图 2-5 可看出，正六面体一共有 9 个应力分量，即 3 个正应力和 6 个切应力。这 6 个切应力中，仅有 3 个是独立的且存在以下关系，即

$$\tau_{xy} = \tau_{yx}, \quad \tau_{yz} = \tau_{zy}, \quad \tau_{zx} = \tau_{xz}$$

所以，共有 6 个应力独立分量。相应地，有 6 个应变独立分量。由胡克定律，应力与应变的关系可表示为

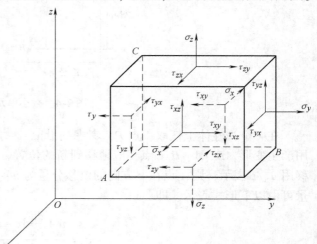

图 2-5　六面体单元应力分量

$$\left.\begin{aligned}
\varepsilon_x &= \frac{1}{E}\left[\sigma_x - \mu(\sigma_y + \sigma_z)\right] \\
\varepsilon_y &= \frac{1}{E}\left[\sigma_y - \mu(\sigma_x + \sigma_z)\right] \\
\varepsilon_z &= \frac{1}{E}\left[\sigma_z - \mu(\sigma_x + \sigma_y)\right]
\end{aligned}\right\} \tag{2-3}$$

$$\gamma_{xy} = \frac{1}{G}\tau_{xy}, \quad \gamma_{yz} = \frac{1}{G}\tau_{yz}, \quad \gamma_{xz} = \frac{1}{G}\tau_{zx}$$

式中，E 为弹性模量；G 为切变模量；μ 为泊松比。

E、G 之间的关系为

$$G = \frac{E}{2(1+\mu)} \tag{2-4}$$

对于各向同性材料的线性弹性体，以上所述的分量均不随应变应力或坐标的变化而改变，也不随坐标轴的方位而改变。

（2）平面应力问题中的应变-应力关系　对于平面应力问题，有 $\sigma_z = \tau_{yz} = \tau_{xz} = 0$，由式（2-3）、式（2-4）可得

$$\left.\begin{aligned}
\varepsilon_x &= \frac{1}{E}(\sigma_x - \mu\sigma_y) \\
\varepsilon_y &= \frac{1}{E}(\sigma_y - \mu\sigma_x) \\
\gamma_{xy} &= \frac{2(1+\mu)}{E}\tau_{xy}
\end{aligned}\right\} \tag{2-5}$$

以上为平面应力问题的应力-应变关系式。此时式（2-3）中的第3个公式变为

$$\varepsilon_z = -\frac{\mu}{E}(\sigma_x + \sigma_y) \tag{2-6}$$

这表明：ε_z 为 σ_x、σ_y 的函数，不是独立分量。由式（2-2）可得，$\gamma_{yz} = \gamma_{xz} = 0$，根据式（2-5），应力分量为

$$\left.\begin{aligned}
\sigma_x &= \frac{E}{1-\mu^2}(\varepsilon_x + \mu\varepsilon_y) \\
\sigma_y &= \frac{E}{1-\mu^2}(\varepsilon_y + \mu\varepsilon_x) \\
\tau_{xy} &= \frac{E}{2(1+\mu)}\gamma_{xy} = \left(\frac{E}{1-\mu^2}\right)\frac{1-\mu}{2}\gamma_{xy}
\end{aligned}\right\} \tag{2-7}$$

为讨论更方便，式（2-7）可用下面的矩阵形式表示为

$$\boldsymbol{\sigma} = \boldsymbol{D}\boldsymbol{\varepsilon} \tag{2-8}$$

$$\boldsymbol{\sigma} = \begin{pmatrix} \sigma_x \\ \sigma_y \\ \tau_{xy} \end{pmatrix}, \quad \boldsymbol{\varepsilon} = \begin{pmatrix} \varepsilon_x \\ \varepsilon_y \\ \gamma_{xy} \end{pmatrix}, \quad \boldsymbol{D} = \frac{E}{1-\mu^2}\begin{pmatrix} 1 & \mu & 0 \\ \mu & 1 & 0 \\ 0 & 0 & \dfrac{1-\mu}{2} \end{pmatrix} \tag{2-9}$$

其中，$\boldsymbol{D}$ 称为平面弹性问题的弹性矩阵。弹性矩阵是对称的，其元素仅为弹性常数的函数。

（3）平面应变问题中的应变-应力关系式　对于平面应变问题，有 $\varepsilon_z = \gamma_{yz} = \gamma_{xz} = 0$，由式（2-3）可得

$$\tau_{yz} = 0, \quad \tau_{zx} = 0, \quad \sigma_z = \mu(\sigma_x + \sigma_y) \tag{2-10}$$

从式（2-10）可看出，σ_z 是 σ_x、σ_y 的函数，σ_x、σ_y 是独立变量。因此，共有3个独立应力分量 σ_x、σ_y 和 τ_{xy}。将式（2-10）代入式（2-3）得

$$\left.\begin{aligned}
\varepsilon_x &= \frac{1-\mu^2}{E}\left(\sigma_x - \frac{\mu}{1-\mu}\sigma_y\right) \\
\varepsilon_y &= \frac{1-\mu^2}{E}\left(\sigma_y - \frac{\mu}{1-\mu}\sigma_x\right) \\
\gamma_{xy} &= \frac{2(1+\mu)}{E}\tau_{xy} = \frac{2\left(1+\dfrac{\mu}{1-\mu}\right)}{\dfrac{E}{1-\mu^2}}\tau_{xy}
\end{aligned}\right\} \tag{2-11}$$

式（2-11）是用应变-应力关系表示的平面应变问题，该式也可用矩阵形式表示为

$$\boldsymbol{\sigma} = \boldsymbol{D}\boldsymbol{\varepsilon}$$

其中
$$\boldsymbol{D} = \frac{E(1-\mu)}{(1+\mu)(1-2\mu)} \begin{pmatrix} 1 & \dfrac{\mu}{1-\mu} & 0 \\ \dfrac{\mu}{1-\mu} & 1 & 0 \\ 0 & 0 & \dfrac{1-2\mu}{2(1-\mu)} \end{pmatrix} \tag{2-12}$$

3. 平衡微分方程

作用于物体的外力可分为两类：体力和面力。重力和惯性力都属于体力。面力主要是液体压力和物体表面接触力。体力分量分别在 x、y 方向上用 X、Y 表示。面力主要用于边界条件的研究，其分量表示为 $\overline{X}$、$\overline{Y}$。根据弹性力学可知，在只有体力的情况下，x、y 方向上的平衡方程表示为

$$\left. \begin{array}{l} \dfrac{\partial \sigma_x}{\partial x} + \dfrac{\partial \tau_{yx}}{\partial y} + X = 0 \\[2mm] \dfrac{\partial \sigma_y}{\partial y} + \dfrac{\partial \tau_{xy}}{\partial x} + Y = 0 \end{array} \right\} \tag{2-13}$$

如果要考虑面力，则要建立另外的方程。

4. 虚功原理

在应用中，会发现微分方程式（2-13）使用起来并不是很方便。因此，若要求出平衡方程的另一种形式，虚功原理是经常要用的。接下来阐述虚功原理：假设某一物体受体力 X、Y 和面力 $\overline{X}$、$\overline{Y}$ 的作用。由外力可得内应力 σ_x、σ_y 和 τ_{xy}。物体上产生的虚位移是 u^*、v^*，虚应变是 ε_x^*、ε_y^* 和 γ_{xy}^*。外力在虚位移上所做的功可表示为

$$W = \iint_A (Xu^* + Yv^*)t\mathrm{d}x\mathrm{d}y + \int_{S1} (\overline{X}u^* + \overline{Y}v^*)t\mathrm{d}s \tag{2-14}$$

式中，t 表示物体（板）的厚度。

内应力在虚应变上做的功可表示为

$$U = \iint_A (\sigma_x \varepsilon_x^* + \sigma_y \varepsilon_y^* + \tau_{xy} \gamma_{xy}^*)t\mathrm{d}x\mathrm{d}y \tag{2-15}$$

由虚功原理，可知

$$W = U \tag{2-16}$$

若外力均为集中力，用 F_1、F_2、$\cdots$、F_n 表示，将 x、y 方向上的虚位移用 δ_1^*、δ_2^*、$\cdots$、δ_n^* 表示，则式（2-16）可表示为

$$\sum_{i=1}^n F_i \delta_i^* = \iint_A (\sigma_x \varepsilon_x^* + \sigma_y \varepsilon_y^* + \tau_{xy} \gamma_{xy}^*)t\mathrm{d}x\mathrm{d}y \tag{2-17}$$

用矩阵表示为

$$\boldsymbol{\Delta}^{*\mathrm{T}} \boldsymbol{F} = \iint_A \boldsymbol{\varepsilon}^{*\mathrm{T}} \boldsymbol{\sigma} t\mathrm{d}x\mathrm{d}y \tag{2-18}$$

式（2-18）称为虚功方程式。在有限元分析中，经常用到的是以虚功方程式来代替平衡微分方程式。

2.3 弹性平面问题的有限元法

本节学习要点

1. 弹性平面三角形三节点单元的单元和整体分析过程。
2. 单元刚度矩阵和整体刚度矩阵的形成和特性。
3. ANSYS 软件求解平面问题的步骤，包括建立模型、划分单元、选择材料、施加边界条件、求解和查看结果等过程。
4. ANSYS 平面问题求解实例。

2.3.1 结构离散及单元划分

通常，弹性体可看作是由无数个材料粒子和无限个自由度组成的连续介质。对于一个具有无限个自由度的复杂几何体，通常不可能得到精确的解析解。为解决这一问题，可以将任意一个物体近似为只在有限的节点处通过简单单元连接的组合体。那么，这样一个系统就具有有限的自由度，从而使得采用数值方法成为可能。这种用有限单元代替某一连续体的过程称为结构离散。这是有限元方法的基本思想。

在平面问题中，用于结构离散的有限单元有多种类型。如图 2-6 所示，有三角形三节点单元、矩形四节点单元、四边形四节点单元、三角形六节点单元、曲边四边形八节点单元。对单元形状的要求是：三角形三节点单元三条边长应尽量接近，不应出现钝角，以避免计算结果出现大的偏差；对于矩形单元，长度和宽度也不宜相差过大。

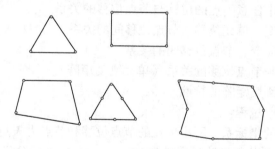

图 2-6 部分单元形状

图 2-10 表示的是结构离散的一个例子，其中用到了三节点连接的三角形单元，并规定：单元之间仅在节点处铰接，单元间的力只通过节点传递，外载荷只加在节点上。

单元的划分基本上是任意的，有很大的灵活性，其大小主要根据精度要求和计算机容量及其费用来确定。通常在应力变化比较剧烈处，单元宜划分得密一些，单元大小要逐渐过渡，每个单元的边长不能相差太大。图 2-7a～c 所示为齿轮轮齿的网格划分图。图 2-7a 所示为三角形单元；图 2-7b 所示为边缘处用三角形单元，中部用矩形单元；图 2-7c 所示为边缘处用曲线四边形单元，中部用任意四边形单元。由于齿根部分应力较集中，单元应划分得较密些。图 2-7d 所示为连杆的三角形单元图，在小孔处应力较集中，单元划分得较密，这样才能保证计算精确可靠。

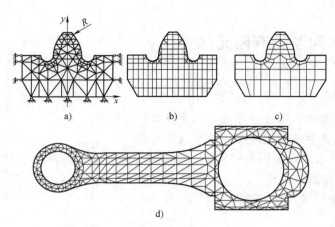

图 2-7　单元划分实例

a）三角形单元　b）三角形与矩形单元

c）曲线四边形单元与任意四边形单元　d）连杆的三角形单元

2.3.2　三角形单元分析

在完成结构离散和单元划分后，就要对各个单元进行分析。单元分析中，最主要的任务是计算单元刚度矩阵。因为单元刚度矩阵是实现节点力与节点位移关系转化的纽带。进行单元分析的步骤如下：

第 1 步，选择合适的坐标系，写出单元的节点位移和节点力矢量。

第 2 步，选择适当的位移模式（函数）。

第 3 步，求出单元中任意一点的位移与节点位移的关系。

第 4 步，求单元应变、单元位移、节点位移间的关系。

第 5 步，求应力、应变、节点位移间的关系。

第 6 步，求节点力与节点位移的关系（单元刚度矩阵）。

第 7 步，分析单元刚度矩阵的特性。

下面来具体分析这些过程：

第 1 步，选择合适的坐标系，写出单元的节点位移和节点力矢量。图 2-8 所示为三节点组成的三角形单元。节点以逆时针顺序排列为：i、j、m，坐标分别为 $x_i y_i$、$x_j y_j$、$x_m y_m$，位移沿 x、y 方向分别为 u_i、v_i，u_j、v_j，u_m、v_m。力沿 x、y 方向分别为 U_i、V_i，U_j、V_j，U_m、V_m，则单元的节点力与节点位移是

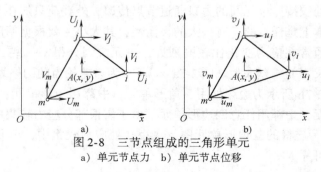

图 2-8　三节点组成的三角形单元

a）单元节点力　b）单元节点位移

$$
\boldsymbol{F}^e = \begin{pmatrix} \boldsymbol{F}_i \\ \boldsymbol{F}_j \\ \boldsymbol{F}_m \end{pmatrix} = \begin{pmatrix} U_i \\ V_i \\ U_j \\ V_j \\ U_m \\ V_m \end{pmatrix}, \qquad \boldsymbol{\delta}^e = \begin{pmatrix} \boldsymbol{\delta}_i \\ \boldsymbol{\delta}_j \\ \boldsymbol{\delta}_m \end{pmatrix} = \begin{pmatrix} u_i \\ v_i \\ u_j \\ v_j \\ u_m \\ v_m \end{pmatrix}
$$

第 2 步，选择适当的位移模式（函数）。对于一个复杂的弹性体，要想用某种函数来描述整体内任意点的位移是困难的。但将弹性体离散化为许多微小的单元，则在一个单元的局部范围内是可以把某一点的位移近似地表达为其坐标的函数，这个表达式称为单元位移模式。

假定位移分布用简单而通用的方法，此时可将位移模式设为线性函数，即

$$
\left.\begin{array}{l} u(x,y) = \alpha_1 + \alpha_2 x + \alpha_3 y \\ v(x,y) = \alpha_4 + \alpha_5 x + \alpha_6 y \end{array}\right\} \tag{2-19}
$$

式中，x、y 为单元内任意点的坐标；u、v 则为该点沿 x、y 方向的位移；α 为位移参数。

式（2-19）用矩阵形式表示为

$$
\begin{pmatrix} u(x,y) \\ v(x,y) \end{pmatrix} = \begin{pmatrix} 1 & x & y & 0 & 0 & 0 \\ 0 & 0 & 0 & 1 & x & y \end{pmatrix} \begin{pmatrix} \alpha_1 \\ \alpha_2 \\ \alpha_3 \\ \alpha_4 \\ \alpha_5 \\ \alpha_6 \end{pmatrix} \tag{2-20}
$$

可缩写为

$$
\boldsymbol{\delta}(x,y) = \boldsymbol{f}(x,y)\boldsymbol{\alpha} \tag{2-21}
$$

由式（2-21）可以看出，如果位移参数 $\boldsymbol{\alpha}$ 已知，则可计算出任一点的位移。

第 3 步，求出单元中任意一点的位移 $\boldsymbol{\delta}$（x，y）与节点位移 $\boldsymbol{\delta}^e$ 的关系。这一步的目的是求出位移参数 $\boldsymbol{\alpha}$。显然，如果已知位移参数 $\boldsymbol{\alpha}$ 与位移矢量 $\boldsymbol{\delta}^e$ 的关系，则可求出节点位移与单元内任一点坐标间的关系式，把 x 方向上的位移值代入式（2-19），可得

$$
\left.\begin{array}{l} u_i = \alpha_1 + \alpha_2 x_i + \alpha_3 y_i \\ u_j = \alpha_1 + \alpha_2 x_j + \alpha_3 y_j \\ u_m = \alpha_1 + \alpha_2 x_m + \alpha_3 y_m \end{array}\right\} \tag{2-22}
$$

从式（2-22）中可求得位移参数，结果为

$$
\alpha_1 = \frac{|A_1|}{|A|}, \quad \alpha_2 = \frac{|A_2|}{|A|}, \quad \alpha_3 = \frac{|A_3|}{|A|} \tag{2-23}
$$

其中

$$
|\boldsymbol{A}| = \begin{pmatrix} 1 & x_i & y_i \\ 1 & x_j & y_j \\ 1 & x_m & y_m \end{pmatrix}, \quad |\boldsymbol{A}_1| = \begin{pmatrix} u_i & x_i & y_i \\ u_j & x_j & y_j \\ u_m & x_m & y_m \end{pmatrix}
$$

$$|\boldsymbol{A}_2| = \begin{pmatrix} 1 & u_i & y_i \\ 1 & u_j & y_j \\ 1 & u_m & y_m \end{pmatrix}, \quad |\boldsymbol{A}_3| = \begin{pmatrix} 1 & x_i & u_i \\ 1 & x_j & u_j \\ 1 & x_m & u_m \end{pmatrix}$$

若用三点坐标法求三角形的面积，则为

$$\Delta = \frac{x_i + x_j}{2}(y_j - y_i) + \frac{x_m + x_i}{2}(y_i - y_m) - \frac{x_j + x_m}{2}(y_j - y_m)$$

$$= \frac{1}{2}(x_i y_j - x_j y_i + x_m y_i - x_i y_m + x_j y_m - x_m y_j) \tag{2-24}$$

其中可看出，$|\boldsymbol{A}|$ 的值为三角形面积的两倍。若设

$$\left. \begin{array}{l} a_i = x_j y_m - x_m y_j, \ a_j = x_m y_i - x_i y_m, \ a_m = x_i y_j - x_j y_i \\ b_i = y_j - y_m, \ b_j = y_m - y_i, \ b_m = y_i - y_j \\ c_i = x_m - x_j, \ c_j = x_i - x_m, \ c_m = x_j - x_i \end{array} \right\} \tag{2-25}$$

那么式（2-23）可改写成

$$\left. \begin{array}{l} \alpha_1 = \dfrac{1}{2\Delta}(a_i u_i + a_j u_j + a_m u_m) \\[2mm] \alpha_2 = \dfrac{1}{2\Delta}(b_i u_i + b_j u_j + b_m u_m) \\[2mm] \alpha_3 = \dfrac{1}{2\Delta}(c_i u_i + c_j u_j + c_m u_m) \end{array} \right\} \tag{2-26}$$

同理，将 y 方向上的位移值代入式（2-19）还可以得到

$$\boldsymbol{v}_i = \alpha_4 + \alpha_5 \boldsymbol{x}_i + \alpha_6 \boldsymbol{y}_j$$
$$\boldsymbol{v}_j = \alpha_4 + \alpha_5 \boldsymbol{x}_j + \alpha_6 \boldsymbol{y}_j$$
$$\boldsymbol{v}_m = \alpha_4 + \alpha_5 \boldsymbol{x}_m + \alpha_6 \boldsymbol{y}_m$$

再经过式（2-19）~式（2-25）的推导得

$$\left. \begin{array}{l} \alpha_4 = \dfrac{1}{2\Delta}(a_i v_i + a_j v_j + a_m v_m) \\[2mm] \alpha_5 = \dfrac{1}{2\Delta}(b_i v_i + b_j v_j + b_m v_m) \\[2mm] \alpha_6 = \dfrac{1}{2\Delta}(c_i v_i + c_j v_j + c_m v_m) \end{array} \right\} \tag{2-27}$$

将式（2-26）与式（2-27）联立，写成矩阵的形式，即

$$\boldsymbol{\alpha} = \boldsymbol{A}\boldsymbol{\delta}^e \tag{2-28}$$

其中
$$\boldsymbol{A} = \frac{1}{2\Delta} \begin{pmatrix} a_i & 0 & a_j & 0 & a_m & 0 \\ b_i & 0 & b_j & 0 & b_m & 0 \\ c_i & 0 & c_j & 0 & c_m & 0 \\ 0 & a_i & 0 & a_j & 0 & a_m \\ 0 & b_i & 0 & b_j & 0 & b_m \\ 0 & c_i & 0 & c_j & 0 & c_m \end{pmatrix} \tag{2-29}$$

A 可理解为坐标矩阵，因为它是坐标的函数。$\boldsymbol{\delta}^e$ 为单元节点位移矩阵。所以，若已知位移矢量 $\boldsymbol{\delta}^e$，则通过 A 可得位移参数 $\boldsymbol{\alpha}$。此时式（2-21）可写为

$$\boldsymbol{\delta}(x,y) = \boldsymbol{f}(x,y)A\boldsymbol{\delta}^e \tag{2-30}$$

将式（2-30）中的右边三个矩阵乘积合并可得

$$\left.\begin{array}{l} u(x,y) = N_i u_i + N_j u_j + N_m u_m \\ v(x,y) = N_i v_i + N_j v_j + N_m v_m \end{array}\right\} \tag{2-31}$$

其中，N_i、N_j、N_m 的计算式为

$$\left.\begin{array}{l} N_i(x,y) = \dfrac{1}{2\Delta}(a_i + b_i x + c_i y) \\[2mm] N_j(x,y) = \dfrac{1}{2\Delta}(a_j + b_j x + c_j y) \\[2mm] N_m(x,y) = \dfrac{1}{2\Delta}(a_m + b_m x + c_m y) \end{array}\right\} \tag{2-32}$$

写为矩阵的形式为

$$\boldsymbol{\delta}(x,y) = \begin{pmatrix} \boldsymbol{u}(x,y) \\ \boldsymbol{v}(x,y) \end{pmatrix} = \begin{pmatrix} N_i(x,y) & 0 & N_j(x,y) & 0 & N_m(x,y) & 0 \\ 0 & N_i(x,y) & 0 & N_j(x,y) & 0 & N_m(x,y) \end{pmatrix} \begin{pmatrix} u_i \\ v_i \\ u_j \\ v_j \\ u_m \\ v_m \end{pmatrix}$$

$$= \begin{bmatrix} N_i(x,y), N_j(x,y), N_m(xy) \end{bmatrix} \begin{pmatrix} \delta_i \\ \delta_j \\ \delta_m \end{pmatrix} = N(x,y)\boldsymbol{\delta}^e \tag{2-33}$$

由式（2-31）可知，当 $u_i = 1$ 而其他节点位移为 0 时，单元内任意点的位移为：$u(x,y) = N_i(x,y)$。同理，当 $v_i = 1$ 时，其他节点上的位移为 0，则 $v(x,y) = N_i(x,y)$。图 2-9 表示了单元在单位位移前后得到的形状。因此，函数 $N_i(x,y)$ 的物理意义是：当节点 i 发生单位位移，其他节点的位移是 0 时，函数 N_i 表示了单元内部的位移分布形状，故称为形状函数，亦称形函数。N_j、N_m 也有相似的意义。由式（2-32）可知形函数是线性函数，则式（2-33）也是坐标的线性函数。

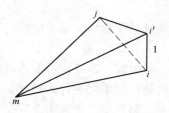

图 2-9　单元变形前后形状

第 4 步，求单元应变、单元位移、节点位移间的关系。以上讨论了由单元节点位移求出单元内各点位移的方法，现在将讨论如何由各点位移求出相应的应变。因式（2-31）也可写为

$$\left.\begin{array}{l} u(x,y) = N_i(x,y)u_i + N_j(x,y)u_j + N_m(x,y)u_m \\ v(x,y) = N_i(x,y)v_i + N_j(x,y)v_j + N_m(x,y)v_m \end{array}\right\} \tag{2-34}$$

由应变的定义可得

>>>>>>>

$$
\left.\begin{aligned}
\varepsilon_x &= \frac{\partial u}{\partial x} = \frac{\partial N_i(x,y)}{\partial x}u_i + \frac{\partial N_j(x,y)}{\partial x}u_j + \frac{\partial N_m(x,y)}{\partial x}u_m \\
\varepsilon_y &= \frac{\partial v}{\partial y} = \frac{\partial N_i(x,y)}{\partial y}v_i + \frac{\partial N_j(x,y)}{\partial y}v_j + \frac{\partial N_m(x,y)}{\partial y}v_m \\
\gamma_{xy} &= \frac{\partial u}{\partial y} + \frac{\partial v}{\partial x} = \frac{\partial N_i(x,y)}{\partial y}u_i + \frac{\partial N_j(x,y)}{\partial y}u_j + \frac{\partial N_m(x,y)}{\partial y}u_m + \\
& \quad \frac{\partial N_i(x,y)}{\partial x}v_i + \frac{\partial N_j(x,y)}{\partial x}v_j + \frac{\partial N_m(x,y)}{\partial x}v_m
\end{aligned}\right\} \tag{2-35}
$$

将形函数方程式（2-32）写成分别对 x、y 的偏微分形式可得

$$
\left.\begin{aligned}
\varepsilon_x &= \frac{\partial u}{\partial x} = \frac{1}{2\Delta}(b_i u_i + b_j u_j + b_m u_m) \\
\varepsilon_y &= \frac{\partial v}{\partial x} = \frac{1}{2\Delta}(c_i v_i + c_j v_j + c_m v_m) \\
\gamma_{xy} &= \frac{\partial u}{\partial y} + \frac{\partial v}{\partial x} = \frac{1}{2\Delta}(c_i u_i + c_j u_j + c_m u_m) + \frac{1}{2\Delta}(b_i v_i + b_j v_j + b_m v_m)
\end{aligned}\right\} \tag{2-36}
$$

将式（2-36）可写为矩阵形式，即

$$
\begin{pmatrix} \varepsilon_x \\ \varepsilon_y \\ \gamma_{xy} \end{pmatrix} = \frac{1}{2\Delta} \begin{pmatrix} b_i & 0 & b_j & 0 & b_m & 0 \\ 0 & c_i & 0 & c_j & 0 & c_m \\ c_i & b_i & c_j & b_j & c_m & b_m \end{pmatrix} \begin{pmatrix} u_i \\ v_i \\ u_j \\ v_j \\ u_m \\ v_m \end{pmatrix}
$$

若令
$$
\boldsymbol{B} = \begin{pmatrix} \boldsymbol{B}_i & \boldsymbol{B}_j & \boldsymbol{B}_m \end{pmatrix}
$$

$$
\boldsymbol{B}_i = \frac{1}{2\Delta}\begin{pmatrix} b_i & 0 \\ 0 & c_i \\ c_i & b_i \end{pmatrix}, \quad \boldsymbol{B}_j = \frac{1}{2\Delta} = \begin{pmatrix} b_j & 0 \\ 0 & c_j \\ c_j & b_j \end{pmatrix}, \quad \boldsymbol{B}_m = \frac{1}{2\Delta}\begin{pmatrix} b_m & 0 \\ 0 & c_m \\ c_m & b_m \end{pmatrix} \tag{2-37}
$$

经过上述推导，单元应变可写为

$$
\boldsymbol{\varepsilon} = \boldsymbol{B}\boldsymbol{\delta}^e \tag{2-38}
$$

由式（2-37）可看出，矩阵 $\boldsymbol{B}$ 的各元素均为常数。每个单元内的应变均为常数，这也就是这类单元为什么被称为常应变三角形单元的原因。

第 5 步，求应力、应变、节点位移间的关系。应变已求出，那么求应力也就不难了。将式（2-38）代入应力、应变关系式中，可得

$$
\boldsymbol{\sigma} = \boldsymbol{D}\boldsymbol{\varepsilon} = \boldsymbol{D}\boldsymbol{B}\boldsymbol{\delta}^e \tag{2-39}
$$

这里需要说明的是，对平面应力问题和平面应变问题，矩阵 $\boldsymbol{D}$ 的表达式不同，它们分别为：

平面应力

$$
\boldsymbol{D} = \frac{E}{1-\mu^2}\begin{pmatrix} 1 & \mu & 0 \\ \mu & 1 & 0 \\ 0 & 0 & \dfrac{1-\mu}{2} \end{pmatrix}
$$

平面应变

$$D = \frac{E(1-\mu)}{(1+\mu)(1-2\mu)} \begin{pmatrix} 1 & \dfrac{\mu}{1-\mu} & 0 \\[3mm] \dfrac{\mu}{1-\mu} & 1 & 0 \\[3mm] 0 & 0 & \dfrac{1-2\mu}{2(1-\mu)} \end{pmatrix}$$

第6步，求节点力与节点位移的关系（单元刚度矩阵）。现在来讨论如何由单元应力求出单元节点力。要求出节点力，首先在自由体上取一单元，则节点力是作用在该单元上的外力载荷，此时单元内部会产生相应的应力。根据虚功原理，外力虚功应等于内力虚功，所以节点力在节点虚位移上所做的功等于单元内部应力在虚应变上所做的虚功，因此可得到单元应力与单元节点力之间的转化关系。定义节点力矢量和内应力矢量为

$$\boldsymbol{F}^e = \begin{pmatrix} \boldsymbol{F}_i \\ \boldsymbol{F}_j \\ \boldsymbol{F}_m \end{pmatrix} = \begin{pmatrix} U_i \\ V_i \\ U_j \\ V_j \\ U_m \\ V_m \end{pmatrix}, \quad \boldsymbol{\sigma} = \begin{pmatrix} \sigma_x \\ \sigma_y \\ \tau_{xy} \end{pmatrix} \tag{2-40}$$

式中，U_i、V_i、U_j、V_j、U_m、V_m 分别为节点 i、j、m 在 x、y 方向上的节点力。

相应的节点虚位移矢量和虚应变矢量则为

$$\boldsymbol{\delta}^{*e} = \begin{pmatrix} u_i^* \\ v_i^* \\ u_j^* \\ v_j^* \\ u_m^* \\ v_m^* \end{pmatrix}, \quad \boldsymbol{\varepsilon}^* = \begin{pmatrix} \varepsilon_x^* \\ \varepsilon_y^* \\ \gamma_{xy}^* \end{pmatrix} \tag{2-41}$$

此时的外力虚功为虚位移与虚应变的积之和，即

$$\boldsymbol{W} = u_i^* U_i + v_i^* V_i + u_j^* U_j + v_j^* V_j + u_m^* U_m + v_m^* V_m$$

$$= (u_i^*, v_i^*, u_j^*, v_j^*, u_m^*, v_m^*) \begin{pmatrix} U_i \\ V_i \\ U_j \\ V_j \\ U_m \\ V_m \end{pmatrix} = \boldsymbol{\delta}^{*eT} \boldsymbol{F}^e \tag{2-42}$$

计算内力虚功时，在单元中取一个微小的矩形作为研究对象，设单元厚度为 t，此时单元有应力与虚应变，微小的矩形的内力虚功为

$$dQ = (\varepsilon_x^* \sigma_x + \varepsilon_y^* \sigma_y + \gamma_{xy}^* \tau_{xy})t\mathrm{d}x\mathrm{d}y = (\varepsilon_x^*, \quad \varepsilon_y^*, \quad \gamma_{xy}^*)\begin{pmatrix}\sigma_x\\\sigma_y\\\tau_{xy}\end{pmatrix}t\mathrm{d}x\mathrm{d}y = \boldsymbol{\varepsilon}^{*\mathrm{T}}\boldsymbol{\sigma}t\mathrm{d}x\mathrm{d}y$$

整个单元的内力虚功为

$$Q = \iint_A \mathrm{d}Q = \iint_A \boldsymbol{\varepsilon}^{*\mathrm{T}}\boldsymbol{\sigma}t\mathrm{d}x\mathrm{d}y \tag{2-43}$$

由虚功原理，令式（2-42）等于式（2-43），可得

$$\boldsymbol{\delta}^{*\mathrm{eT}}\boldsymbol{F}^{\mathrm{e}} = \iint_A \boldsymbol{\varepsilon}^{*\mathrm{T}}\boldsymbol{\sigma}t\mathrm{d}x\mathrm{d}y \tag{2-44}$$

由式（2-38）可知

$$\boldsymbol{\varepsilon}^* = \boldsymbol{B}\boldsymbol{\delta}^{*\mathrm{e}}$$
$$\boldsymbol{\varepsilon}^{*\mathrm{T}} = \boldsymbol{\delta}^{*\mathrm{eT}}\boldsymbol{B}^{\mathrm{T}} \tag{2-45}$$

将式（2-45）代入式（2-44），有

$$\boldsymbol{\delta}^{*\mathrm{eT}}\boldsymbol{F}^{\mathrm{e}} = \iint_A \boldsymbol{\delta}^{*\mathrm{eT}}\boldsymbol{B}^{\mathrm{T}}\boldsymbol{\sigma}t\mathrm{d}x\mathrm{d}y \tag{2-46}$$

注意到虚位移矢量是一个常量并且是任意的，所以在方程的两边同时约去得

$$\boldsymbol{F}^{\mathrm{e}} = \iint_A \boldsymbol{B}^{\mathrm{T}}\boldsymbol{\sigma}t\mathrm{d}x\mathrm{d}y$$

在一般的应变三角形单元中，$\boldsymbol{B}$、$\boldsymbol{\sigma}$ 均为常量，t 为单元厚度。所以，上式可变为

$$\boldsymbol{F}^{\mathrm{e}} = \boldsymbol{B}^{\mathrm{T}}\boldsymbol{\sigma}t\Delta \tag{2-47}$$

其中

$$\Delta = \iint_A \mathrm{d}x\mathrm{d}y$$

显然，节点力矢量可通过式（2-47）中应力矢量求得。将 $\boldsymbol{\sigma}$ 由位移矢量 $\boldsymbol{\delta}^{\mathrm{e}}$ 和式（2-39）表示，可得

$$\boldsymbol{F}^{\mathrm{e}} = \boldsymbol{B}^{\mathrm{T}}\boldsymbol{\sigma}t\Delta = \boldsymbol{B}^{\mathrm{T}}\boldsymbol{D}\boldsymbol{\varepsilon}t\Delta = \boldsymbol{B}^{\mathrm{T}}\boldsymbol{D}\boldsymbol{B}\boldsymbol{\delta}^{\mathrm{e}}t\Delta \tag{2-48}$$

写为

$$\boldsymbol{F}^{\mathrm{e}} = \boldsymbol{k}^{\mathrm{e}}\boldsymbol{\delta}^{\mathrm{e}} \tag{2-49}$$

则

$$\boldsymbol{k}^{\mathrm{e}} = \boldsymbol{B}^{\mathrm{T}}\boldsymbol{D}\boldsymbol{B}t\Delta \tag{2-50}$$

$$\boldsymbol{k}^{\mathrm{e}} = \iint_A \boldsymbol{B}^{\mathrm{T}}\boldsymbol{D}\boldsymbol{B}t\mathrm{d}x\mathrm{d}y \tag{2-51}$$

式中，$\boldsymbol{k}^{\mathrm{e}}$ 称为单元刚度矩阵。

第7步，分析单元刚度矩阵的特性。

（1）物理意义　三节点三角形单元的单元刚度矩阵是一个 6×6 阶矩阵，可表示为

$$\begin{pmatrix}U_i\\V_i\\U_j\\V_j\\U_m\\V_m\end{pmatrix} = \begin{pmatrix}k_{11}&k_{12}&k_{13}&k_{14}&k_{15}&k_{16}\\k_{21}&k_{22}&k_{23}&k_{24}&k_{25}&k_{26}\\k_{31}&k_{32}&k_{33}&k_{34}&k_{35}&k_{36}\\k_{41}&k_{42}&k_{43}&k_{44}&k_{45}&k_{46}\\k_{51}&k_{52}&k_{53}&k_{54}&k_{55}&k_{56}\\k_{61}&k_{62}&k_{63}&k_{64}&k_{65}&k_{66}\end{pmatrix}\begin{pmatrix}u_i\\v_i\\u_j\\v_j\\u_m\\v_m\end{pmatrix} \tag{2-52}$$

单元刚度矩阵的每个元素均为刚度系数，它的物理意义是由单位节点位移而引起的节点力的变化。具体来讲，一个单元中节点 i、j、m 上的位移分量各有 2 个，力的分量也各有 2 个，它们的下标值分别表示为

$$i\,节点\begin{cases}U_i = 1\\V_i = 2\\u_i = 1\\v_i = 2\end{cases}, \quad j\,节点\begin{cases}U_j = 3\\V_j = 4\\u_j = 3\\v_j = 4\end{cases}, \quad m\,节点\begin{cases}U_m = 5\\V_m = 6\\u_m = 5\\v_m = 6\end{cases}$$

在单元刚度矩阵中，刚度系数的前一个下标代表力，后一个下标代表位移，因此 k_{61} 的意义为：当 i 节点上有单位水平位移而其他节点的位移分量均为零时，所引起的 m 节点在垂直方向上的节点力。k_{16} 则是当 m 节点上有单位垂直位移而其他节点的位移分量均为零时，所引起的 i 节点在水平方向上的节点力。

（2）分块形式　如果不考虑每个节点力与位移的方向，则式（2-52）的单元刚度矩阵可以表示为

$$\boldsymbol{k}^e = \begin{pmatrix} k_{ii} & k_{ij} & k_{im} \\ k_{ji} & k_{jj} & k_{jm} \\ k_{mi} & k_{mj} & k_{mm} \end{pmatrix} \tag{2-53}$$

此时 k_{ij} 的物理意义为：j 节点的单位位移对 i 节点所产生的力，此时式（2-52）可写为

$$\begin{pmatrix} \boldsymbol{F}_i \\ \boldsymbol{F}_j \\ \boldsymbol{F}_m \end{pmatrix} = \begin{pmatrix} k_{ii} & k_{ij} & k_{im} \\ k_{ji} & k_{jj} & k_{jm} \\ k_{mi} & k_{mj} & k_{mm} \end{pmatrix} \begin{pmatrix} \boldsymbol{\delta}_i \\ \boldsymbol{\delta}_j \\ \boldsymbol{\delta}_m \end{pmatrix} \tag{2-54}$$

其中

$$\boldsymbol{F}_i = \begin{pmatrix} U_i \\ V_i \end{pmatrix}, \quad \boldsymbol{F}_j = \begin{pmatrix} U_j \\ V_j \end{pmatrix}, \quad \boldsymbol{F}_m = \begin{pmatrix} U_m \\ V_m \end{pmatrix}$$

$$\boldsymbol{\delta}_i = \begin{pmatrix} u_i \\ v_i \end{pmatrix}, \quad \boldsymbol{\delta}_j = \begin{pmatrix} u_j \\ v_j \end{pmatrix}, \quad \boldsymbol{\delta}_m = \begin{pmatrix} u_m \\ v_m \end{pmatrix}$$

（3）对称性　刚度矩阵是一个对称矩阵，其元素满足以下条件，即

$$k_{ij} = k_{ji} \quad (i = 1 \sim 6,\ j = 1 \sim 6) \qquad （证明略）$$

（4）奇异性　刚度矩阵每行元素之和为零，即

$$|\,\boldsymbol{k}^e\,| = 0 \qquad （证明略）$$

它的物理意义是：在无约束的条件下，单元可做刚体运动。

2.3.3　整体分析

在完成了对每一个单元进行的分析、求出单元刚度矩阵后，需对这个连续体进行整体分析。整体分析的原则是：将所有的有限单元通过节点集成一个连续整体。这个过程分为以下5个步骤：

第1步，确定总体刚度矩阵。整体刚度矩阵集成的规则为

1）先求出每个单元的刚度矩阵 $\boldsymbol{k}^e$。

2）将其中的每个子块送到整体刚度矩阵的相应位置。

3）将同一位置上的子块进行叠加，即形成整体刚度矩阵。

以图2-10所示的悬臂梁为例，此问题可划分为2个单元、4个节点，此时有8个节点位

>>>>>>>>>

移分量和8个节点力分量。1、3节点为Ⅰ、Ⅱ单元的公共节点，它们的节点力应是共有这个节点的两个单元所有节点位移在该节点上引起的节点力的叠加。由式（2-54）可写为

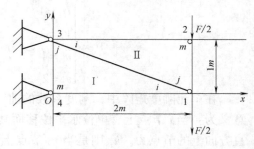

图 2-10 单元及节点划分

$$\begin{pmatrix} \boldsymbol{R}_1 \\ \boldsymbol{R}_2 \\ \boldsymbol{R}_3 \\ \boldsymbol{R}_4 \end{pmatrix} = \begin{pmatrix} k_{11} & k_{12} & k_{13} & k_{14} \\ k_{21} & k_{22} & k_{23} & k_{24} \\ k_{31} & k_{32} & k_{33} & k_{34} \\ k_{41} & k_{42} & k_{43} & k_{44} \end{pmatrix} \begin{pmatrix} \boldsymbol{\delta}_1 \\ \boldsymbol{\delta}_2 \\ \boldsymbol{\delta}_3 \\ \boldsymbol{\delta}_4 \end{pmatrix} \quad (2\text{-}55)$$

其中 $\quad \boldsymbol{R}_i = \begin{pmatrix} U_i \\ V_i \end{pmatrix} \ (i = 1 \sim 4), \quad \boldsymbol{\delta}_i = \begin{pmatrix} u_i \\ v_i \end{pmatrix} \ (i = 1 \sim 4)$

$$\boldsymbol{k}_{ij} = \begin{pmatrix} k_{2i-1,2j-1} & k_{2i-1,2j} \\ k_{2i,2j-1} & k_{2i,2j} \end{pmatrix} \quad (i = 1 \sim 4, \ j = 1 \sim 4)$$

$\boldsymbol{k}_{ij}$ 称为子块。如 k_{13} 表示了节点 3 的单位位移所引起的节点 1 的节点力。而 1、3 节点是Ⅰ、Ⅱ单元的公共节点，所以，节点 1 的力必然是Ⅰ、Ⅱ单元作用在节点 1 上力的叠加，因此，k_{13} 是单元Ⅰ、Ⅱ子块的叠加。表 2-1 列举了各个单元刚度矩阵的情况。

表 2-1 单元刚度矩阵

单 元	Ⅰ			Ⅱ		
局 部 节 点	i, j, m			i, j, m		
整 体 节 点	1, 3, 4			3, 1, 2		
每个单元的刚度矩阵 $\boldsymbol{k}^e$	k_{11}	k_{13}	k_{14}	k_{33}	k_{31}	k_{32}
	k_{31}	k_{33}	k_{34}	k_{13}	k_{11}	k_{12}
	k_{41}	k_{43}	k_{44}	k_{23}	k_{21}	k_{22}

根据表 2-1 对单元Ⅰ、Ⅱ每个单元刚度矩阵中的相应项目进行叠加，可得整体刚度矩阵 $\boldsymbol{K}$ 为

$$\boldsymbol{K} = \begin{pmatrix} k_{11}^{\mathrm{I}} + k_{11}^{\mathrm{II}} & k_{12}^{\mathrm{II}} & k_{13}^{\mathrm{I}} + k_{13}^{\mathrm{II}} & k_{14}^{\mathrm{I}} \\ k_{21}^{\mathrm{II}} & k_{22}^{\mathrm{II}} & k_{23}^{\mathrm{II}} & 0 \\ k_{31}^{\mathrm{I}} + k_{31}^{\mathrm{II}} & k_{32}^{\mathrm{II}} & k_{33}^{\mathrm{I}} + k_{33}^{\mathrm{II}} & k_{34}^{\mathrm{I}} \\ k_{41}^{\mathrm{I}} & 0 & k_{43}^{\mathrm{I}} & k_{44}^{\mathrm{I}} \end{pmatrix} \quad (2\text{-}56)$$

在这里要说明的是，每个子块 $\boldsymbol{k}_{ij}$ 都是一个 2×2 阶矩阵。它表明的是 j 节点的位移对 i 节点产生的力，而每个节点的位移和力都有 2 个方向，这样就有 2×2 个元素，因此是 2×2 阶矩阵。整体刚度矩阵的性质包括以下几点：

1）与单元刚体矩阵一样，具有对称性，这样计算机中只需储存矩阵的上三角部分。

2）具有稀疏性，指矩阵沿主对角线两侧分布元素多为 0。在此例中不明显，节点越多越明显，因为与某一节点相关的节点一般不会超过 9 个，若整体结构为 200 个节点，则整体刚度矩阵中零子块的比例会大大上升，整体网格越细，稀疏性越强。

3）与单元刚体矩阵一样，具有奇异性。每行元素之和为零。它的物理意义是：在无约束的条件下，物体可做刚体运动。

第2步，施加载荷及边界条件。在得到整体刚度后，就建立了整体所受的外力与相应节点位移的关系，此时的表达式为

$$\begin{pmatrix} \boldsymbol{R}_1 \\ \boldsymbol{R}_2 \\ \boldsymbol{R}_3 \\ \boldsymbol{R}_4 \end{pmatrix} = \begin{pmatrix} k_{11}^{\text{I}+\text{II}} & k_{12}^{\text{II}} & k_{13}^{\text{I}+\text{II}} & k_{14}^{\text{I}} \\ k_{21}^{\text{II}} & k_{22}^{\text{II}} & k_{23}^{\text{II}} & 0 \\ k_{31}^{\text{I}+\text{II}} & k_{32}^{\text{II}} & k_{33}^{\text{I}+\text{II}} & k_{34}^{\text{I}} \\ k_{41}^{\text{I}} & 0 & k_{43}^{\text{I}} & k_{44}^{\text{I}} \end{pmatrix} \begin{pmatrix} \boldsymbol{\delta}_1 \\ \boldsymbol{\delta}_2 \\ \boldsymbol{\delta}_3 \\ \boldsymbol{\delta}_4 \end{pmatrix} \tag{2-57}$$

首先，应用边界条件即位移条件，有

$$\boldsymbol{\delta}_1 = \begin{pmatrix} u_1 \\ v_1 \end{pmatrix}, \quad \boldsymbol{\delta}_2 = \begin{pmatrix} u_2 \\ v_2 \end{pmatrix}, \quad \boldsymbol{\delta}_3 = 0, \quad \boldsymbol{\delta}_4 = 0$$

其次，应用载荷条件，有

对节点1
$$\boldsymbol{R}_1 = \begin{pmatrix} 0 \\ -\dfrac{F}{2} \end{pmatrix}$$

对节点2
$$\boldsymbol{R}_2 = \begin{pmatrix} 0 \\ -\dfrac{F}{2} \end{pmatrix}$$

对节点3
$$\boldsymbol{R}_3 = \begin{pmatrix} U_3 \\ V_3 \end{pmatrix}$$

对节点4
$$\boldsymbol{R}_4 = \begin{pmatrix} U_4 \\ V_4 \end{pmatrix}$$

将以上条件代入式（2-57），式（2-57）左边载荷的表达式为

$$\begin{pmatrix} 0 \\ -\dfrac{F}{2} \\ 0 \\ -\dfrac{F}{2} \\ U_3 \\ V_3 \\ U_4 \\ V_4 \end{pmatrix}, \text{式（2-57）右边位移的表达式为} \begin{pmatrix} u_1 \\ v_1 \\ u_2 \\ v_2 \\ 0 \\ 0 \\ 0 \\ 0 \end{pmatrix}$$

第3步，求解方程组。将式（2-57）写成子矩阵的形式并代入以上条件，有

$$\begin{pmatrix} 0 \\ -\dfrac{F}{2} \end{pmatrix} = k_{11}^{\text{I}+\text{II}} \begin{pmatrix} u_1 \\ v_1 \end{pmatrix} + k_{12}^{\text{II}} \begin{pmatrix} u_2 \\ v_2 \end{pmatrix} \qquad \text{①}$$

$$\begin{pmatrix} 0 \\ -\dfrac{F}{2} \end{pmatrix} = k_{21}^{\mathrm{II}} \begin{pmatrix} u_1 \\ v_1 \end{pmatrix} + k_{22}^{\mathrm{II}} \begin{pmatrix} u_2 \\ v_2 \end{pmatrix} \qquad ②$$

$$\begin{pmatrix} U_3 \\ V_3 \end{pmatrix} = k_{31}^{\mathrm{I+II}} \begin{pmatrix} u_1 \\ v_1 \end{pmatrix} + k_{32}^{\mathrm{II}} \begin{pmatrix} u_2 \\ v_2 \end{pmatrix} \qquad ③$$

$$\begin{pmatrix} U_4 \\ V_4 \end{pmatrix} = k_{41}^{\mathrm{I}} \begin{pmatrix} u_1 \\ v_1 \end{pmatrix} \qquad ④$$

将以上 4 个等式综合起来共 8 个方程，其中有 8 个未知数，从理论上讲可以得到方程的解，从而可求出各节点的位移。

第 4 步，应力计算。

1）单元应力计算。计算出节点位移之后，就可由式（2-39）计算出单元内的应力了。

2）主应力计算。前面提到，应变为常数时，应力也为常数。为了指明应力的分布，通常假设计算出的应力是作用在单元的几何中心，则主应力可由下式得出，即

$$\left.\begin{aligned} \sigma_{\max} &= \frac{\sigma_x + \sigma_y}{2} + \sqrt{\left(\frac{\sigma_x - \sigma_y}{2}\right)^2 + \tau_{xy}^2} \\ \sigma_{\min} &= \frac{\sigma_x + \sigma_y}{2} - \sqrt{\left(\frac{\sigma_x - \sigma_y}{2}\right)^2 + \tau_{xy}^2} \end{aligned}\right\} \qquad (2\text{-}58)$$

第一主应力与 x 轴的夹角为

$$\theta = \frac{180}{\pi} \arctan\left(\frac{\tau_{xy}}{\sigma_y - \sigma_{\min}}\right) \qquad (2\text{-}59)$$

尽管计算出的应力为常数，但每个单元上的实际应力并不是均匀的，这就意味着计算出的应力总是大于或小于实际值（若实际值为非常数时）。但是，当单元划分越来越小时，计算出的应力则越接近实际值。所以，如果单元尺寸充分小，靠近边界单元的主应力应平行或垂直于无外力作用的边界，这可用作判断计算分析是否正确的一个标准。

3）结构体内部节点应力。实际上，应力场一般是连续的。但是计算出的应力场并不是由单元应变常量连续构成的。为使结果更精确，应该换种方法计算单元应力。例如，某一节点的应力可通过对围绕该节点的所有单元应力进行平均而得到。图 2-11 所示的有限元网格在节点 1 的应力分量 $(\sigma_x)_1$，可由下式计算

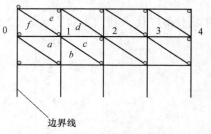

图 2-11　单元节点分布

$$(\sigma_x)_1 = \frac{1}{6}\left[(\sigma_x)_a + (\sigma_x)_b + (\sigma_x)_c + (\sigma_x)_d + (\sigma_x)_e + (\sigma_x)_f\right] \qquad (2\text{-}60)$$

同理，其余的应力分量也可通过类似的方法求得。若求某长单元边界上的应力值，就要用到共享这一边界的两个应力的平均值。需要注意的是，当拥有相同节点或相同边界的两个单元，其厚度或弹性常数不相同时，就不能使用平均法，否则应力值会有很大出入。

4）结构边界点应力。以上方法用于计算内部节点的应力，并不适用计算边界点的应力。若计算边界点的应力，应使用插值法。再来看图 2-12 所示的情况，要求出节点 0 的应

力，必须将节点1、2、3的应力全部求出，然后将3点连成一曲线。

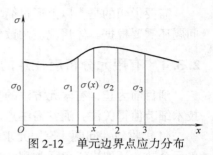

图 2-12 单元边界点应力分布

边界点处的应力计算公式为

$$\sigma(x) = \frac{(x-x_2)(x-x_3)}{(x_1-x_2)(x_1-x_3)}\sigma_1 + \frac{(x-x_1)(x-x_3)}{(x_2-x_1)(x_2-x_3)}\sigma_2 + \frac{(x-x_1)(x-x_2)}{(x_3-x_1)(x_3-x_2)}\sigma_3 \tag{2-61}$$

则节点0处的节点应力为

$$\sigma_0 = \frac{x_2 x_3}{(x_1-x_2)(x_1-x_3)}\sigma_1 + \frac{x_1 x_3}{(x_2-x_1)(x_2-x_3)}\sigma_2 + \frac{x_1 x_2}{(x_3-x_1)(x_3-x_2)}\sigma_3 \tag{2-62}$$

如果想要取得更精确的应力值，就要用到更高阶的插值运算。仍然以求节点0处的应力为例，可以用3次插值法计算得，即

$$\sigma_0 = \frac{-x_2 x_3 x_4}{(x_1-x_2)(x_1-x_3)(x_1-x_4)}\sigma_1 + \frac{-x_1 x_3 x_4}{(x_2-x_1)(x_2-x_3)(x_2-x_4)}\sigma_2 + \frac{-x_1 x_2 x_4}{(x_3-x_1)(x_3-x_2)(x_3-x_4)}\sigma_3 + \frac{-x_1 x_2 x_3}{(x_4-x_1)(x_4-x_2)(x_4-x_3)}\sigma_4 \tag{2-63}$$

大多数数值应用实例表明，二阶插值通常能达到足够的精度，从而满足要求。

第5步，非节点载荷的处理。有限元法要求，将所有类型的外力都作用在节点上，但在实际工程中并非如此，怎样实现非节点载荷处理？以下分三种情况进行讨论：

1）重力载荷的移置。如图2-13a所示，在三角形单元中，重力简化作用在单元重心上，此时须将重力移到三角形的节点上。显然 $mb=bj$，$bc=bi/3$。先求出移到 i 节点的垂直载荷 Y_i，假设节点 i 沿 y 方向做单位位移，而其余两节点都不动，由于三角形用线性位移模式，所以当 m、j 两节点的位移为0时，b 点的位移必然也是0，又由于 $bc=bi/3$，所以当 i 点位移为1时，c 点的位移为1/3。按静力等效原则，载荷 W 的虚功应当等于 Y_i 的虚功，从而得到 $Y_i = -W/3$，同理 $Y_j = -W/3$，$Y_m = -W/3$。这样就把作用在非节点上的重力载荷移到3个节点上去了。

2）均布载荷的移置。如图2-13b所示，ij 长为 s，水平均布载荷为 q，按静力等效原则可得 $X_i = X_j = qs/2$。

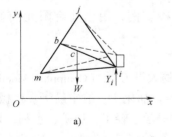
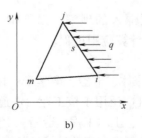
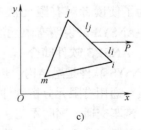

图 2-13 非节点载荷

a）重力载荷 b）均布载荷 c）集中载荷

3）集中载荷的移置。如图2-13c所示，ij 长为 $l=l_i+l_j$，受到水平集中力 P 作用，类似于情况1）中的按静力等效原则，可得 $X_i = l_j P/l$，$X_j = l_i P/l$。

需要说明的是：以上通过简单的例子说明了有限元法解决问题的基本过程，对于复杂的问题还需要根据具体情况应用数学、力学方面的知识加以分析、讨论。

2.3.4 有限元分析应注意的几个问题

到目前为止，有限元方法的基本理论部分已经探讨完了。但是在实际应用中，还有很多技术细节值得关注，通常需注意以下几点：

（1）收敛性问题 有限元求得的解是一个近似解。解的精确性不仅取决于物体建模的单元个数，还取决于单元类型和单元内的位移模式。理论上，单元个数越多，解越精确。单元个数越趋近无穷，越趋向精确解。为确保收敛性，应满足以下两个条件：

1）位移场应包含刚体运动模式和常应变模式，该条件也称为完整性条件。

2）位移场在单元边界上是连续的，这也称为相容性条件。

可以证明，条件1）是收敛解的必要条件；条件2）是其充分条件。可以看出，三节点三角形单元满足以上两个条件。

（2）有限元网格划分 有限元分析的一个重要步骤是将物体或部件划分为有限个单元。单元的个数与形状性质都会影响解的精确度。一般来说，有限元网格划分应考虑到以下几个方面：

1）精确度要求，划分的网格分布是否满足求解问题的精确度。

2）考虑计算条件，包括可利用的存储空间及计算速度。

3）有限元软件包提供的功能是否满足要求，如单元的类型、性能等。

4）计算成本。

单元的大小一般由物体的应变率决定。应变率越大，则这一区域的单元就越小。在节点相同的条件下，精确度也取决于单元的形状。等边三角形的形状是最理想的。3个角之间的差值越大，则该单元类型的精确度就越差。

还应指出的是，如果一个物体或结构的厚度发生变化，那么在划分有限元网格时，这段变化的线段也要单独构成另一单元。因为在同一单元内，厚度必须相同。

（3）对称性区域 如果一个物体或结构的几何尺寸和载荷条件均对称的话，那么仅需要考虑该物体或结构的1/2或1/4部分即可。如能正确地施加对称性条件，就能得到有效的结果。

2.3.5 平面问题应用实例

为了使读者对有限元法有更深入的理解，以下举一些实例，用当前有限元商业软件包——ANSYS来说明有限元法的计算应用过程。

1. ANSYS软件简介

ANSYS软件是融结构、热、流体、电磁、声学于一体的大型CAE（Computer Aided Engineering）通用有限元分析软件，可广泛用于核工业、铁道、石油化工、航空航天、机械制造、能源、汽车交通、国防军工、电子、土木工程、造船、生物医学、轻工、地矿、水利、日用家电等一般工业及科学研究。该软件可在大多数计算机及操作系统（如Windows、UNIX、Linux、HP-UX）中运行，从个人计算机到工作站直至巨型计算机，ANSYS文件在其所有的产品系列和工作平台上均可兼容。它开发了第一个集成的计算流体动力学（CFD）功能，也是第一个并且是唯一的一个开发了多物理场分析功能的软件。ANSYS的发展起源于1970年，Doctor John Swanson博士洞察到计算机模拟工程应该商品化，于是创建了ANSYS公司，总部位于美国宾夕法尼亚州的匹兹堡。40 多年来，ANSYS 公司致力于设计分析软件的开发，不断吸取新的计算方法和计算技术，领导着世界有限元技术的发展，并为全球工业广泛接受。

（1）ANSYS 软件的组成　ANSYS 软件主要包括三部分：前处理模块、分析计算模块和后处理模块。

1）前处理模块。它为用户提供了一个强大的实体建模及网格划分工具，用户可以方便地构造有限元模型，软件提供了 100 种以上的单元类型，用来模拟工程中的各种结构和材料。模块功能包括：

① 实体建模。它包括参数化建模，体素库及布尔运算，拖拉、旋转、复制、倒角等。

② 多种自动网格划分工具，自动进行单元形态、求解精度检查及修正。它包括自由映射网格划分、智能网格划分、自适应网格划分，复杂几何体 Sweep 映射网格生成，六面体向四面体自动过渡网格，边界层网格划分。

③ 在几何模型或有限单元模型上加载节点载荷、分布载荷、体载荷、函数载荷。

④ 可扩展的标准梁截面形状库。

2）分析计算模块。它包括结构分析（可进行线性分析、非线性分析和高度非线性分析）、流体动力学分析、电磁场分析、声场分析、压电分析以及多物理场的耦合分析，可模拟多种物理介质的相互作用，具有灵敏度分析及优化分析能力。

3）后处理模块。它可将计算结果以彩色等值线显示、梯度显示、矢量显示、粒子流迹显示、立体切片显示、透明及半透明显示（可看到结构内部）等图形方式显示出来，也可将计算结果以图表、曲线形式显示或输出。具体内容包括：

① 计算报告自动生成及定制工具，自动生成符合要求格式的计算报告。

② 结果显示菜单。它包括图形显示、抓图、结果列表。

③ 图形。它包括云图、等值线、矢量显示、粒子流迹显示、切片、透明及半透明显示、纹理。

④ 钢筋混凝土单元可显示单元内的钢筋开裂情况以及压碎部位。

⑤ 梁、管、板、复合材料单元及结果按实际形状显示，显示横截面结果，显示梁单元弯矩图。

⑥ 显示优化灵敏度及优化变量曲线。

⑦ 各种结果动画显示，可独立保存及重放。

⑧ 3D 图形注释功能。

⑨ 直接生成 BMR、JPG、VRML、WMF、EMF、PNG、PS、TIFF HPGL 等格式的图形。

⑩ 计算结果排序、检索、列表及再组合。

⑪ 提供对计算结果的加、减、积分、微分等计算。

⑫ 显示沿任意路径的结果曲线，并可进行沿路径的数学计算。

（2）ANSYS 软件的基本功能

1）结构静力学分析。结构静力学分析用来求解稳态外载荷引起的系统或部件的位移、应变、应力和力。静力分析很适合求解惯性和阻尼对结构的影响并不显著的问题，如确定结构中的应力集中现象。ANSYS 程序的静力分析不仅可以进行线性分析，而且也可以进行非线性分析，如塑性、蠕变、胀形、大变形、大应变及接触分析。

2）结构动力学分析。结构动力学分析用来求解随时间变化的载荷对结构或部件的影响。与结构静力学分析不同，结构动力学分析要考虑随时间变化的载荷以及它对阻尼和惯性的影响。ANSYS 可进行结构动力学分析的类型包括：瞬态动力学分析、模态分析、谐波响应分析及随机振动响应分析。

3）结构非线性分析。结构非线性导致结构或部件的响应随外载荷不成比例变化。ANSYS程序可求解静态和瞬态非线性问题。瞬态非线性包括几何非线性、材料非线性和单元非线性。

①几何非线性。它主要包括大变形、大应变、应力强化、旋转软化和非线性屈曲等问题。

②材料非线性。

- 弹塑性：双线性随动硬化、双线性各向同性硬化、多线性随动硬化、多线性各向同性硬化、非线性随动硬化、非线性各向同性硬化、非均匀各向异性、速率相关塑性、复合弹塑性。

- 非线性弹性：分段线性弹性。

- 超弹性：各种橡胶、Mooney-RiVEⅡ 材料。

- 黏弹性：各种玻璃、塑料。

- 黏塑性：高温金属。

- 蠕变：数 10 种蠕变方程。

- 膨胀：核材料（中子轰击发生膨胀）。

- 岩土、混凝土材料：Drucker-Prager 材料、Mohr-Coulomb 准则。

③ 单元非线性。它包括自动接触处理：点对点接触、点对地接触、点对面接触（包括热接触）、刚体对柔面面接触、柔面对柔面面接触、自动单面接触、刚体接触、固联失效接触、固联接触、侵蚀接触和单边接触；非线性联接单元：3D 空间万向联接单元、非线性拉扭弹簧阻尼器、开关控制单元（拟摩擦离合器等）、间隙单元、只承拉线缆或只承压杆单元、螺栓单元等。

4）运动学分析。ANSYS 程序可以分析大型三维柔体运动。当运动的积累影响起主要作用时，可使用这些功能分析复杂结构在空间中的运动特性，并确定结构中由此产生的应力、应变和变形。

5）热分析。ANSYS 软件可处理热传递的三种基本类型：传导、对流和辐射。热传递的三种类型均可进行稳态和瞬态、线性和非线性分析。热分析还可以具有模拟材料固化和熔化过程的相变分析能力以及模拟热与结构应力之间的热结构耦合分析能力。

6）电磁场分析。它主要用于电磁场问题的分析，如电感、电容、磁通量密度、涡流、电场分布、磁力线分布、力、运动效应、电路和能量损失等，还可用于螺线管、调节器、发电机、变换器、磁体、加速器、电解槽及无损检测装置等的设计和分析领域。

7）流体动力学分析。ANSYS 流体单元能进行流体动力学分析，分析类型可以为瞬态或稳态。分析结果可以是每个节点的压力和通过每个单元的流率。并且可以利用后处理功能产生压力、流率和温度分布的图形显示。另外，还可以使用三维表面效应单元和热流管单元模拟结构的流体绕流包括对流换热效应。

8）压电分析。它用于分析二维或三维结构对 AC（交流）、DC（直流）或任意随时间变化的电流或机械载荷的响应。这种分析类型可用于换热器、振荡器、谐振器、传声器等部件及其他电子设备的结构动态性能分析。可进行四种类型的分析：静态分析、模态分析、谐波响应分析和瞬态响应分析。

2. ANSYS 软件应用实例

ANSYS 软件的操作界面如图 2-14 所示。软件的使用有两种方式：GUI 方式（菜单操作方式）和命令流方式，对初学者来说前者更适合，在此只介绍 GUI 方式。

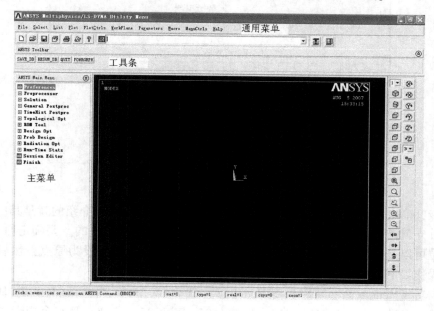

图 2-14　ANSYS 软件的操作界面

打开应用软件，可以看到 ANSYS 的操作界面，控制操作的菜单分三类：通用菜单、工具条及主菜单。主菜单的作用主要是控制前处理模块、分析计算模块和后处理模块；通用菜单的作用主要是控制文件的命名、视图的存储、观测及帮助文件，有一部分操作已以按钮的形式显示在界面的右侧；工具条的作用主要是快速地调用和存储一些数据文件。

[**例 2-1**]　如图 2-15 所示，一个转角支架的静力分析。其左端小孔固定，在右下角的销孔内施加沿下半圆从左到右逐渐由小到大的均布载荷（$0.35 \sim 3.5 \mathrm{N/mm^2}$）。转角支架的几何尺寸已在图中标明（单位为 mm），材料为 Q235，弹性模量为 $2.01 \times 10^5 \mathrm{N/mm^2}$，泊松比为 0.27。

采用 ANSYS 软件计算本例要用到以下六个步骤：建立几何模型、定义材料性质、选择单元类型及生成网格、加载与施加边界条件、求解和查看结果。

首先将此项求解命名为 Plane Problem，操作如下：

GUI：File > Change Jobname，输入 Plane Problem。

1）建立几何模型。首先在主菜单栏中选【Preference】，打开图 2-16 所示对话框，此题为静力结构问题，所以选【Structural】→【OK】。

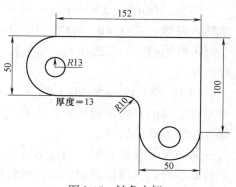

图 2-15　转角支架

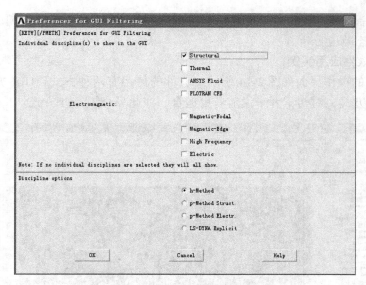

图 2-16　分析类型对话框

第 1 步，确定矩形面。建立几何模型的方法有很多种，接下来介绍的就是其中较为简单的方法。首先就是要了解此结构图形是由 2 个矩形和 2 个半圆组成的。要确定原点的位置，原点的定位可以是任意的。在这里将图 2-15 中左上角圆孔的圆心设为原点，然后确定矩形的位置。操作如下：

GUI：Main Menu > Preprocessor > Modeling > Create > Areas > Rectangle > By Dimensions，按照要求输入参数：$X_1 = 0$，$X_2 = 152$，$Y_1 = -25$，$Y_2 = 25$。这样，第一个矩形就建立起来了。再输入以下数据：$X_1 = 102$，$X_2 = 152$，$Y_1 = -25$，$Y_2 = -75$，第二个矩形也建立起来了，如图 2-17 所示。

在下一步开始之前，要先保存以上的图形，在建模时随时保存是非常重要的。如果在建模过程中出了错，那么程序可以恢复到上次保存时的状态。保存为工具条（SAVE_DB）。

图 2-17　两个矩形

第 2 步，生成第一个圆形。下一个工作就是在每个矩形板的端部生成半圆。首先在两端创建整圆，然后用布尔相加计算中的"叠加"操作，将圆与矩形连接起来。操作如下：

GUI：Main Menu > Preprocessor > Modeling > Create > Areas > Circle > Solid Circle，按照要求输入参数：WPX = 0，WPY = 0，Radius = 25，图 2-15 中左上角的圆就生成了。生成第二个圆形时用同样的方法在另一个板建一个圆，但此时需要确定局部坐标，将圆心定在局部坐标的原点。

GUI：WorkPlane > Offset WP to > Keypoints，弹出图 2-18 所示的对话框，此时选择第二个矩形下边的左右两角的点，选择【OK】，关闭对话框，即可实现局部坐标的建立，再用第 2 步的方法画出圆。

第 3 步，叠加面积。用布尔运算的叠加操作叠加面积，使图 2-19 成为一个整体面。分别拾取所有面，然后就能自动完成叠加，得到一个整体面。操作如下：

GUI：Main Menu > Preprocessor > Modeling > Operate > Booleans > Add > Areas。

第 4 步，生成圆角。根据图形要求，须建立一个半径为 10mm 的圆角，首先创建圆角线。在选择 Utility Menu > Plot > Lines 后可看到图形的轮廓线，继续选择 Main Menu > Preprocessor > Modeling > Create > Line > Line Fillet 后出现对话框，选择与圆相切的两条线后选【OK】，在新的对话框中写入半径的值 10，生成圆角。

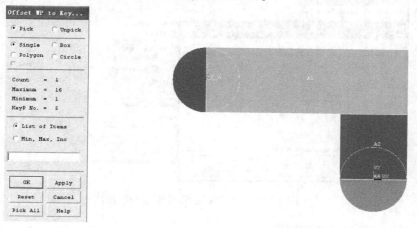

图 2-18　定义局部坐标　　　　　　图 2-19　分散的圆及矩形面积

第 5 步，生成圆角面。利用形成的新图形生成平面，将所有面叠加起来，如图 2-20 所示。操作如下：

GUI：Main Menu > Preprocessor > Modeling > Create > Areas > Arbitrary > ByLines。

第 6 步，生成两个销孔。用画圆的方法，在合适的位置上画出 2 个圆，将板上的圆孔的面积去掉，就形成了 2 个销孔。操作如下：

GUI：Main Menu > Preprocessor > Modeling > Operate > Booleans > Subtract > Areas，根据窗口下方的提示操作，可顺利地得到所要的图形。到目前为止，整个几何模型就建好了，如图 2-21 所示。

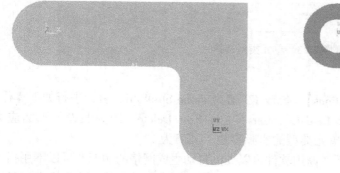

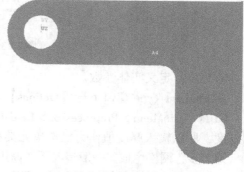

图 2-20　生成圆角后的图形　　　　　　图 2-21　完整的几何模型

2）定义材料性质。在确定转角支架的几何模型之后，就要确定材料的性质。从已知条件看，转角支架只由一种材料制成，即 Q235 钢，还给出了弹性模量和泊松比，对应的数值分别为 2.01×10^5 和 0.27。操作如下：

GUI：Main Menu > Preprocessor > MaterialProps > Material Models，弹出图 2-22 所示的窗

口，选择 Structural > Liner > Elastic > Isotropic，写入弹性模量和泊松比的值即可。

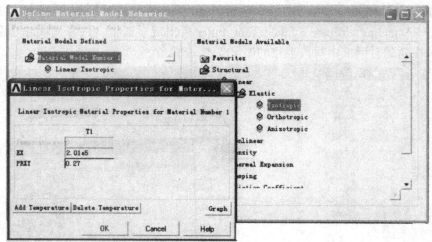

图 2-22　定义材料的弹性模量与泊松比

3）选择单元类型及生成网格。

第 1 步，选择单元类型。在 ANSYS 所提供的单元库中选择符合要求的单元类型，此例选 8 节点平面单元。操作如下：

GUI：Main Menu > Preprocessor > Element Type > Add/Edit/Delete > Add > Solid，弹出图 2-23 所示的窗口，选 8 节点 82 单元，即可满足要求。

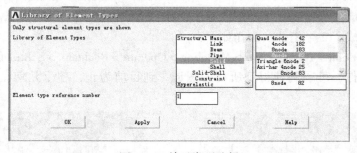

图 2-23　单元类型选择

第 2 步，定义实体参数。

在 Element Type 窗口下选【Options】，修改 K3 值为 Plane StrsW/thk 后，进行如下操作：

GUI：MainMenu > Preprocessor > Real Constants > Add/Edit/Delete，因为假设了平面应力的厚度，所以输入厚度值作为已选单元类型的实际参数，其值为 13。

第 3 步，网格生成。一般情况下，商用软件可以提供自动生成网格的功能，可以不用指定任何网格尺寸，但使用者在根据实际情况控制网格的尺寸时，可指定单元的尺寸。操作如下：

GUI：MainMenu > Preprocessor > Meshing > Mesh Tool，弹出图 2-24、图 2-25 所示的窗口，分别写入相应的数值，即可实现网格的划分，生成的网格如图 2-26 所示。

4）加载与施加边界条件。

第 1 步，对模型加位移约束。转角支架左边孔洞的边应被固定，则相应节点的位移为 0。操作如下：

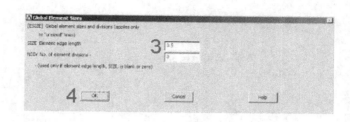

图 2-24 网格划分工具 　　　　　　　　　　图 2-25 设定网格尺寸

GUI：Main Menu > Solution > Define Loads > Apply > Structural > Displacement > On Lines，选左边孔洞的边，在"All DOF"下的位移输入 0，如图 2-27 所示。

第 2 步，加载应力载荷，对转角支架底部右边孔洞施加渐变力。应该注意到这里生成的圆，其 4 个边确定了圆的周长。因此对圆下面的 2 条线施加作用力。因为压力值从 $0.35N/mm^2$ 增加到 $35N/mm^2$，所以要分别用 2 步施加压力，对 2 条线段输入数据。操作如下：

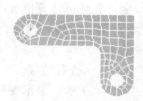

图 2-26 生成网格

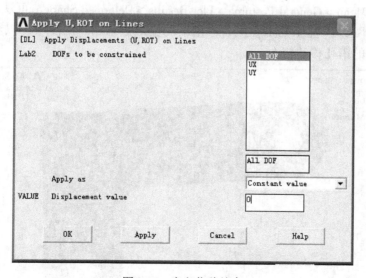

图 2-27 定义位移约束

GUI：Main Menu > Solution > Define Loads > Apply > Structural > Pressure > On Lines，选右边孔洞，左边线输入 0.35，右边线输入 3.5，如图 2-28 所示。

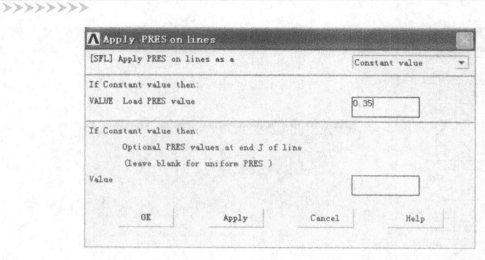

图 2-28 施加均布载荷

5）求解。在这一步中要求解方程组，进而得出计算结果，即节点位移、内应力、内应变，甚至可计算出反作用力。操作如下：

GUI：Main Menu > Solution > Solve > Current LS，按照窗口的提示进行，即可得到相应的解。

6）查看结果。

第 1 步，显示变形图。这是后处理阶段的开始。在后处理阶段中，计算结果可通过计算机屏幕看到。通过计算机，还可算出结构的强度和刚度等。操作如下：

GUI：Main Menu > General Postproc > Read Results > First Set。

GUI：Main Menu > General Postproc > Plot Results > Deformed Shape，可观看零件变形前后的形状及位移。图 2-29 显示的是在压力作用下的变形效果图。从图中可以看出，左边销孔没有移动，右边的销孔移动较大。

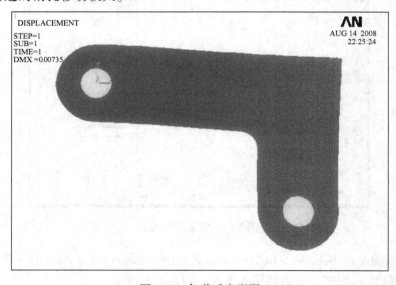

图 2-29 加载后变形图

第2步，显示等效应力值。当转角支架变形时，转角支架内的等效应力值可以通过计算得到。首先选择查找等效应力，如图2-30所示，再按窗口指示选择查看等效应力，操作如下：

GUI：Main Menu > General Postproc > Plot Results > Contour Plot > Nodal Solu，此时弹出如图2-31所示的等效应力云图，根据颜色的不同区分出应力的大小，其中在直角处和固定圆右侧的应力值最大，为 $9.3 \sim 10.5 \mathrm{N/mm^2}$。

图2-30 选择查看等效应力

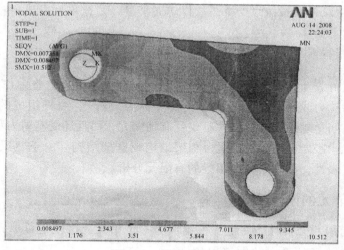

图2-31 等效应力云图

第3步，列表显示作用力计算结果。在后处理过程中，不仅可以通过图形看到效果，还可以看到数值。这里列出了反作用力的值，如图2-32所示。操作如下：

GUI：Main Menu > General Postproc > List Results > Reaction Solu，选【All Items】可得到各个节点反作用力的值，若想查看其他计算结果，如应力、应变等，可分别选择查看。

至此，用ANSYS计算该例的步骤基本结束，退出程序可在工具条中选【QUIT】，保存后退出。

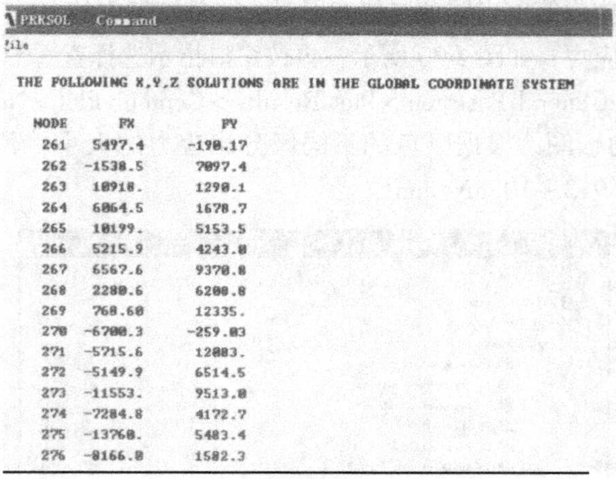

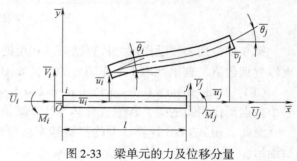

THE FOLLOWING X,Y,Z SOLUTIONS ARE IN THE GLOBAL COORDINATE SYSTEM

NODE	FX	FY
261	5497.4	-190.17
262	-1538.5	7097.4
263	10918.	1298.1
264	6064.5	1678.7
265	10199.	5153.5
266	5215.9	4243.8
267	6567.6	9370.8
268	2280.6	6208.8
269	768.60	12335.
270	-6700.3	-259.03
271	-5715.6	12883.
272	-5149.9	6514.5
273	-11553.	9513.0
274	-7284.8	4172.7
275	-13760.	5483.4
276	-8166.8	1582.3

图 2-32　节点反作用力

2.4　二维梁单元

本节学习要点

1. 二维梁单元的有限元法分析过程。

2. 单元刚度矩阵的形成及整体坐标的转换原理。

3. 非节点载荷移置原理。

4. ANSYS 软件求解梁结构的步骤，包括建立模型、划分单元、选择材料、施加边界条件、求解和查看结果等过程。

5. ANSYS 梁结构问题求解实例。

杆系结构大致可分为两类。一类是杆件之间用铰链连接，外力集中作用在铰链节点上，杆件只受沿轴向的拉力或压力，一般把这类杆件称为"杆"，由杆组成的结构称为桁架结构。另一类杆件之间是刚性固连，杆件不仅受有轴向力，而且还受有剪力和弯矩，通常将这类杆件称为"梁"，由梁组成的结构称为刚架结构或框架结构。由于"梁"较"杆"应用更广泛，且具有代表性，故本书只介绍梁的有限元分析。

2.4.1　平面梁单元的刚度矩阵

（1）简述　有限元分析时往往把一根梁作为一个单元，这就是梁单元。而梁的两个端点就是其节点。梁单元的受力状态可以用图 2-33 表示。梁截面上的内力包括轴向力、剪力和弯矩。相应的有轴向、横向及转角三种位移。在 i 节点处：$\overline{U}_i$ 为沿 $\overline{x}$ 方向的轴向力，$\overline{V}_i$ 为沿 $\overline{y}$ 方向的横向力，$\overline{M}_i$ 为弯矩；$\overline{u}_i$ 为沿 $\overline{x}$ 方向的轴向位移，$\overline{v}_i$ 为沿 $\overline{y}$ 方向的横向位移，$\overline{\theta}_i$ 为转角。对 j 节点

图 2-33　梁单元的力及位移分量

同样有以上参数，它们分别为 $\overline{U}_j$、$\overline{V}_j$、$\overline{M}_j$ 和 $\overline{u}_j$、$\overline{v}_j$、$\overline{\theta}_j$。

一个梁单元只是整个结构的一个组成单元，整体结构有其整体坐标系 xOy，对于每个梁单元则有其局部坐标系。为了区别于整体坐标系，局部坐标系中的各变量都在字母上加"$-$"。并规定局部坐标系的 $\bar{x}$ 轴应和单元轴线 i–j 相重合，再按右手规则定出 $\bar{y}$ 轴。梁单元的节点位移可以表示为

$$\overline{\boldsymbol{\delta}}_i^e = \begin{pmatrix} \overline{u}_i \\ \overline{v}_i \\ \overline{\theta}_i \end{pmatrix}, \quad \overline{\boldsymbol{\delta}}_j^e = \begin{pmatrix} \overline{u}_j \\ \overline{v}_j \\ \overline{\theta}_j \end{pmatrix}$$

合并为

$$\overline{\boldsymbol{\delta}}^e = \begin{pmatrix} \overline{\boldsymbol{\delta}}_i^e \\ \overline{\boldsymbol{\delta}}_j^e \end{pmatrix} = \begin{pmatrix} \overline{u}_i \\ \overline{v}_i \\ \overline{\theta}_i \\ \overline{u}_j \\ \overline{v}_j \\ \overline{\theta}_j \end{pmatrix} \qquad (2\text{-}64)$$

梁单元的节点力可表示为

$$\overline{\boldsymbol{F}}_i^e = \begin{pmatrix} \overline{U}_i \\ \overline{V}_i \\ \overline{M}_i \end{pmatrix}, \quad \overline{\boldsymbol{F}}_j^e = \begin{pmatrix} \overline{U}_j \\ \overline{V}_j \\ \overline{M}_j \end{pmatrix}$$

合并为

$$\overline{\boldsymbol{F}}^e = \begin{pmatrix} \overline{\boldsymbol{F}}_i^e \\ \overline{\boldsymbol{F}}_j^e \end{pmatrix} = \begin{pmatrix} \overline{U}_i \\ \overline{V}_i \\ \overline{M}_i \\ \overline{U}_j \\ \overline{V}_j \\ \overline{M}_j \end{pmatrix} \qquad (2\text{-}65)$$

（2）单元位移模式　与平面问题求解相同，首先确定位移函数。单元两端共 6 个节点位移分量，可确定 6 个待定参数，假设梁的位移函数为

轴向位移
$$\overline{u}(\bar{x}) = \alpha_1 + \alpha_2 \bar{x} \qquad (2\text{-}66)$$

横向位移
$$\overline{v}(\bar{x}) = \alpha_3 + \alpha_4 \bar{x} + \alpha_5 \bar{x}^2 + \alpha_6 \bar{x}^3 \qquad (2\text{-}67)$$

由材料力学可知，转角由挠曲线求导而得，即

$$\overline{\theta}(\bar{x}) = \frac{\partial \overline{v}}{\partial \bar{x}} = \alpha_4 + 2\alpha_5 \bar{x} + 3\alpha_4 \bar{x}^2 \qquad (2\text{-}68)$$

令待定参数矢量 $\boldsymbol{\alpha} = (\alpha_1 \quad \alpha_2 \quad \alpha_3 \quad \alpha_4 \quad \alpha_5 \quad \alpha_6)^T$，则以上 3 式可写为

$$\left. \begin{aligned} \overline{u}(\bar{x}) &= (1, \bar{x}, 0, 0, 0, 0)\boldsymbol{\alpha} \\ \overline{v}(\bar{x}) &= (0, 0, 1, \bar{x}, \bar{x}^2, \bar{x}^3)\boldsymbol{\alpha} \\ \overline{\theta}(\bar{x}) &= (0, 0, 0, 1, 2\bar{x}, 3\bar{x}^2)\boldsymbol{\alpha} \end{aligned} \right\} \qquad (2\text{-}69)$$

>>>>>>>>>

边界条件：i 节点，$\bar{x}=0$ 时代入式 (2-69)，有

$$\left.\begin{array}{l} \bar{u}(0)=(1,0,0,0,0,0)\boldsymbol{\alpha} \\ \bar{v}(0)=(0,0,1,0,0,0)\boldsymbol{\alpha} \\ \bar{\theta}(0)=(0,0,0,1,0,0)\boldsymbol{\alpha} \end{array}\right\} \tag{2-70}$$

j 节点，$\bar{x}=l$ 时代入式 (2-69)，有

$$\left.\begin{array}{l} \bar{u}(l)=(1,l,0,0,0,0)\boldsymbol{\alpha} \\ \bar{v}(l)=(0,0,1,l,l^2,l^3)\boldsymbol{\alpha} \\ \bar{\theta}(l)=(0,0,0,1,2l,3l^2)\boldsymbol{\alpha} \end{array}\right\} \tag{2-71}$$

式(2-70)和式(2-71)合并写为

$$\bar{\boldsymbol{\delta}}^e=\begin{pmatrix} \bar{u}_i \\ \bar{v}_i \\ \bar{\theta}_i \\ \bar{u}_j \\ \bar{v}_j \\ \bar{\theta}_j \end{pmatrix}=\begin{pmatrix} 1 & 0 & 0 & 0 & 0 & 0 \\ 0 & 0 & 1 & 0 & 0 & 0 \\ 0 & 0 & 0 & 1 & 0 & 0 \\ 1 & l & 0 & 0 & 0 & 0 \\ 0 & 0 & 1 & l & l^2 & l^3 \\ 0 & 0 & 0 & 1 & 2l & 3l^2 \end{pmatrix}\begin{pmatrix} \alpha_1 \\ \alpha_2 \\ \alpha_3 \\ \alpha_4 \\ \alpha_5 \\ \alpha_6 \end{pmatrix} \tag{2-72}$$

上式两端左边乘以 6×6 阶系数矩阵的逆阵 $\boldsymbol{C}$，可得到位移函数的待定参数

$$\boldsymbol{\alpha}=\boldsymbol{C}\,\bar{\boldsymbol{\delta}}^e$$

其中

$$\boldsymbol{C}=\begin{pmatrix} 1 & 0 & 0 & 0 & 0 & 0 \\ -\dfrac{1}{l} & 0 & 0 & \dfrac{1}{l} & 0 & 0 \\ 0 & 1 & 0 & 0 & 0 & 0 \\ 0 & 0 & 1 & 0 & 0 & 0 \\ 0 & -\dfrac{3}{l^3} & -\dfrac{2}{l} & 0 & \dfrac{3}{l^2} & -\dfrac{1}{l} \\ 0 & \dfrac{2}{l^2} & \dfrac{1}{l^2} & 0 & -\dfrac{2}{l^3} & \dfrac{1}{l^2} \end{pmatrix} \tag{2-73}$$

(3) 单元应变　单元应变可分为两部分，一是由轴向变形引起的应变，二是由弯曲变形引起的应变。在线弹性范围内，可分别计算以上两部分，然后叠加。由式 (2-69) 可知，轴向应变为

$$\bar{\varepsilon}_{\text{轴}}=\frac{\partial\bar{u}}{\partial x}=(0,1,0,0,0,0)\boldsymbol{\alpha} \tag{2-74}$$

当挠曲线下凹，曲率半径为负值，在小变形的情况下有

$$\frac{1}{\rho}=-\frac{\partial^2\bar{v}}{\partial x^2}=(0,0,0,0,2,-6\bar{x})\boldsymbol{\alpha}$$

由材料力学平面弯曲公式，得到弯曲正应变为

$$\bar{\varepsilon}_{\text{弯}}=\frac{1}{\rho}\bar{y}=(0,0,0,0,-2\bar{y},-6\bar{x}\,\bar{y})\boldsymbol{\alpha} \tag{2-75}$$

迭加式 (2-74) 和式 (2-75) 两个应变得

$$\bar{\varepsilon}_{\text{总}}=(0,1,0,0,-2\bar{y},-6\overline{xy})\boldsymbol{\alpha} \tag{2-76}$$

令 $\boldsymbol{Q} = (0, 1, 0, 0, -2\bar{y}, -6\overline{xy})$，则上式可写为

$$\bar{\boldsymbol{\varepsilon}}_{\text{总}} = \boldsymbol{Q}\,\boldsymbol{\alpha} \tag{2-77}$$

将 $\boldsymbol{\alpha} = \boldsymbol{C}\,\bar{\boldsymbol{\delta}}^{e}$ 代入式（2-77）得

$$\bar{\boldsymbol{\varepsilon}}_{\text{总}} = \boldsymbol{Q}\,\boldsymbol{C}\,\bar{\boldsymbol{\delta}}^{e} = \boldsymbol{B}\,\bar{\boldsymbol{\delta}}^{e} \tag{2-78}$$

其中

$$\boldsymbol{B} = \boldsymbol{Q}\,\boldsymbol{C} \tag{2-79}$$

（4）局部坐标的单元刚度矩阵　利用虚功原理和应力应变矩阵 $\bar{\boldsymbol{\sigma}} = E\boldsymbol{\varepsilon}$ 可写出单元刚度矩阵的一般表达式为

$$\bar{\boldsymbol{K}}^{e} = \iiint\limits_{v} \boldsymbol{B}^{\text{T}} \boldsymbol{E} \boldsymbol{B} \mathrm{d}V \tag{2-80}$$

将式（2-79）代入式（2-80），有

$$\bar{\boldsymbol{K}}^{e} = \boldsymbol{C}^{\text{T}} \iiint \boldsymbol{Q}^{\text{T}} E \boldsymbol{Q} \,\mathrm{d}\bar{x}\mathrm{d}\bar{y}\mathrm{d}\bar{z}\boldsymbol{C} \tag{2-80a}$$

而

$$\boldsymbol{Q}^{\text{T}} E \boldsymbol{Q} = \begin{pmatrix} 0 \\ 1 \\ 0 \\ 0 \\ -2\bar{y} \\ -6\overline{xy} \end{pmatrix} E(0, 1, 0, 0, -2\bar{y}, -6\overline{xy})$$

$$= E \begin{pmatrix} 0 & 0 & 0 & 0 & 0 & 0 \\ 0 & 1 & 0 & 0 & -2\bar{y} & -6\overline{xy} \\ 0 & 0 & 0 & 0 & 0 & 0 \\ 0 & 0 & 0 & 0 & 0 & 0 \\ 0 & -2\bar{y} & 0 & 0 & 4\bar{y}^2 & 12\bar{x}\,\bar{y}^2 \\ 0 & -6\overline{xy} & 0 & 0 & 12\bar{x}\,\bar{y}^2 & 36\bar{x}^2\,\bar{y}^2 \end{pmatrix} \tag{2-80b}$$

相关的体积积分为

$$\iiint \mathrm{d}\bar{x}\mathrm{d}\bar{y}\mathrm{d}\bar{z} = V = Al$$

$$\iiint (-2\bar{y})\mathrm{d}\bar{x}\mathrm{d}\bar{y}\mathrm{d}\bar{z} = -2\left(\int_0^l \bar{y}\mathrm{d}\bar{y}\mathrm{d}\bar{z}\right)\mathrm{d}\bar{x} = 2\int_0^l S_{\bar{z}}\mathrm{d}\bar{x} = 0$$

因为 z 轴通过截面形心，所以截面对 z 轴的静矩 S_z 为 0

$$\iiint (-6\overline{xy})\mathrm{d}\bar{x}\mathrm{d}\bar{y}\mathrm{d}\bar{z} = 0$$

$$\iiint 4\bar{y}^2\mathrm{d}\bar{x}\mathrm{d}\bar{y}\mathrm{d}\bar{z} = 4\int_0^l I\mathrm{d}\bar{x} = 4Il$$

$$\iiint 12\bar{x}\,\bar{y}^2\mathrm{d}\bar{x}\mathrm{d}\bar{y}\mathrm{d}\bar{z} = 12\int_0^l \bar{x}I\mathrm{d}\bar{x} = 6Il^2$$

$$\iiint 36\bar{x}^2\bar{y}^2\mathrm{d}\bar{x}\mathrm{d}\bar{y}\mathrm{d}\bar{z} = 36\int_0^l \bar{x}^2 I\mathrm{d}\bar{x} = 12Il^3$$

其中，I 是截面二次矩。

将上述结果代入式（2-80a），得到局部坐标下的单元刚度矩阵为

$$
\overline{\boldsymbol{K}}^{e} = \begin{pmatrix}
\dfrac{EA}{l} & 0 & 0 & -\dfrac{EA}{l} & 0 & 0 \\[2mm]
0 & \dfrac{12EI}{l^3} & \dfrac{6EI}{l^2} & 0 & -\dfrac{12EI}{l^3} & \dfrac{6EI}{l^2} \\[2mm]
0 & \dfrac{6EI}{l^2} & \dfrac{4EI}{l} & 0 & -\dfrac{6EI}{l^2} & \dfrac{2EI}{l} \\[2mm]
-\dfrac{EA}{l} & 0 & 0 & \dfrac{EA}{l} & 0 & 0 \\[2mm]
0 & -\dfrac{12EI}{l^3} & -\dfrac{6EI}{l^2} & 0 & \dfrac{12EI}{l^3} & -\dfrac{6EI}{l^2} \\[2mm]
0 & \dfrac{6EI}{l^2} & \dfrac{2EI}{l} & 0 & -\dfrac{6EI}{l^2} & \dfrac{4EI}{l}
\end{pmatrix} \qquad (2\text{-}81)
$$

2.4.2 整体坐标的单元刚度矩阵

在整体结构中各个梁的方向不尽相同，为了最后能将单元刚度矩阵合成为整体刚度矩阵，需要把各单元在局部坐标系中建立的单元刚度矩阵转化到整体坐标系中。如图 2-34 所示，首先建立整体坐标，再以节点 i 为原点建立局部坐标，局部坐标的 $\overline{x}$ 轴与整体坐标 $\overline{x}$ 轴的夹角为 α。很明显两个坐标系的力有以下关系，即

$$
\begin{aligned}
\overline{U}_i &= U_i\cos\alpha + V_i\sin\alpha \\
\overline{V}_i &= -U_i\sin\alpha + V_i\cos\alpha \\
\overline{M}_i &= M_i
\end{aligned} \qquad (2\text{-}82)
$$

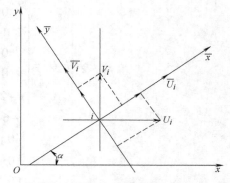

图 2-34 局部坐标与整体坐标的变换

同理，对 j 节点有

$$
\begin{aligned}
\overline{U}_j &= U_j\cos\alpha + V_j\sin\alpha \\
\overline{V}_j &= -U_j\sin\alpha + V_j\cos\alpha \\
\overline{M}_j &= M
\end{aligned} \qquad (2\text{-}83)
$$

将式（2-82）和式（2-83）合成为

$$
\begin{pmatrix}
\overline{U}_i \\
\overline{V}_i \\
\overline{M}_i \\
\overline{U}_j \\
\overline{V}_j \\
\overline{M}_j
\end{pmatrix} = \begin{pmatrix}
\cos\alpha & \sin\alpha & 0 & 0 & 0 & 0 \\
-\sin\alpha & \cos\alpha & 0 & 0 & 0 & 0 \\
0 & 0 & 1 & 0 & 0 & 0 \\
0 & 0 & 0 & \cos\alpha & \sin\alpha & 0 \\
0 & 0 & 0 & -\sin\alpha & \cos\alpha & 0 \\
0 & 0 & 0 & 0 & 0 & 1
\end{pmatrix}\begin{pmatrix}
U_i \\
V_i \\
M_i \\
U_j \\
V_j \\
M_j
\end{pmatrix}
$$

简写成

$$
\overline{\boldsymbol{F}}^{e} = \boldsymbol{T}\boldsymbol{F}^{e} \qquad (2\text{-}84)
$$

$\boldsymbol{T}$ 成为节点力的转换矩阵，可以证明，$\boldsymbol{T}$ 的逆矩阵等于它的转置矩阵，即

$$
\boldsymbol{T}^{-1} = \boldsymbol{T}^{\mathrm{T}}
$$

则式（2-84）可写为
$$\boldsymbol{F}^{\mathrm{e}} = \boldsymbol{T}^{\mathrm{T}}\overline{\boldsymbol{F}}^{\mathrm{e}} \tag{2-85}$$

同理，对于节点位移也有同样的关系，即
$$\boldsymbol{\delta}^{\mathrm{e}} = \boldsymbol{T}^{\mathrm{T}}\overline{\boldsymbol{\delta}}^{\mathrm{e}} \tag{2-86}$$

将式 $\overline{\boldsymbol{F}}^{\mathrm{e}} = \overline{\boldsymbol{K}}^{\mathrm{e}}\overline{\boldsymbol{\delta}}^{\mathrm{e}}$ 代入式（2-85）且替换 $\overline{\boldsymbol{\delta}}^{\mathrm{e}}$ 得
$$\boldsymbol{F}^{\mathrm{e}} = \boldsymbol{T}^{\mathrm{T}}\overline{\boldsymbol{K}}^{\mathrm{e}}\overline{\boldsymbol{\delta}}^{\mathrm{e}} = \boldsymbol{T}^{\mathrm{T}}\overline{\boldsymbol{K}}^{\mathrm{e}}\boldsymbol{T}\boldsymbol{\delta}^{\mathrm{e}} \tag{2-87}$$

令
$$\boldsymbol{F}^{\mathrm{e}} = \boldsymbol{K}^{\mathrm{e}}\boldsymbol{\delta}^{\mathrm{e}}$$

则
$$\boldsymbol{K}^{\mathrm{e}} = \boldsymbol{T}^{\mathrm{T}}\overline{\boldsymbol{K}}^{\mathrm{e}}\boldsymbol{T} \tag{2-88}$$

这样就得到了整体坐标下单元刚度矩阵。

对于梁单元的整体刚度矩阵的集成，方法上与三角形单元相同。在得到了整体刚度矩阵后，再加上边界条件，即可求解方程组，求出力与位移，此处不做更详细的讨论。

2.4.3　非节点载荷的移置

非节点载荷的移置是按静力等效原则进行的，也就是使移置前后的两组载荷在任何虚位移上的虚功相等，以求得等效节点载荷。梁单元的非节点载荷的移置也遵循此规律。如图 2-35 所示，一个均匀的载荷作用在两端固定的梁上，梁长为 l，载荷为 q，要求将其移置到两个节点上。

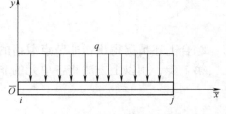

图 2-35　作用在梁上的均布载荷

经过推导，可得到两节点的节点力，即
$$\overline{U}_i = \overline{U}_j = 0$$
$$\overline{V}_i = \overline{V}_j = \frac{ql}{2} \tag{2-89}$$
$$\overline{M}_i = -\overline{M}_j = \frac{ql^2}{12}$$

根据坐标变换，可以将式（2-89）在局部坐标下的力，转化为整体坐标的力，实现了均布载荷向节点载荷的转换。为了方便起见，下面列出了两种常见的非节点载荷转换的图例，如图 2-36、图 2-37 所示。

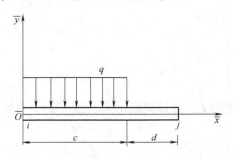

图 2-36　作用在梁上的局部均布载荷

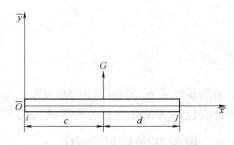

图 2-37　作用在梁上的垂直集中载荷

1. 局部均布载荷

$$\overline{U}_i = \overline{U}_j = 0$$
$$\overline{V}_i = \frac{qc}{2}\left(2 - 2\frac{c^2}{l^2} + \frac{c^3}{l^3}\right)$$

$$\overline{V}_j = qc - \overline{V}_i$$

$$\overline{M}_i = \frac{qc^2}{12}\Big(6 - 8\frac{c}{l} + 3\frac{c^2}{l^2}\Big)$$

$$\overline{M}_j = -\frac{qc^3}{12l}\Big(4 - 3\frac{c}{l}\Big)$$

2. 垂直集中载荷

$$\overline{U}_i = \overline{U}_j = 0$$

$$\overline{V}_i = G(l + 2c)\frac{d^2}{l^3}$$

$$\overline{V}_j = G(l + 2d)\frac{c^2}{l^3}$$

$$\overline{M}_i = Gc\frac{d^2}{l^2}$$

$$\overline{M}_j = -Gc^2\frac{d}{l^2}$$

综合上述情况得出：非节点载荷的移置要有以下三步。

第1步，用以上方法将各单元的非节点载荷移置到节点上去，得到

$$\overline{\boldsymbol{F}}^e = \begin{pmatrix} \overline{U}_i \\ \overline{V}_i \\ \overline{M}_i \\ \overline{U}_j \\ \overline{V}_j \\ \overline{M}_j \end{pmatrix}$$

第2步，将局部坐标下的节点载荷转换到整体坐标中去，得到

$$\boldsymbol{F}^e = \boldsymbol{T}^{\mathrm{T}} \begin{pmatrix} \overline{U}_i \\ \overline{V}_i \\ \overline{M}_i \\ \overline{U}_j \\ \overline{V}_j \\ \overline{M}_j \end{pmatrix}$$

第3步，实现不同单元中同一节点载荷的叠加得到 $\boldsymbol{F}$。应该说明的是，这一步中节点载荷的合成包括了在此节点上所有载荷的共同作用。

2.4.4 框架问题应用实例

[例2-2] 一框架结构由长为1m的两根梁组成，各部分受力如图2-38所示，求各节点的力、力矩及节点位移。

用 ANSYS 软件计算本例要用到以下六个步骤：定义单元类型、定义材料、建立几何模型、加载与施加边界条件、求解和查看结果。首先命名为 Frame，操作如下：

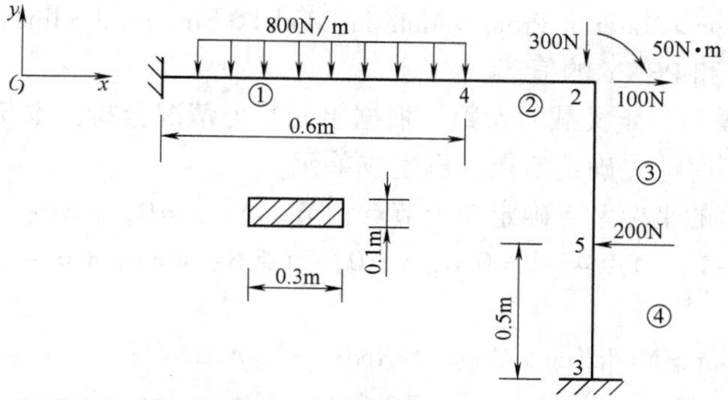

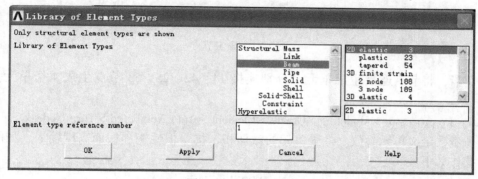

图2-38 框架结构几何尺寸及受力

GUI：File > Change Jobname 输入 Frame。

（1）定义单元类型 打开 ANSYS 软件，在主菜单中的【Preferences】中选择【Structural】。定义单元为梁单元 Beam2Delastic3，操作如下：

GUI：Preprocessor > Element Type > Add/Edit > Delete，如图2-39所示。

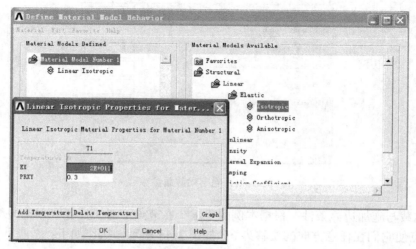

图2-39 选择梁单元

（2）定义材料 材料为线性弹性，弹性模量 EX = 2E + 011，泊松比 PRXY = 0.3，如图2-40所示。操作如下：

图2-40 定义材料参数

GUI：Preprocessor > Material Props > Material Model > Structural > linear > Elastic > Isotropic。弹出窗口后输入 EX 和 PRXY 的值。

（3）建立几何模型、定义截面参数　根据单元受力情况分析，本例应分为 5 个节点、4 个单元。在建立模型时应先确定节点，再生成单元。

第 1 步，在给出的坐标系下确定 5 个节点，节点 1：$x=0$，$y=0$；节点 2：$x=1$，$y=0$；节点 3：$x=1$，$y=-1$；节点 4：$x=0.6$，$y=0$；节点 5：$x=1$，$y=-0.5$，如图 2-41 所示。操作如下：

GUI：Preprocessor > Modeling > Create > Nodes > In ActiveCS。

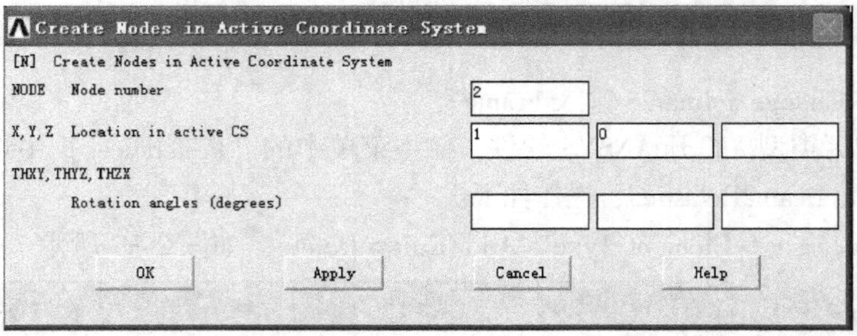

图 2-41　确定节点

第 2 步，将节点连接生成单元。分别连接 14、42、25、53 节点生成 4 个单元。操作如下：

GUI：Preprocessor > Modeling > Create > Element > Auto Numbered > Thru Nodes。

第 3 步，定义单元参数。将梁单元的截面积、抗弯惯性矩和截面高度输入，如图 2-42 所示。操作如下：

GUI：Preprocessor > Real constants > Add/Edit > Delete > Add。

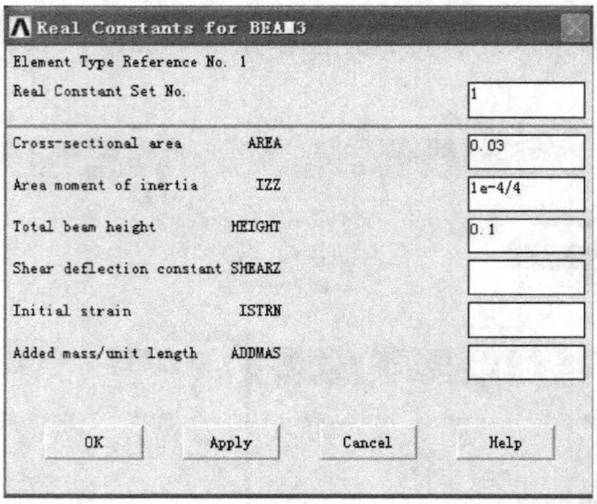

图 2-42　确定梁截面参数

（4）加载与施加边界条件　根据本例的要求，在节点 1 与 3 处各个方向的位移为 0。选择 1、3 节点使它们在任意方向的位移为 0，如图 2-43 所示。操作如下：

GUI：Solution > Define loads > Apply > Structural > Displacement > On Nodes。

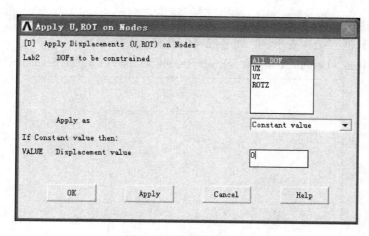

图 2-43　确定边界约束

在第一单元上施加均布载荷，如图 2-44 所示；在 2、5 节点上加集中力及力矩（正确选择正、负号），如图 2-45 所示。操作如下：

GUI：Solution > Define loads > Apply > Structural > Pressure > On Beams。

GUI：Solution > Define loads > Apply > Structural > Force/Moment > On Nodes。

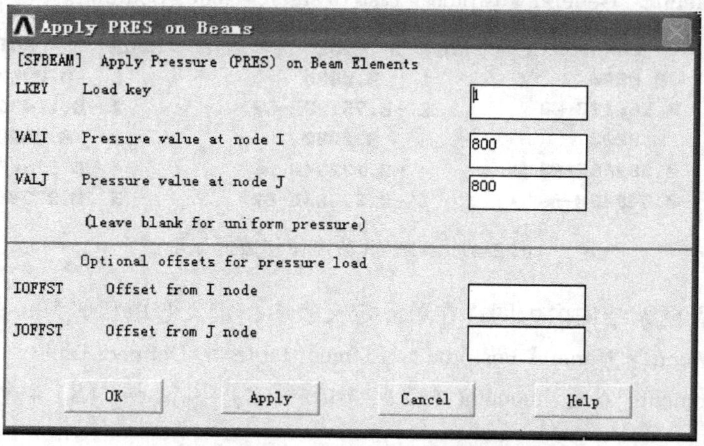

图 2-44　在第一单元上施加均布载荷

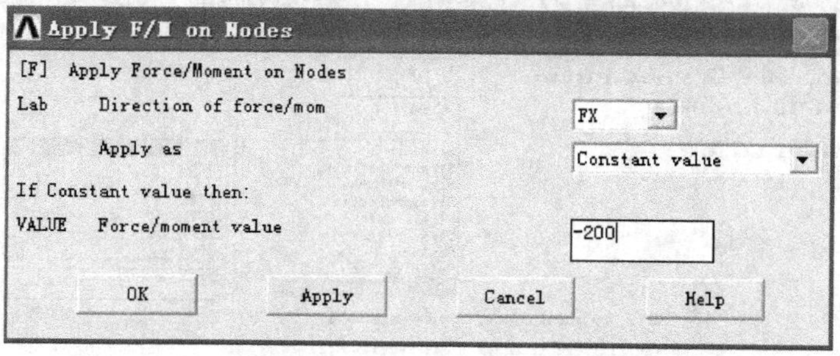

图 2-45　施加集中力与力矩

（5）求解　操作如下：

GUI：Solution > Solve > Current LS。

>>>>>>>>

（6）查看结果　分以下三步进行。

第1步，观察框架结构变形图，如图2-46所示。操作如下：

GUI：Main Menu > General Postproc > Read Results > First Set > Plot Results > Deformed shape。

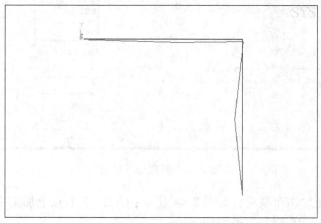

图2-46　结构变形

第2步，查看框架结构节点位移，如图2-47所示。操作如下：

GUI：Main Menu > General Postproc > List Results > Nodes Solution。

NODE	UX	NODE	UY	NODE	ROTZ
1	0.0000	1	0.0000	1	0.0000
2	0.56613E-08	2	-0.75127E-07	2	-0.11436E-05
3	0.0000	3	0.0000	3	0.0000
4	0.33968E-08	4	-0.13284E-06	4	0.62809E-06
5	-0.34845E-06	5	-0.37563E-07	5	0.27741E-06

图2-47　ANSYS节点位移数据显示

第3步，查看框架结构内力图。在单元定义表中，定义弯矩和剪力。操作如下：

GUI：Main Menu > General Postproc > Element table > Defined Table。

依次定义 imoment（6）、jmoment（12）、ishear（2）和 jshear（8）4个参数，如图2-48所示。操作如下：

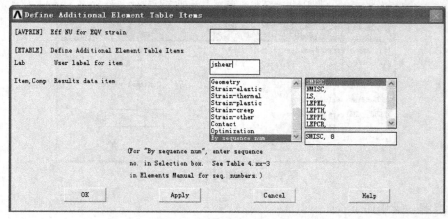

图2-48　单元选项定义表

<<<

GUI：Main Menu > General Postproc > Plot Result > Contour Plot > Line Elem Res。
选择"剪力"和"弯矩"得到图 2-49 和图 2-50 所示的分布图。

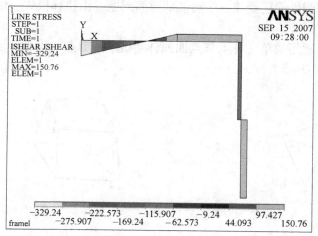

图 2-49　剪力分布

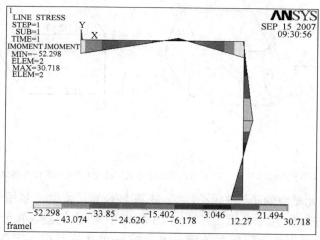

图 2-50　弯矩分布

2.5　空间问题

本节学习要点

1. 空间问题单元的类型和特点。

2. 空间问题的有限元分析过程。

3. 4 节点四面体单元刚度矩阵的形成。

4. ANSYS 软件求解空间问题的步骤，包括建立模型、选择并划分单元、处理边界条件、施加载荷、求解和计算结果分析。

5. ANSYS 空间问题求解实例。

前两节介绍了平面单元和杆系单元，在工程实际问题中由于结构形状复杂，物体受力复杂，产生了空间问题。求解空间问题有限元法的原理、思路和解题方法与平面问题相似，也是将一个连续的空间弹性问题变成一个离散的空间问题，由位移模式、形状函数、空间应变矩阵等导出单元刚度矩阵。

在空间问题中，常用的单元有 4 节点四面体单元、8 节点六面体单元和 20 节点六面体等参单元，如图 2-51 所示。

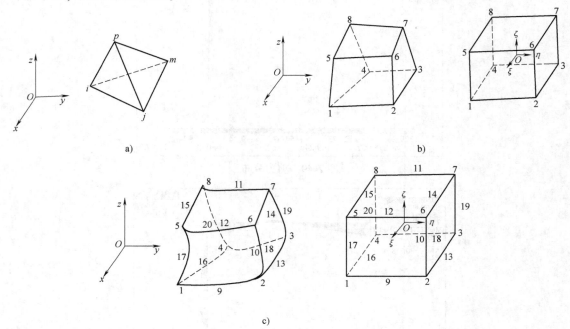

图 2-51　空间单元

a) 4 节点四面体单元　b) 8 节点六面体单元　c) 20 节点六面体等参单元

4 节点四面体单元是空间单元中最简单、最基本的单元类型，多用于较简单的几何体；8 节点六面体单元是较常用的单元，在 ANSYS 软件中常用的这类单元有 solid45、solid64、solid65 等，这些单元对于弹性问题都能满足其要求，而且都有在一定条件下转换为 4 节点四面体单元的性能；20 节点六面体等参单元主要适用于边部为复杂曲线的几何体，ANSYS 软件中常用的这类单元有 solid95、solid147、solid 186，称之为等参单元是因为不规则形状单元的位移模式与规则形状单元的位移模式是不相同的，为了解决这个问题，建立了一个局部坐标，在这个坐标下将不规则形状单元的位移模式和形函数转化为规则形状单元相应的参数，从而可以实现有限元的分析过程。

2.5.1　4 节点四面体单元的刚度矩阵

（1）单元位移函数及形函数　四面体有 4 个节点，每个节点又有 3 个位移方向，因此单元的位移可写为

$$\boldsymbol{\delta}^e = (\delta_i, \delta_j, \delta_m, \delta_p)^{\mathrm{T}}$$
$$= (u_i, v_i, w_i, u_j, v_j, w_j, u_m, v_m, w_m, u_p, v_p, w_p)^{\mathrm{T}} \quad (2\text{-}90)$$

可取线性位移模式，有

$$u(x,y,z) = \alpha_1 + \alpha_2 x + \alpha_3 y + \alpha_4 z \tag{2-91a}$$

$$v(x,y,z) = \alpha_5 + \alpha_6 x + \alpha_7 y + \alpha_8 z \tag{2-91b}$$

$$w(x,y,z) = \alpha_9 + \alpha_{10} x + \alpha_{11} y + \alpha_{12} z \tag{2-91c}$$

将 i、j、m、p 点的坐标代入以上位移函数，得到各节点在 x 方向的位移。

$$\left.\begin{aligned} u_i &= \alpha_1 + \alpha_2 x_i + \alpha_3 y_i + \alpha_4 z_i \\ u_j &= \alpha_1 + \alpha_2 x_j + \alpha_3 y_j + \alpha_4 z_j \\ u_m &= \alpha_1 + \alpha_2 x_m + \alpha_3 y_m + \alpha_4 z_m \\ u_p &= \alpha_1 + \alpha_2 x_p + \alpha_3 y_p + \alpha_4 z_p \end{aligned}\right\} \tag{2-92}$$

解上式方程，求得 α_1、α_2、α_3、α_4，代入式（2-91a）得

$$u(x,y,z) = N_i u_i + N_j u_j + N_m u_m + N_p u_p \tag{2-93}$$

式中，N_i、N_j、N_m、N_p 称为形函数，它们是由系数组成的表达式。

用同样的方法可以得到

$$v(x,y,z) = N_i v_i + N_j v_j + N_m v_m + N_p v_p \tag{2-94}$$

$$w(x,y,z) = N_i w_i + N_j w_j + N_m w_m + N_p w_p \tag{2-95}$$

将式（2-93）、式（2-94）和式（2-95）代入式（2-92）得到

$$\begin{pmatrix} u(x,y,z) \\ v(x,y,z) \\ w(x,y,z) \end{pmatrix} = \begin{pmatrix} N_i & 0 & 0 & N_j & 0 & 0 & N_m & 0 & 0 & N_p & 0 & 0 \\ 0 & N_i & 0 & 0 & N_j & 0 & 0 & N_m & 0 & 0 & N_p & 0 \\ 0 & 0 & N_j & 0 & 0 & N_j & 0 & 0 & N_m & 0 & 0 & N_p \end{pmatrix} \cdot$$

$$(u_i, v_i, w_i, u_j, v_j, w_j, u_m, v_m, w_m, u_p, v_p, w_p)^{\mathrm{T}} \tag{2-96}$$

其中，形函数 N 为

$$N = \begin{pmatrix} N_i & 0 & 0 & N_j & 0 & 0 & N_m & 0 & 0 & N_p & 0 & 0 \\ 0 & N_i & 0 & 0 & N_j & 0 & 0 & N_m & 0 & 0 & N_p & 0 \\ 0 & 0 & N_j & 0 & 0 & N_j & 0 & 0 & N_m & 0 & 0 & N_p \end{pmatrix} \tag{2-97}$$

（2）单元刚度矩阵 根据弹性力学空间问题，建立应变与位移的关系，有

$$\boldsymbol{\varepsilon} = \begin{pmatrix} \varepsilon_x \\ \varepsilon_y \\ \varepsilon_z \\ \gamma_{xy} \\ \gamma_{yz} \\ \gamma_{xz} \end{pmatrix} = \begin{pmatrix} \dfrac{\partial u}{\partial x} \\ \dfrac{\partial v}{\partial y} \\ \dfrac{\partial w}{\partial z} \\ \dfrac{\partial u}{\partial y} + \dfrac{\partial v}{\partial x} \\ \dfrac{\partial v}{\partial z} + \dfrac{\partial w}{\partial y} \\ \dfrac{\partial w}{\partial x} + \dfrac{\partial u}{\partial z} \end{pmatrix} \tag{2-98}$$

将式（2-96）代入上式得到应变与单元位移的关系方程式

$$\boldsymbol{\varepsilon} = \boldsymbol{B}\boldsymbol{\delta}^{\mathrm{e}} = (\boldsymbol{B}_i, \boldsymbol{B}_j, \boldsymbol{B}_m, \boldsymbol{B}_p)\boldsymbol{\delta}^{\mathrm{e}} \tag{2-99}$$

式中，$\boldsymbol{B}_i$、$\boldsymbol{B}_j$、$\boldsymbol{B}_m$、$\boldsymbol{B}_p$ 均为常数矩阵，由此可确定矩阵 $\boldsymbol{B}$，称之为应变矩阵。将空间弹性

问题的应力-应变关系矩阵 $\sigma = D\varepsilon$ 代入式（2-99）即可建立单元应力与单元节点位移的关系式

$$\sigma = D\varepsilon = DB\delta^e \tag{2-100}$$

再根据虚功原理，建立单元节点力与单元应力间的关系式

$$\delta^{*\mathrm{T}}F^e = \iiint_v \varepsilon^{*\mathrm{T}}\sigma \mathrm{d}x\mathrm{d}y\mathrm{d}z = \iiint_v \delta^{*\mathrm{T}}B^\mathrm{T}\sigma \mathrm{d}x\mathrm{d}y\mathrm{d}z$$

有

$$F^e = \iiint_V B^\mathrm{T}\sigma \mathrm{d}x\mathrm{d}y\mathrm{d}z \tag{2-101a}$$

将式（2-100）代入上式得

$$F^e = \iiint_V B^\mathrm{T}DB\delta^e \mathrm{d}x\mathrm{d}y\mathrm{d}z \tag{2-101b}$$

$$F^e = K\delta^e \tag{2-102}$$

其中

$$K^e = \iiint_V B^\mathrm{T}DB \mathrm{d}x\mathrm{d}y\mathrm{d}z$$

得到刚度矩阵 K^e。

得到每个单元刚度矩阵后可以通过组合求得总体刚度矩阵，这样就建立了节点力与节点位移的关系，完成了有限元分析过程。

2.5.2　空间问题应用实例

[例 2-3]　已知一个带法兰的液压缸（图 2-52），受到大小为 200N/mm² 的液压作用，弹性模量 $E = 210000\mathrm{N/mm^2}$，泊松比 $\mu = 0.3$，密度 $\rho = 7.85\mathrm{kg/mm^3}$，试分析缸体的变形和内力。

用 ANSYS 软件计算本例要用到以下六个步骤：定义单元类型、定义材料性质、建立几何模型、划分网格、施加边界条件与加载，求解并查看结果。

首先，命名为 cylinder，操作如下：

GUI：File > Change Jobname，输入 cylinder。

（1）定义单元类型　按照图 2-23 中的操作方法选择单元类型为 8 节点 solid45 块单元。

（2）定义材料性质　按照图 2-22 中的操作方法定义材料为弹性线性各向同性，输入相应的参数 EX 值为 2.1×10^5，PRXY 值为 0.3。

（3）建立几何模型　液压缸是圆柱体，是轴对称的

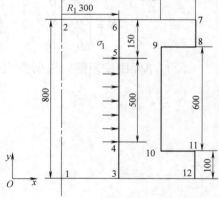

图 2-52　液压缸几何尺寸及载荷分布

几何体，因此在建模时可先画出平面图形，再使之按照固定的转轴旋转，从而生成所需模型。画出点，由点画出线，由线生成面。点的坐标为：1（0,0），2（0,800），3（300,0），4（300,150），5（300,650），6（300,800），7（480,800），8（480,700），9（400,700），10（400,100），11（480,100），12（480,0）。其中由点 1、2 连成的线为旋转轴，由此生成的面和缸体如图 2-53 所示，图 2-54 所示为考虑到对称性，只需取缸体的 1/4 部分进行研究。操作如下：

GUI：Preprocessor > Modeling > Create > Keypoint > In Active CS；

Preprocessor > Modeling > Create > Line > Straight Line；
Preprocessor > Modeling > Create > Area > Arbitrary > By Lines；
Preprocessor > Modeling > Operate > Extrude > Area。

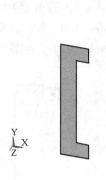

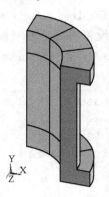

图 2-53　缸体截面　　　　　　　　图 2-54　旋转生成的 1/4 缸体

在弹出的对话框中，选 ARC 的值为 90（90°），NSEG 的值为 3（分为 3 段）。

（4）划分网格　利用定义的空间单元进行网格的划分。操作如下：

GUI：Preprocessor > Meshing > Mesh Tool，在【Global】下设置 SIZE 为 50，如图2-55所示。划分网格结果如图 2-56 所示。

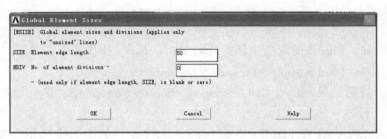

图 2-55　定义单元尺寸

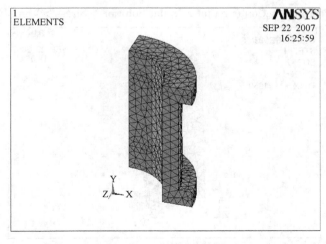

图 2-56　网格划分结果

（5）施加边界条件与加载　分以下两步进行。

第1步，施加边界条件。在上下两个法兰面上加 y 方向的约束，在前后两截面分别加 z、x 方向的约束，如图 2-57 所示，操作如下：

GUI：Solution > Define Load > Apply > Structure > Displacement。打开通用菜单 Utility Menu > Select > Entities，分别设置 Node、By Location、Y coordinates 为 0、800 以及 Z = 0，X = 0，在 Solution > Define Load > Apply > Displacement > On Node > Pick All 中分别输入 UY、UZ、UX 等于 0。

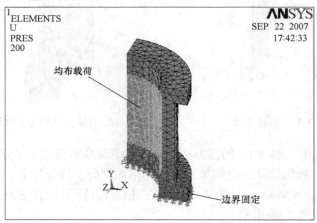

图 2-57　缸体施加边界条件与载荷

第2步，加载。在缸体的内壁中部加载荷 200N/mm^2，操作如下：

Solution > Define Load > Apply > Pressure > On Area。

（6）求解并查看结果　运行 GUI：Solution > Solve > Current LS，进行计算，查看变形结果，操作如下：

GUI：General Postproc > Plot Result > Deformed Shape，如图 2-58 所示。查看等效应力分布图，如图 2-59 所示，操作如下：

GUI：General Postproc > Contour Plot > Npdal Solution > Stress > Von Mises。

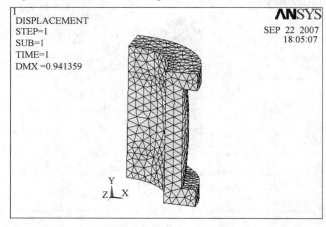

图 2-58　缸体在内压下变形

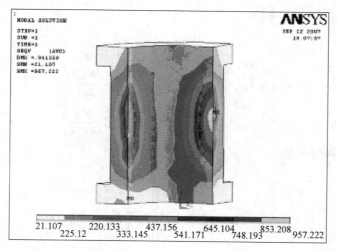

图 2-59 等效应力分布图

从图中可以看出缸体的应力和变形均在中间部分。

2.6 薄板、壳问题

本节学习要点

1. 薄板弯曲的基本概念。

2. 薄板问题的有限元分析过程。

3. 薄板矩形单元刚度矩阵的形成和单元节点力。

4. 薄壳问题及其有限元分析原理。

5. ANSYS 软件求解薄板、壳问题的步骤，包括建立模型、选择并划分单元、处理边界条件、施加载荷、求解和计算结果分析。

6. ANSYS 薄板、壳问题求解实例。

2.6.1 薄板弯曲的基本概念和基本方程

薄板问题也是机械工程中常见的一类问题。这类问题的特点是：几何体中一个方向的尺寸比另外两个方向的尺寸小得多，近似看作一个薄板，此时外载荷 F 作用于板面的垂直方向，这种受力情况会引起板的弯曲，如何计算由外载荷所引起的应力、应变和位移是本节要讨论的问题。薄板受力如图 2-60 所示。

根据弹性力学中薄板弯曲小挠度问题的假设可知：$w = w(x,y)$ 为中面弯曲挠度方程，σ_z，τ_{xz}，τ_{yz}，ε_z，γ_{xz}，γ_{yz}，均忽略不计，数值为 0，此时薄板中各点的位移为

$$u = -z\frac{\partial w}{\partial x}, \quad v = -z\frac{\partial w}{\partial y} \quad (2\text{-}103)$$

式中，u、v 为薄板中某点对坐标方向的位移分量。

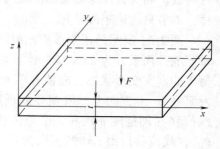

图 2-60 薄板受力

几何方程为

$$\boldsymbol{\varepsilon} = \begin{pmatrix} \varepsilon_x \\ \varepsilon_y \\ \gamma_{xy} \end{pmatrix} = \begin{pmatrix} \dfrac{\partial u}{\partial x} \\ \dfrac{\partial v}{\partial y} \\ \dfrac{\partial u}{\partial y} + \dfrac{\partial v}{\partial x} \end{pmatrix} = -z \begin{pmatrix} \dfrac{\partial^2 w}{\partial x^2} \\ \dfrac{\partial^2 w}{\partial y^2} \\ 2\dfrac{\partial^2 w}{\partial x \partial y} \end{pmatrix} \tag{2-104}$$

物理方程仍为弹性问题

$$\boldsymbol{\sigma} = \boldsymbol{D}\boldsymbol{\varepsilon} = -\boldsymbol{D}z \begin{pmatrix} \dfrac{\partial^2 w}{\partial x^2} \\ \dfrac{\partial^2 w}{\partial y^2} \\ 2\dfrac{\partial^2 w}{\partial x \partial y} \end{pmatrix} \tag{2-105}$$

式中，$\boldsymbol{D}$ 为平面应力问题弹性矩阵。

由薄板理论可知，对微元体 $t\mathrm{d}x\mathrm{d}y$，还作用有弯矩 M_x、M_y 和转矩 M_{xy}，设 $\boldsymbol{M} = \begin{pmatrix} M_x \\ M_y \\ M_{xy} \end{pmatrix}$，

则 σ_x、σ_y 和切应力 τ_{xy} 作用在薄板截面上的合力矩，有

$$\boldsymbol{M} = \begin{pmatrix} M_x \\ M_y \\ M_{xy} \end{pmatrix} = \int_{\frac{-t}{2}}^{\frac{t}{2}} z\boldsymbol{\sigma}\mathrm{d}z = -\frac{t^3}{12}\boldsymbol{D} \begin{pmatrix} \dfrac{\partial^2 w}{\partial x^2} \\ \dfrac{\partial^2 w}{\partial y^2} \\ 2\dfrac{\partial^2 w}{\partial x \partial y} \end{pmatrix} \tag{2-106}$$

式中，t 是薄板厚度，比较式（2-105）与式（2-106），有

$$\boldsymbol{\sigma} = \frac{12z}{t^3}\boldsymbol{M} \tag{2-107}$$

2.6.2 薄板问题的有限元法

常用的薄板单元有矩形单元和三角形单元，对于外形规则的薄板结构宜用矩形单元进行离散，而对有任意曲面和曲线边界的薄板则宜用三角形单元。两种单元的分析步骤基本一样，本节只讨论矩形单元。

图 2-61 所示是用矩形单元离散薄板的一个单元示意图，4 个角点的编码为 i、j、m、l，单元的几何尺寸为 $2a \times 2b$，坐标原点取在矩形的中心。为了使薄板的离散化能较好地反映薄板的真实变形状态，应使各单元至少在节点上有挠度及斜率的连续性，因此必须把挠度及其在 x、y 方向上一阶偏导数指定为节点位移。这样每个节点应有 3 个位移参数：1 个线位移（即挠度 w）和 2 个角位移（即法线绕 x 轴的转动的转角 θ_x 及绕 y 轴转动的转角 θ_y）。线位移以沿 z 轴的正向为正，角位移则按右手螺旋法则用矢量表示，矢量沿 x、y 轴的正向为正。

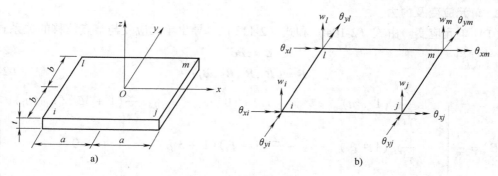

图 2-61 矩形薄板单元
a) 几何尺寸 b) 单元节点位移分量

此时的节点位移为

$$\boldsymbol{\delta}_i = \begin{pmatrix} w_i \\ \theta_{xi} \\ \theta_{yi} \end{pmatrix} = \begin{pmatrix} w_i \\ \left(\dfrac{\partial w}{\partial y}\right)_i \\ -\left(\dfrac{\partial w}{\partial x}\right)_i \end{pmatrix} \qquad \boxed{i\ j\ m\ l} \tag{2-108}$$

单元节点位移列阵为

$$\boldsymbol{\delta}^e = (\boldsymbol{\delta}_i^{\mathrm{T}}, \boldsymbol{\delta}_j^{\mathrm{T}}, \boldsymbol{\delta}_m^{\mathrm{T}}, \boldsymbol{\delta}_l^{\mathrm{T}})^{\mathrm{T}} \tag{2-109}$$

此时的节点载荷为：法向载荷 F_z、绕 x 轴的力偶 T_x 和绕 y 轴的力偶 T_y。

$$\boldsymbol{F}_i = \begin{pmatrix} F_{zi} \\ T_{xi} \\ T_{yi} \end{pmatrix} \qquad \boxed{i\ j\ m\ l} \tag{2-110}$$

$$\boldsymbol{F}^e = (F_i^{\mathrm{T}}, F_j^{\mathrm{T}}, F_m^{\mathrm{T}}, F_l^{\mathrm{T}})^{\mathrm{T}} \tag{2-111}$$

1. 位移函数

矩形单元有 12 个自由度，取挠度为独立变量，其位移模式为

$$\begin{aligned}
w = {} & \alpha_1 + (\alpha_2 x + \alpha_3 y) + (\alpha_4 x^2 + \alpha_5 xy + \alpha_6 y^2) + \\
& (\alpha_7 x^3 + \alpha_8 x^2 y + \alpha_9 xy^2 + \alpha_{10} y^3) + (\alpha_{11} x^3 y + \alpha_{12} xy^3)
\end{aligned} \tag{2-112}$$

由坐标变换导出形函数 $\boldsymbol{N}$，建立位移函数与单元节点位移的关系式，即

$$w = \boldsymbol{N}\boldsymbol{\delta}^e \tag{2-113}$$

其中，$\boldsymbol{N} = (N_i, N_{xi}, N_{yi}, N_j, N_{xj}, N_{yj}, N_m, N_{xm}, N_{my}, N_l, N_{xl}, N_{yl})$

$$N_i = \frac{1}{8}(1 + \xi_i)(1 + \eta_i)[2 + \xi_i(1 - \xi_i) + \eta_i(1 - \eta_i)]$$

$$N_{xi} = -\frac{y_i}{8}(1 + \xi_i)(1 + \eta_i)^2(1 - \eta_i) \qquad \boxed{i\ j\ m\ l}$$

$$N_{yi} = \frac{x_i}{8}(1 + \xi_i)^2(1 + \eta_i)(1 - \xi_i)$$

其中，$\xi_i = x/x_i$，$\eta_i = y/y_i$，$x_i = -a$，$y_i = -b$，$x_j = a$，$y_j = -b$ 等，其他点依次类推。

2. 单元应变及内力

（1）单元应变 由式（2-104）和式（2-113）可导出单元应变与节点位移的关系式为

$$\boldsymbol{\varepsilon} = z\boldsymbol{B}\boldsymbol{\delta}^{e} \tag{2-114}$$

其中

$$\boldsymbol{B} = (\boldsymbol{B}_i, \boldsymbol{B}_j, \boldsymbol{B}_m, \boldsymbol{B}_l) \tag{2-115}$$

$$\boldsymbol{B}_i = \frac{1}{8} \begin{pmatrix} \dfrac{6}{x_i^2}\xi_i(1+\eta) & 0 & \dfrac{2}{x_i}(1+3\xi_i)(1+\eta_i) \\[3mm] \dfrac{6}{y_i^2}\eta_i(1+\xi_i) & -\dfrac{2}{y_i}(1+\xi_i)(1+3\eta_i) & 0 \\[3mm] -\dfrac{2}{x_iy_i}(4-3\xi_i^2-3\eta_i^2) & \dfrac{2}{x_i}(1+\eta_i)(1-3\eta_i) & -\dfrac{2}{y_i}(1+\xi_i)(1-3\xi_i) \end{pmatrix}$$

其余节点依次轮换。

（2）单元应力 将式（2-114）代入式（2-105）得

$$\boldsymbol{\sigma} = \boldsymbol{D}\boldsymbol{\varepsilon} = z\boldsymbol{D}\boldsymbol{B}\boldsymbol{\delta}^{e} \tag{2-116}$$

（3）单元内力矩 将式（2-107）左边与上式右边相等得

$$\boldsymbol{\sigma} = \frac{12z}{t^3}\boldsymbol{M} = z\boldsymbol{D}\boldsymbol{B}\boldsymbol{\delta}^{e}$$

$$\boldsymbol{M} = \frac{t^3}{12}\boldsymbol{D}\boldsymbol{B}\boldsymbol{\delta}^{e} \tag{2-117}$$

3. 单元刚度矩阵

根据虚功原理外力功等于内力功，得

$$\boldsymbol{\delta}^{*T}\boldsymbol{F}^{e} = \iiint \boldsymbol{\varepsilon}^{*T}\boldsymbol{\sigma}\,\mathrm{d}x\mathrm{d}y\mathrm{d}z \tag{2-118}$$

将式（2-114）和式（2-116）代入上式得

$$\boldsymbol{F}^{e} = \iint \boldsymbol{B}^{T}\boldsymbol{D}\boldsymbol{B}\boldsymbol{\delta}^{e}\,\mathrm{d}x\mathrm{d}y$$

简写为

$$\boldsymbol{F}^{e} = \boldsymbol{K}^{e}\boldsymbol{\delta}^{e} \tag{2-119}$$

其中

$$\boldsymbol{K}^{e} = \iint \boldsymbol{B}^{T}\boldsymbol{D}\boldsymbol{B}\,\mathrm{d}x\mathrm{d}y \tag{2-120}$$

4. 单元节点力

有限元法要求将施加在单元上的外载荷按照静力等效原则作用在节点上，以下分两种情况说明：

1）如矩形单元上任意一点受到法向集中力的作用时，它被移植到单元 4 个节点上的力为

$$\boldsymbol{F}^{e} = F\left(\frac{1}{4}, \frac{b}{8}, -\frac{a}{8}, \frac{1}{4}, \frac{b}{8}, \frac{a}{8}, \frac{1}{4}, -\frac{b}{8}, \frac{a}{8}, \frac{1}{4}, -\frac{b}{8}, -\frac{a}{8}\right)^{T} \tag{2-121}$$

若不计节点力矩则上式可写为

$$\boldsymbol{F}^{e} = F\left(\frac{1}{4}, 0, 0, \frac{1}{4}, 0, 0, \frac{1}{4}, 0, 0, \frac{1}{4}, 0, 0\right)^{T}$$

2）如矩形单元上任意一处受到法向均匀载荷 q 的作用时，它被移植到单元 4 个节点上的力为

$$F^e = 4abq\left(\frac{1}{4}, \frac{b}{12}, -\frac{a}{12}, \frac{1}{4}, \frac{b}{12}, \frac{a}{12}, \frac{1}{4}, -\frac{b}{12}, \frac{a}{12}, \frac{1}{4}, -\frac{b}{12}, -\frac{a}{12}\right)^T \tag{2-122}$$

若在微小的单元中，集中力矩的影响远远小于法向载荷，因此可忽略不计，此时的节点力为

$$F^e = 4abq\left(\frac{1}{4}, 0, 0, \frac{1}{4}, 0, 0, \frac{1}{4}, 0, 0, \frac{1}{4}, 0, 0\right)^T$$

5. 整体分析及边界条件

在确定了整体刚度矩阵 K 和节点载荷 F 后可以进行方程组的求解，但在解方程时还需引入薄板的边界条件，进行约束处理。薄板的边界通常分为固支、简支和自由 3 种。如果节点处于自由边界，在有限元计算中不需要加约束条件。对于简支边上各点的位移应满足：挠度 =0，切向转角 =0；固支边上各点的位移应满足：挠度 =0，切向转角 =0，法向转角 =0。

2.6.3 薄壳问题的有限元法

有限元分析薄壳问题的方法有两种。一种是由薄板单元组成的，以板系统代替原来的薄壳，由平面应力状态和板弯曲应力状态加以组合而得到薄壳的应力状态，如图 2-62 所示。另一种是直接采用曲面单元，根据壳体理论推导单元刚度矩阵。在此只介绍前一种方法。

通常用三角形或矩形薄板单元的组合去代替壳体，如图 2-62 所示，其中以三角形单元应用较广，实用价值较大，因为它更适应壳体的复杂外形。

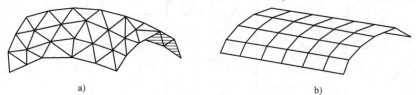

图 2-62 折板代替薄壳
a）由三角形薄板单元组成的任意薄壳 b）由矩形薄板单元组成的棱柱面薄壳

前面提到弹性壳体的应力状态可认为是平面应力状态和弯曲应力状态的组合，平面应力状态在第 2 章 2.3 节中讨论过，并得到了其单元刚度矩阵的分块形式即式（2-53），在此表示为

$$k^{ep} = \begin{pmatrix} k_{ii}^p & k_{ij}^p & k_{im}^p \\ k_{ji}^p & k_{jj}^p & k_{jm}^p \\ k_{mi}^p & k_{mj}^p & k_{mm}^p \end{pmatrix} \tag{2-123}$$

它是一个 6×6 阶矩阵。弯曲应力状态在本章 2.6.2 小节中讨论过，如果将单元变为三角形单元，其受力变形及推导过程与矩形单元相同，此时单元刚度矩阵的分块形式为

$$k^{eb} = \begin{pmatrix} k_{ii}^b & k_{ij}^b & k_{im}^b \\ k_{ji}^b & k_{jj}^b & k_{jm}^b \\ k_{mi}^b & k_{mj}^b & k_{mm}^b \end{pmatrix} \tag{2-124}$$

它是一个 9×9 阶矩阵。由于平面应力状态下的节点力与弯曲应力状态下的节点位移互不影响，弯曲应力状态下的节点力与平面应力状态下的节点位移也互不影响，所以组合应力状态的刚度矩阵为 $k^e = k^{ep} + k^{eb}$，其子阵的表达形式如图 2-63 所示。

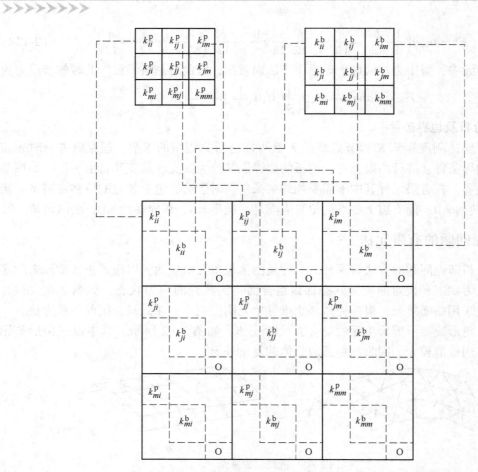

图 2-63 由平面应力和薄板弯曲刚度矩阵组成的薄壳单元刚度矩阵

值得注意的是：以上所求出的矩阵只是在局部坐标系下求得的，若将各个单元的刚度矩阵都转化为整体坐标系下的表达关系式，再进行相应的组合，则可得到整体刚度矩阵，从而建立节点力与节点位移的关系，具体的推导过程在此不述。

2.6.4　薄板、壳问题应用举例

[例2-4]　如图2-64所示，已知悬臂矩形薄板，其几何尺寸为$20\text{m} \times 10\text{m} \times 1\text{m}$，左边固定，右上角节点上作用有向下垂直于薄板中面的集中载荷100N。材料的弹性模量$E = 300\text{GPa}$，泊松比$\mu = 0.3$，求薄板的位移、应力及固定端反力。

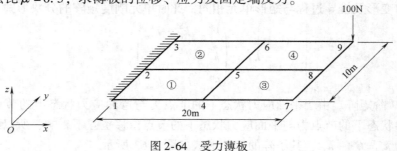

图 2-64　受力薄板

用 ANSYS 软件计算本例要用到以下五个步骤：定义单元类型及实际参数、定义材料性质、生成节点和单元、加载与施加边界条件、求解并查看结果。

首先命名为 shell，操作如下：

GUI：File > Change Jobname，输入 shell。

（1）定义单元类型及实际参数 按照图 2-23 中的操作方式选择单元类型为 4 节点 shell63 薄板单元，在 Real constants 中定义厚度参数为 1。

（2）定义材料性质 按照图 2-22 中的操作方式定义材料为弹性线性各向同性，输入相应的参数，EX 值为 3×10^{11}，PRXY 值为 0.3。

（3）生成节点和单元 此题结构简单，受力也简单，因此可用 4 个单元来分析。首先创建节点，节点的坐标是：1（0，0，1），2（0，5，1），3（0，10，1），4（10，0，1），5（10，5，1），6（10，10，1），7（20，0，1），8（20，5，1），9（20，10，1）。操作如下：

GUI：Preprocessor > Modeling > Create > Nodes > In Active CS，再通过节点生成单元。

GUI：Preprocessor > Modeling > Create > Elements > Auto Numbered > Thru Nodes，逆时针方向依次连接这几个点形成 4 个 4 节点四边形单元。

（4）加载与施加边界条件 由题可知：薄板的左边完全被固定，其自由度为 0；右边第 9 节点施加了一个垂直方向的集中力，如图 2-65 所示。操作如下：

GUI：Solution > Define Loads > Apply > Structural > Displacement > On Node。

GUI：Solution > Define Loads > Apply > Structural > Force/Moment > On Node。

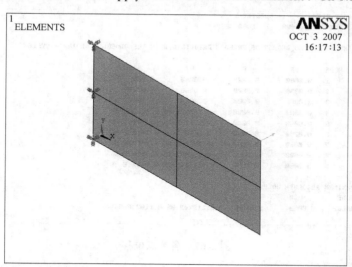

图 2-65 边界约束及载荷

（5）求解并查看结果 求解，操作如下：

GUI：Solution > Solve > Current LS，进行计算。

查看变形结果，操作如下：

GUI：General Postproc > Plot Result > Deformed Shape，结果如图 2-66 所示，最大位移为 0.11×10^{-5}m。

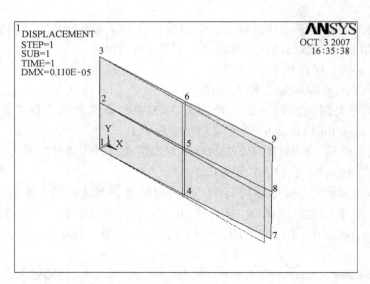

图 2-66 薄板的变形

用列表查看各个节点的位移，结果如图 2-67 所示。节点 9 位移最大，1、2、3 节点位移为 0。操作如下：

GUI：General Postproc ＞ list Result ＞ Nodal Solution ＞ Displacement Vector Sum。

```
PRNSOL   Command
File

LOAD STEP=    1  SUBSTEP=    1
TIME=   1.0000    LOAD CASE=    0

THE FOLLOWING DEGREE OF FREEDOM RESULTS ARE IN THE GLOBAL COORDINATE SYSTEM

NODE     UX          UY          UZ          USUM
  1   0.0000      0.0000      0.0000      0.0000
  2   0.0000      0.0000      0.0000      0.0000
  3   0.0000      0.0000      0.0000      0.0000
  4   0.0000      0.0000     -0.25352E-06 0.25352E-06
  5   0.0000      0.0000     -0.31213E-06 0.31213E-06
  6   0.0000      0.0000     -0.34905E-06 0.34905E-06
  7   0.0000      0.0000     -0.87802E-06 0.87802E-06
  8   0.0000      0.0000     -0.99367E-06 0.99367E-06
  9   0.0000      0.0000     -0.11024E-05 0.11024E-05

MAXIMUM ABSOLUTE VALUES
NODE     0           0           9           9
VALUE   0.0000      0.0000     -0.11024E-05 0.11024E-05
```

图 2-67 各节点位移

查看各个节点的等效应力图，如图 2-68 所示。节点 3 区域所受应力最大，节点 7 受应力最小。操作如下：

GUI：General Postproc ＞ plot Result ＞ Contour Plot ＞ Nodal Solution ＞ Stress ＞ Von Mises Stress。

查看节点力及弯矩，如图 2-69 所示。节点 1、2、3 既有集中力又有沿 x、y 方向的弯矩，节点 9 只有外载作用。操作如下：

GUI：General Postproc ＞ list Result ＞ Nodal Loads ＞ All Items。

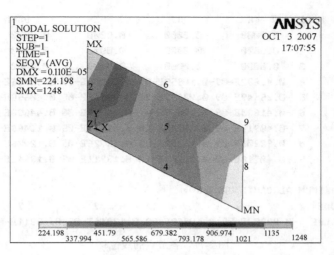

图 2-68　等效应力图

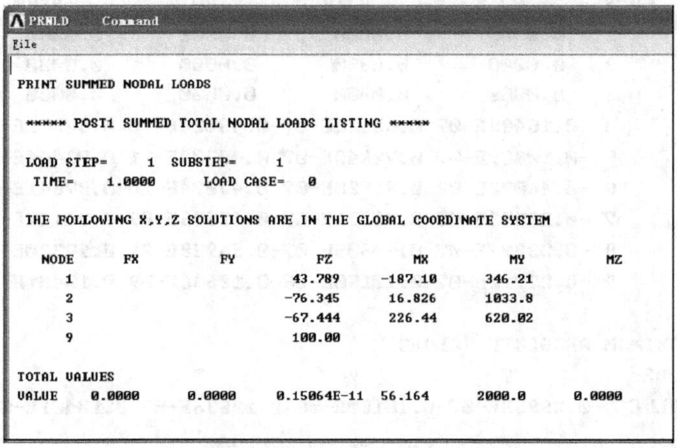

图 2-69　节点力及弯矩

如果将本例中的受力作图 2-70 所示的改变，则此时单元的计算应为薄壳问题，其在整体坐标系下的线位移如图 2-71 所示，角位移如图 2-72 所示及各节点的力及力矩如图 2-73 所示。

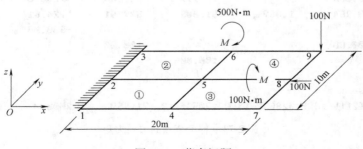

图 2-70　薄壳问题

```
NODE      UX           UY           UZ           USUM
  1     0.0000       0.0000       0.0000       0.0000
  2     0.0000       0.0000       0.0000       0.0000
  3     0.0000       0.0000       0.0000       0.0000
  4   -0.41633E-09-0.10859E-09-0.33966E-06 0.33966E-06
  5   -0.25549E-09 0.73637E-24-0.40658E-06 0.40658E-06
  6   -0.41633E-09 0.10859E-09-0.44688E-06 0.44688E-06
  7   -0.40916E-09 0.20743E-10-0.11489E-05 0.11489E-05
  8   -0.92203E-09 0.19432E-23-0.12726E-05 0.12726E-05
  9   -0.40916E-09-0.20743E-10-0.13911E-05 0.13911E-05

MAXIMUM ABSOLUTE VALUES
NODE          8            6            9            9
VALUE  -0.92203E-09 0.10859E-09-0.13911E-05 0.13911E-05
```

图 2-71　各节点的线位移

```
NODE      ROTX         ROTY         ROTZ         RSUM
  1     0.0000       0.0000       0.0000       0.0000
  2     0.0000       0.0000       0.0000       0.0000
  3     0.0000       0.0000       0.0000       0.0000
  4   -0.16488E-07 0.65528E-07-0.43024E-10 0.67571E-07
  5   -0.10839E-07 0.72640E-07 0.40308E-21 0.73444E-07
  6   -0.46092E-08 0.87520E-07 0.43024E-10 0.87641E-07
  7   -0.26853E-07 0.90231E-07 0.12636E-09 0.94142E-07
  8   -0.23277E-07 0.94505E-07-0.54938E-21 0.97330E-07
  9   -0.22712E-07 0.10150E-06-0.12636E-09 0.10401E-06

MAXIMUM ABSOLUTE VALUES
NODE          7            9            7            9
VALUE  -0.26853E-07 0.10150E-06 0.12636E-09 0.10401E-06
```

图 2-72　各节点的角位移

```
THE FOLLOWING X,Y,Z SOLUTIONS ARE IN THE GLOBAL COORDINATE SYSTEM

NODE    FX         FY         FZ         MX         MY         MZ
  1   -20.864    -1.0674     43.805    -243.13     487.40    -0.12254E-04
  2   -58.273              -91.999    -8.2288     1288.0
  3   -20.864     1.0674    -51.805     329.41     724.61     0.12254E-04
  6                                               -500.00
  8    100.00                          -100.00
  9                          100.00

TOTAL VALUES
VALUE   0.14211E-13 0.32863E-13-0.17053E-12 -21.950     2000.0     0.26124E-16
```

图 2-73　各个节点的力及力矩

2.7 动力问题

本节学习要点

1. 单自由度振动系统的原理。
2. 有限元动力分析方程及质量矩阵和阻尼矩阵的概念。
3. 固有频率和振型的求解方法。
4. ANSYS 软件求解动力问题的步骤，包括建立模型、选择并划分单元、处理边界条件、施加载荷、求解和计算结果分析。
5. ANSYS 动力问题求解实例。

在许多情况下，结构可能受到振动、冲击等动载荷的作用，而发生不允许的变形，甚至破坏，此时的结构设计就必须考虑动载效应，进而要求进行动力学分析。本节将简单介绍结构动力方程的建立和结构的模态参数。

2.7.1 结构的动力方程

为简单起见，先分析单自由度振动系统。图 2-74 所示为一个弹簧质量系统，设物体静止时，弹簧因物体自重 W 产生的变形量为 s，当物体受到随时间变化的激振力 $R(t)$ 时，其平衡方程为

$$m\ddot{\delta} + c\dot{\delta} + k(\delta + s) = R(t) + W \qquad (2\text{-}125)$$

式中，m 是物体的质量；c 是物体具有单位速度时所受到的阻尼力；k 是弹簧刚度；δ 是物体的位移；$\dot{\delta}$ 是物体的速度（位移对时间的导数）；$\ddot{\delta}$ 是物体的加速度（速度对时间的导数）。

在没有外界作用力情况下弹簧平衡时，有 $W = ks$，代入式（2-125）化简等式得

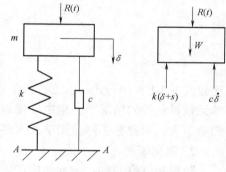

图 2-74 弹簧质量系统

$$m\ddot{\delta} + c\dot{\delta} + k\delta = R(t) \qquad (2\text{-}126)$$

2.7.2 质量矩阵和阻尼矩阵

对于一个复杂的结构，单自由度的振动方程是不能满足要求的，要进行复杂结构的动力学分析，首先应进行离散化，将结构变成一个多自由度系统，然后用该系统整体的质量矩阵 $\boldsymbol{m}$、阻尼矩阵 $\boldsymbol{c}$、刚度矩阵 $\boldsymbol{K}$、位移矢量 $\boldsymbol{\delta}$、激振力矢量 $\boldsymbol{F}(t)$ 代替式（2-126）中的相应参数，得到结构的运动方程为

$$\boldsymbol{m}\ddot{\boldsymbol{\delta}} + \boldsymbol{c}\dot{\boldsymbol{\delta}} + \boldsymbol{K}\boldsymbol{\delta} = \boldsymbol{F}(t) \qquad (2\text{-}127)$$

结构的刚度矩阵 $\boldsymbol{K}$ 是由单元刚度矩阵 $\boldsymbol{K}^e$ 集成的，质量矩阵和阻尼矩阵通常按照以下原则来确定。

1. 质量矩阵

结构质量矩阵也是由单元质量矩阵组合而成的，在动力分析中，单元质量矩阵一般可分

为一致质量矩阵和集中质量矩阵。

（1）一致质量矩阵 按照 $\boldsymbol{m} = \int_{Ve}\rho\boldsymbol{N}^{\mathrm{T}}\boldsymbol{N}\mathrm{d}V$ 计算得到的单元质量矩阵称为一致质量矩阵。对于三角形平面单元，$\boldsymbol{N}$ 为形函数，它与刚度质量矩阵中的形函数相同，所以称为一致质量矩阵。对于三角形平面单元，一致质量矩阵为

$$\boldsymbol{m}^{\mathrm{e}} = \frac{G}{3g}\begin{pmatrix} 0.5 & 0 & 0.25 & 0 & 0.25 & 0 \\ 0 & 0.5 & 0 & 0.25 & 0 & 0.25 \\ 0.25 & 0 & 0.5 & 0 & 0.25 & 0 \\ 0 & 0.25 & 0 & 0.5 & 0 & 0.25 \\ 0.25 & 0 & 0.25 & 0 & 0.5 & 0 \\ 0 & 0.25 & 0 & 0.25 & 0 & 0.5 \end{pmatrix} \tag{2-128}$$

式中，$G = \int_{Ve}\rho g\mathrm{d}V$ 为三角形单元重力；ρ 为材料的密度；g 为重力加速度；V^{e} 为单元体积。它的推导是考虑了惯性力的作用，并应用载荷移置的基本方法得出的，具有较高的精确性。

（2）集中质量矩阵 三角形平面单元的集中质量矩阵为

$$\boldsymbol{m}^{\mathrm{e}} = \frac{G}{3g}\begin{pmatrix} 1 & 0 & 0 & 0 & 0 & 0 \\ 0 & 1 & 0 & 0 & 0 & 0 \\ 0 & 0 & 1 & 0 & 0 & 0 \\ 0 & 0 & 0 & 1 & 0 & 0 \\ 0 & 0 & 0 & 0 & 1 & 0 \\ 0 & 0 & 0 & 0 & 0 & 1 \end{pmatrix} \tag{2-129}$$

比较式（2-128）与式（2-129），集中质量矩阵比一致质量矩阵要简单。根据计算经验，在单元数目相等的情况下，集中质量矩阵计算出的振动频率略低于一致质量矩阵，但两者精度相差不大，因此在实际应用中，大多采用集中质量矩阵。

2. 阻尼矩阵

阻尼矩阵有两种：一种是由于应变速度引起的阻尼矩阵，另一种是由于质量矩阵引起的阻尼矩阵。它们分别表示为：

由于应变速度引起的单元阻尼矩阵

$$\boldsymbol{c}^{\mathrm{e}} = \beta\int_{Ve}\boldsymbol{B}^{\mathrm{T}}\boldsymbol{D}\boldsymbol{B}\mathrm{d}V = \beta\,\boldsymbol{k}$$

由于质量矩阵引起的阻尼矩阵

$$\boldsymbol{c}^{\mathrm{e}} = \int_{Ve}\gamma\boldsymbol{N}^{\mathrm{T}}\boldsymbol{N}\mathrm{d}V = \alpha\boldsymbol{m}$$

式中，γ 为阻力系数。

将它们组合在一起有

$$\boldsymbol{c} = \alpha\boldsymbol{m} + \beta\,\boldsymbol{K} \tag{2-130}$$

其中，

$$\alpha = \frac{2(\lambda_i\omega_j - \lambda_j\omega_i)\omega_i\omega_j}{(\omega_j + \omega_i)(\omega_j - \omega_i)}; \quad \beta = \frac{2(\lambda_j\omega_j - \lambda_i\omega_i)}{(\omega_j + \omega_i)(\omega_j - \omega_i)}$$

式中，ω_i、ω_j 分别为第 i 和第 j 个固有频率；λ_i、λ_j 分别为第 i 和第 j 个振型的阻尼比。

2.7.3 结构的自振频率和振型

求结构的自振频率和振型是动力分析的基本内容。一般来讲，阻尼对结构的自振频率和振型影响不大，在此忽略不计。对于一个无阻尼自由振动的结构体来说，激振力也为 0，此时式（2-127）的方程式为

$$m\ddot{\pmb{\delta}} + \pmb{K}\pmb{\delta} = 0 \tag{2-131}$$

无阻尼自由振动时各节点的简谐运动位移可表示为

$$\pmb{\delta} = \pmb{\delta}_0 \cos(\omega t + \varphi) \tag{2-132}$$

式中，$\pmb{\delta}_0$ 为各节点的振型；ω 为与该振型对应的频率；φ 为相位角。将式（2-132）代入式（2-131）有

$$(\pmb{K} - \omega^2 \pmb{m})\pmb{\delta}_0 = 0 \tag{2-133}$$

由于各节点的振型不可能同时完全为零，式（2-133）变为

$$|\pmb{K} - \omega^2 \pmb{m}| = 0 \tag{2-134}$$

设结构离散化后有 n 个自由度，则结构的刚度矩阵 $\pmb{K}$ 和质量矩阵 $\pmb{m}$ 都是 n 阶方阵，说明式（2-134）是关于 ω^2 的 n 阶代数式，由此可解得 n 个自振频率。若设 ω_1 为最低频率，并按由小到大排列有 $\omega_1 < \omega_2 < \omega_3 < \cdots < \omega_n$，相应地求出自由振动中的位移为

$$\pmb{\delta} = \{\pmb{\delta}_0\}_1 \cos(\omega_1 t + \varphi_1) + \{\pmb{\delta}_0\}_2 \cos(\omega_2 t + \varphi_2) + \cdots + \{\pmb{\delta}_0\}_n \cos(\omega_n t + \varphi_n) \tag{2-135}$$

式中，$\{\pmb{\delta}_0\}_i$ 为与每个自振频率 ω_i 相对应的振型。

方程式（2-134）的解法，就是线性代数中求解特征值问题，有各种有效解法及相应的标准程序可供选用，如 ANSYS 等。从理论上讲，在求出结构无阻尼自由振动的频率和振型之后，可用振型迭加法求解结构的振动方程式（2-127），也可用逐步积分法直接对其求解，以求出结构各节点在强迫振动时的瞬态位移，并进而求得各单元在振动时的瞬态应力。下面通过有限元软件实现计算过程。

2.7.4 结构的动力问题分析实例

[例 2-5] 刚架结构如图 2-75 所示，一端受周期载荷作用，作用力 $P = 1000\text{N}$，作用载荷的频率范围是 $0 \sim 10\text{Hz}$，$L = 10\text{m}$，刚架截面为正方形，边长为 0.5m，材料的 $E = 200\text{GPa}$，$\mu = 0.3$，密度 $\rho = 7.8 \times 10^3 \text{kg/m}^3$。试对刚架进行模态分析并求加载点的位移变化规律。

用 ANSYS 软件计算本例要用到以下八个步骤：定义单元类型并输入实际参数、定义材料性质、建立几何模型、划分网格、加载与施加边界条件、设置模态分析、求解和查看结果。

首先命名为 Modal，File > Change Jobname，输入 Modal。

（1）定义单元类型并输入实际参数 按照图 2-23 中的操作方式选择单元类型为 Beam3，输入梁单元的截面参数。

（2）定义材料性质 按照图 2-22 中的操作方式定义材料为弹性线性各向同性，输入相应的参数 EX 值为 2×10^{11}，PRXY 值为 0.3。

（3）建立几何模型 由于刚架较大，因此需要划分较多的单元，建模思路为先产生关

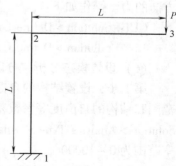

图 2-75 刚架结构

键点，由点形成直线，对线进行单元划分。输入的关键点坐标为：1（0，0），2（0，10），3（10，10）。操作如下：

GUI：Preprocessor > Modeling > Create > Keypoint > In Active CS；

Preprocessor > Modeling > Create > Line > straight Line。

（4）划分网格　为了能得到较精确的解，需对刚架进行较多单元的划分。首先定义每条直线要划分的网格数，然后进行单元划分。操作如下：

GUI：Preprocessor > Meshing > MeshTool。

在"MeshTool"对话框中选"1"所指的【Set】按钮，弹出一个选择直线的对话框，在选择了直线后，在"NDIV"文本框中输入 100，表明每一条直线上要划分 100 个单元，如图 2-76 所示。再利用 Mesh 进行划分网格。此时刚架共有 200 个单元、201 个节点。

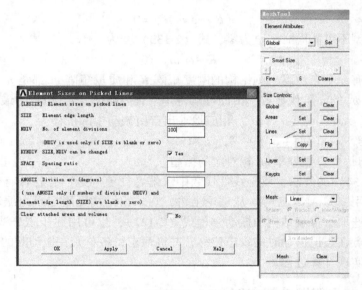

图 2-76　网格划分中定义单元数

（5）加载与施加边界条件　根据题目的要求，分别在刚架的 1 点加全约束，3 点加垂直方向的力。操作如下：

GUI：Solution > Define Loads > Apply > Structural > Displacement > On Node；

Solution > Define Loads > Apply > Structural > Force/Moment > On Key points。

（6）设置模态分析　分以下两步进行。

第 1 步，设置结构的自振频率。在选择模态分析的前提下，用简化计算方法，输入频率范围和结构的自由度等参数来进行。GUI：Solution > Analysis Type > New Analysis，选 Modal；Solution > Analysis Type > Analysis Option，选 Reduced，弹出图 2-77 所示的对话框，输入频率范围为 0 ~ 10000。

Solution > Master DOFs > Program Selected，在"NTOT"文本框中输入 402，即节点数的 2 倍，如图 2-78 所示。

第 2 步，设置谐响应分析。选择谐响应类型，选择题目中所给出的频率，即可得到，操作如下：

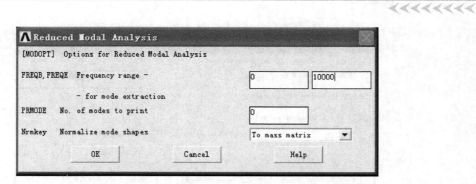

图 2-77　频率选择范围

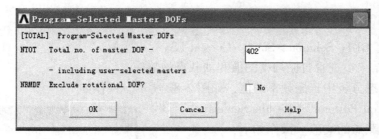

图 2-78　总自由度

GUI：Solution > Analysis Type > New Analysis，选 Harmonic；

Solution > Analysis Type > Analysis Option，按照图 2-79 和图 2-80 所示选择参数。

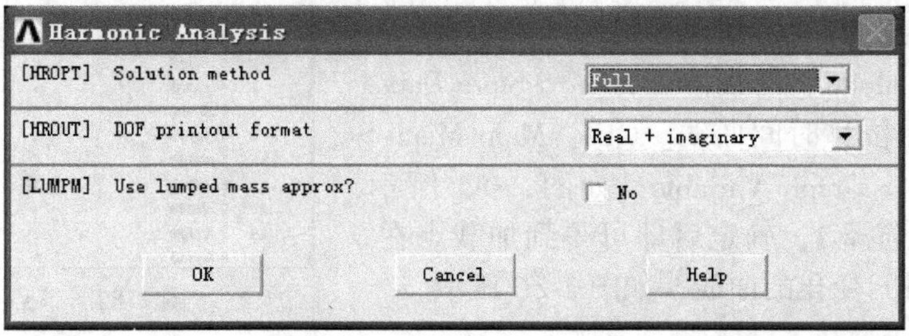

图 2-79　设置谐响应分析

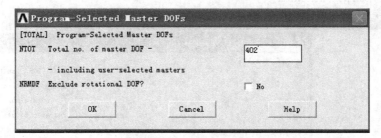

图 2-80　选择解方程法

选择频率和子步骤。操作如下：

GUI：Solution > Load Steps Opts > Time Frequenc > Freq Substps，

按照图 2-81 中输入频率范围：0 ~ 10，分 100 步完成。

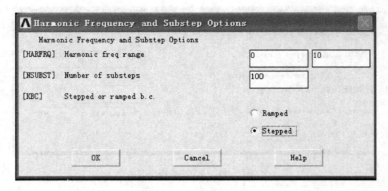

图 2-81 设置子步

（7）求解 GUI：Solution > Solve > Current LS。

（8）查看结果 查看自振频率的值和加载点的响应。

1）查看模态分析中自振频率的值，如图 2-82 所示。操作如下：

GUI：General Postproc > Results Summary。

2）查看加载点的响应。操作如下：

GUI：Main Menu > Timehist Postpro > Define Variable，弹出对话框，选 Add，选节点的位移如图 2-83 所示，在提示下选出加载点即第 3 Key point。

在图 2-84 中，定义加载点的位移方向，在此选 y 方向。确定数据的存在。操作如下：

GUI：Main Menu > Timehist Postpro > Store Data。

用图形表示位移时间曲线。GUI：Main Menu > Timehist Postpro > Graph Variable，如图 2-85 所示，在 NAVR2 行中选择 2，确定后即可得到加载点在 y 方向的位移随时间变化的曲线，如图 2-86 所示。

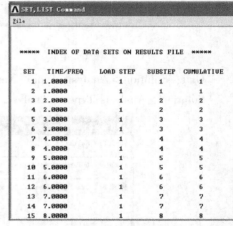

图 2-82 节点自振频率

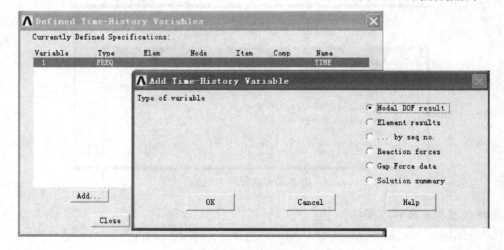

图 2-83 设定时间变化曲线

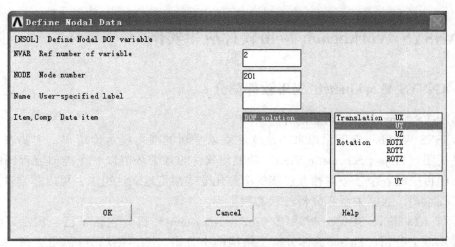

图 2-84　定义加载点的位移方向

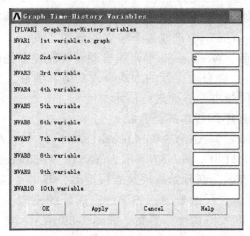

图 2-85　定义位移曲线

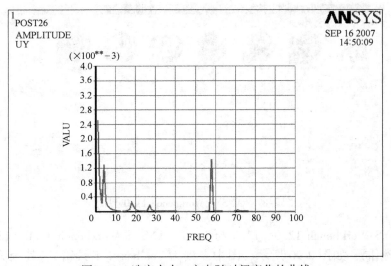

图 2-86　选定点在 y 方向随时间变化的曲线

2.8 ANSYS Workbench 应用软件应用实例

2.8.1 ANSYS Workbench 应用软件简介

1. ANSYS Workbench 功能简介

自 ANSYS Workbench 问世以来，该软件就以全新的视角展示给用户，主要表现在：全新的项目视图（Project Schematic View）功能使软件的各个环节以一个类似流程图的图表展示，仿真项目中的各个任务以相互连接的图形化方式清楚地表达出来，可以非常容易地理解项目的工程意图、数据关系和分析过程的状态等。

工具箱（Toolbox）中的分析系统（Analysis Systems）部分包括了已经预制好的分析类型（如显示动力分析、Fluent 流体分析、结构模态分析、随机振动分析等），每一种分析类型都包括了完成该分析所需要的完整过程（材料定义、几何建模、网格生成、求解设置、后处理等），按其顺序一步步执行即可完成分析任务。如果想要编写一个分析流程，也可从工具箱中的"Component System"中选取各个独立的程序系统。

在选定好分析流程后，Workbench 平台能自动管理流程中任何步骤发生的变化（如几何尺寸变化、载荷变化等），以自动更新的方式来改变仿真项目，为用户提供了方便。

下面以实际操作对不同版本的界面进行展示。

2. ANSYS Workbench 不同版本界面介绍

从程序中直接打开（双击）ANSYS Workbench，对于不同的版本会有不同的界面。

（1）ANSYS Workbench 11.0 图 2-87 所示为 ANSYS Workbench 11.0 界面，此时 Toolbox 的形式为分散型，用图标表示，在开始需要建立模型时，双击"Geometry"图标，进入建立几何模型界面如图 2-88 所示。开始画图。如果已有建好的模型，可直接进入仿真模块，此时选"Simulation"图标，进入仿真计算界面，如图 2-89 所示。与经典的 ANSYS 不同的是：仿真结果显示的后处理阶段可以在 Simulation 中查看。

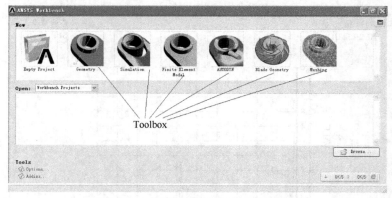

图 2-87 ANSYS Workbench 11.0 界面

（2）ANSYS Workbench 12.0、13.0 与 14.0 ANSYS Workbench 12.0、13.0 和 14.0 打开后的主界面相同，如图 2-90 所示，图中左列为 Toolbox（工具箱），其余为 Project Schematic（项目管理区）。

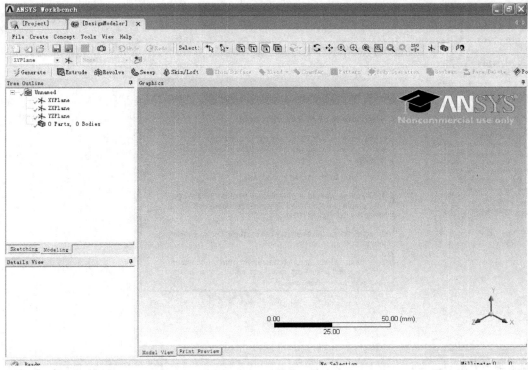

图 2-88 建立几何模型界面（Design Modal）

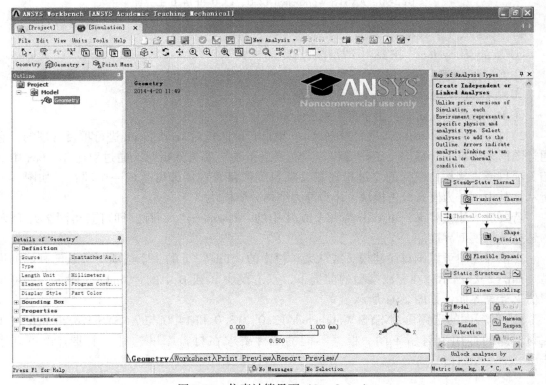

图 2-89 仿真计算界面（Simulation）

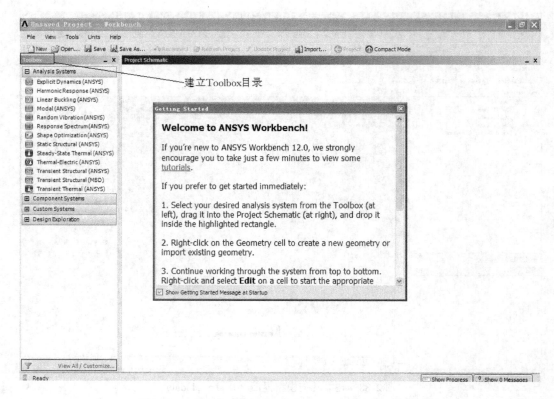

图 2-90　ANSYS Workbench 12.0、13.0 和 14.0 主界面

1）Toolbox（工具箱）。

① Analysis System：主要用于操作者选定的模块。

② Componet Systems：用于多种不同应用程序的建立和不同分析系统的扩展。

③ Custom Systems：用于耦合分析系统。

④ Design Exploration：用于参数的管理和优化。

2）Project Schematic（项目管理区）。项目管理区是对 Workbench 进行项目管理的，它通过图形来体现一个或多个工作流程。当需要进行某一项目分析时，通过双击 Toolbox 中的相关项目或直接按住鼠标的左键拖动相关项目到项目管理区即可生成一个项目，如图 2-91 所示。其中，A 为模态分析模块，B 为静力结构分析模块。

若要进入建模界面，可双击模块 A 或 B 中的"Geometry"图标，即可获得图 2-92 所示的建立几何模型界面。

在该界面中可以画草图建模，或从菜单栏中的"File"下的 3 个选项中选取已画好的模型。如图 2-93 所示，在完成模型的前提下，双击模块 A 或 B 中的"Model"图标，即可进入仿真计算界面，如图 2-94 所示。

3）材料库的选用。ANSYS Workbench 12.0、13.0 和 14.0 与 ANSYS Workbench 11.0 在材料库的选用上有所不同，根据不同的工件要求在材料库里选材，主要有以下几个步骤：

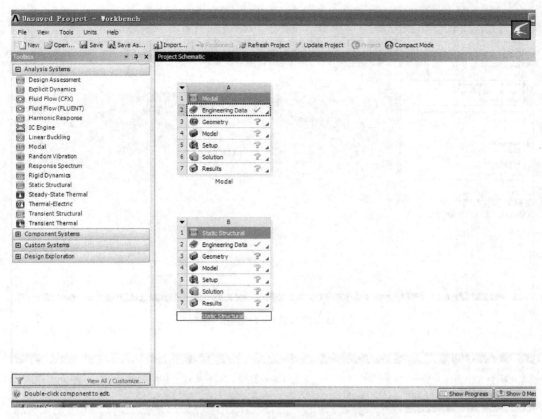

图 2-91　生成分析项目模块

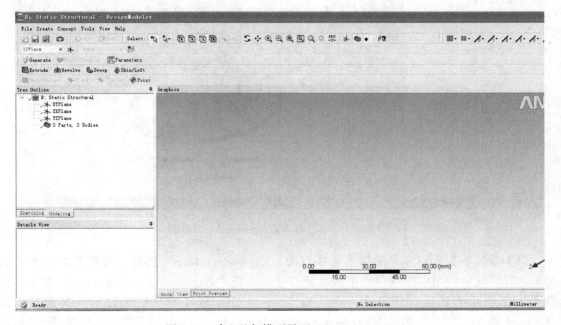

图 2-92　建立几何模型界面（Design Modal）

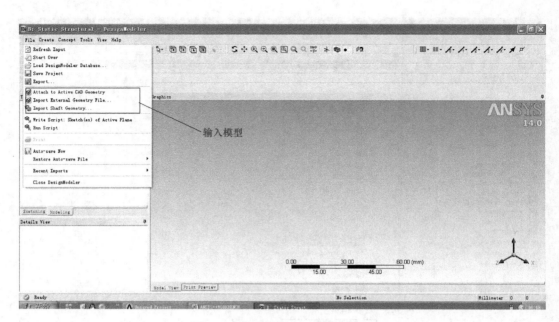

图 2-93 输入模型（Design Modal）

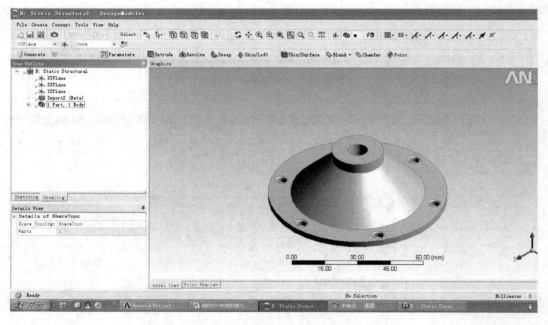

图 2-94 仿真计算界面（Simulation Modal）

第 1 步：在图 2-95 所示的模块 A 中双击"Engineering Data"图标，得到图 2-96 所示的材料选择界面；在图中的空白处单击鼠标右键，选择"Engineering Data Sources"选项，得到图 2-97 所示的确定材质界面，在"Engineering Data Sources"栏中选定一类材料，如"General Material"，此时在"Outline of General Material"栏中出现了可供选择的很多材料，如果选"Aluminum Alloy（铝合金）"，则单击其右侧的图标，此时出现图标，表示已增加了此种材料；其他相关的栏目表明此材料下的物理和力学性能参数。选好材料后，在图2-96所示界面的工具栏中选"Return to Project"，回到图2-95所示的界面。

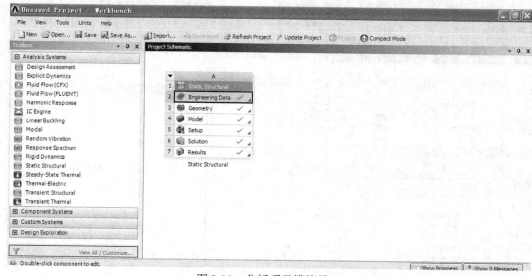

图2-95　分析项目模块界面

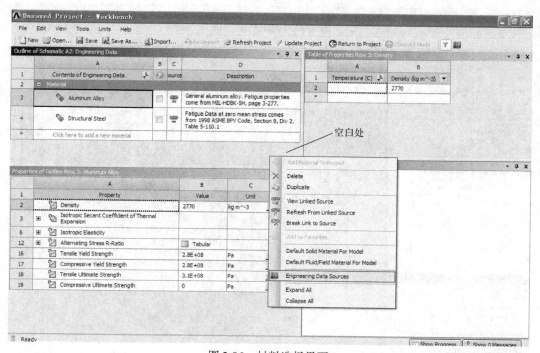

图2-96　材料选择界面

第2步：在图2-95所示的界面中双击图标"Geometry"导入几何模型后，再双击图标"Modal"进入分析界面，如图2-98所示。在左侧的分析树中选图标"Geometry"，在"details"下的"Material"中就可选到刚才定义的材料，从而完成材料的选用。

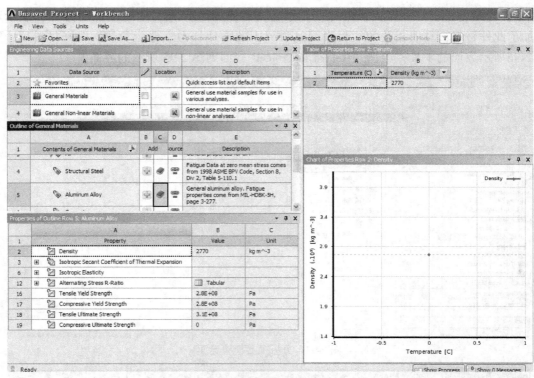

图 2-97　确定材质界面

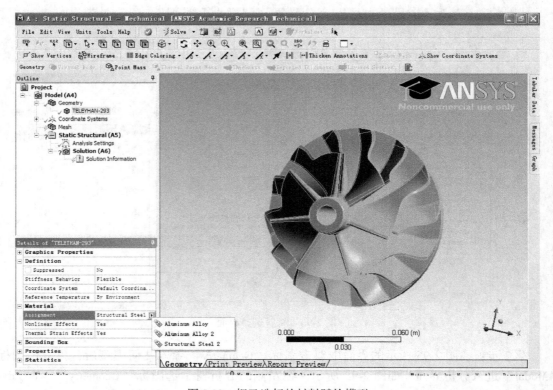

图 2-98　把已选好的材料赋给模型

2.8.2 平面支架受力分析——平面问题

[**例2-6**] 已知平面支架厚度为5mm，其余尺寸如图2-99所示，弹性模量 $E = 200\text{MPa}$，泊松比 $\mu = 0.27$，小孔被固定，大孔下部中间有集中力 $F = 2000\text{N}$。要求：画出变形图和等效应力图。

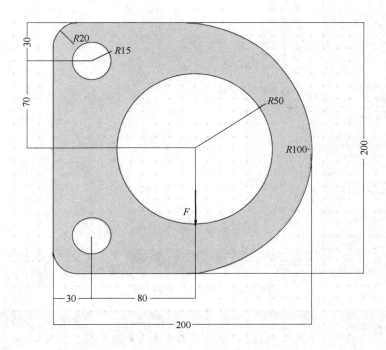

图2-99 平面支架

1）打开 ANSYS Workbench 14.0 程序，根据题目类型在"Toolbox"栏目下找到"Static Structural"，按住鼠标左键拖动到右侧空白处形成模块 A，如图2-100所示。在模块 A 中，第一行"Static Structural"表明是静态结构问题，第二行"Engineering Data"指材料的选择，此时有对勾表明材料已由程序自动选好了，若要更改就像上一节介绍的那样重新选材。双击第三行的"Geometry"进入建立模型界面；选择毫米为单位，单击左侧列中的"Modeling"选项卡，选择"XYPlane"后单击图标 ，再选择左侧列的"Sketching"选项卡进入绘制草图状态，如图2-101所示。

2）在 Sketching 状态下。

① 选择【Draw】→Rectangle，将光标移动到右侧画图的坐标原点，当出现 P 时，开始向左上角拖动，画出矩形，如图2-102所示。

② 选择【Dimensions】→Horizontal 和 Vertical 及 Radius，分别标注出矩形的边长和圆角半径，如图2-103所示。

③ 找出图中4个圆的圆心点。【Draw】→Construction Point，在大致位置画出4个点，用与②相同的方法标注后获得它们的具体位置。

图 2-100　静态结构分析模块

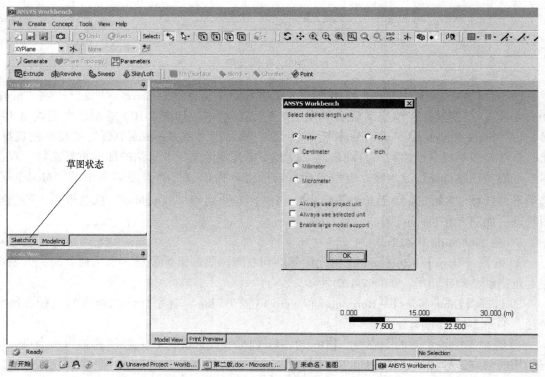

图 2-101　绘制草图界面

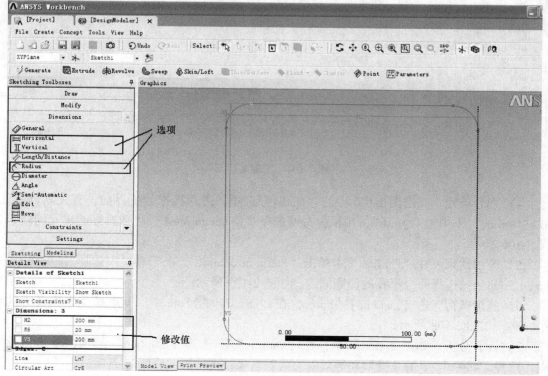

图 2-102　画出矩形

图 2-103　矩形的尺寸标注

④ 选【Draw】→Circle，画 4 个圆，半径如图 2-99 所示。注意画圆时在圆心附近出现 P 则选当时的点为圆心，这时恰好光标点和圆心点重合。

⑤ 选【Modify】→Trim，减去多余的线，得到完整的草图。此时回到 Modeling 状态下，单击 "XYPlane" 下的 "Sketch1" 得到完成的草图，如图 2-104 所示。

3）在 Modeling 状态下。在图 2-104 左下方的 "Details View" 下选择相应的参数后单击图标 $\diagup$ Generate，形成 3D 图，如图 2-105 所示。

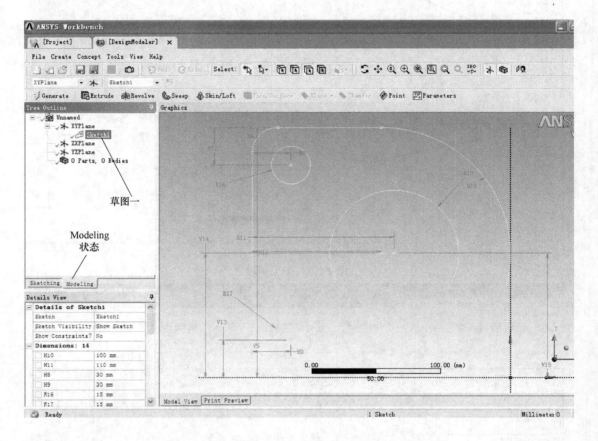

图 2-104　完成的草图

4）划分单元。双击图 2-100 中的 "Model" 选项，进入模拟分析界面，首先划分单元，在 "Outline" 下单击 "Mesh"，用鼠标右键选择 "Generate Mesh" 生成画好的单元网格，如图 2-106 所示。

5）施加约束。在 "Outline" 卡单击 "Static Structural"，在工具栏中选择【Supports】→Fixed Support；选择两个小孔的侧圈固定，如图 2-107 所示。

6）施加载荷。选【Loading】→Force，在 "Details of 'Force'" 下选择受力面及力的大小方向，如图 2-108 所示。

7）计算分析。如图 2-109 所示，在 "Outline" 下选择 "Solution" 选项，单击鼠标右键，选择 "Insert" 下的总变形和等效应力为观察项，再单击 "Solve" 选项。

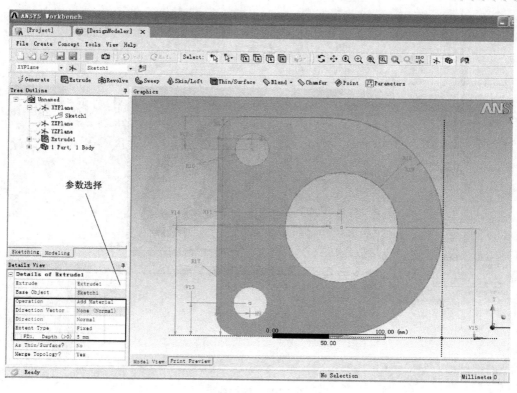

图 2-105　3D 图

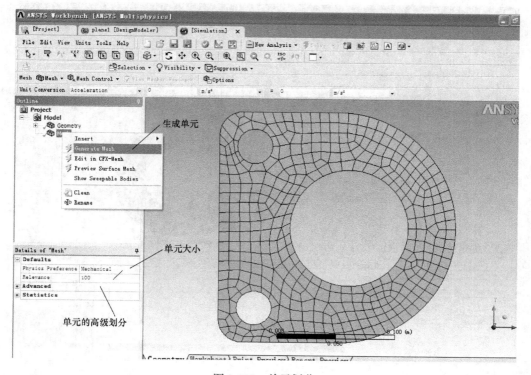

图 2-106　单元划分

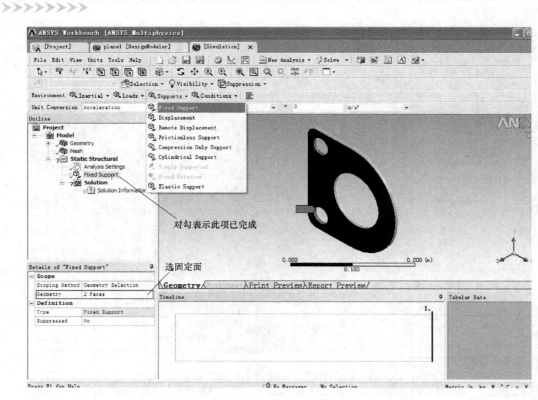

图 2-107　施加约束

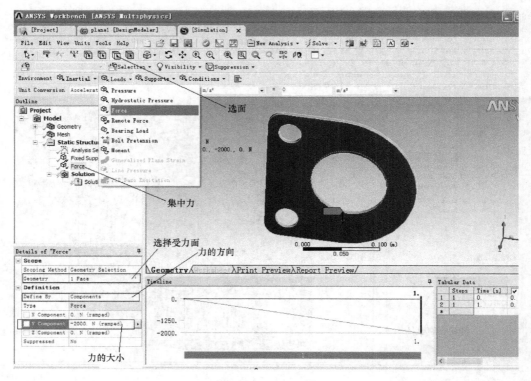

图 2-108　施加载荷

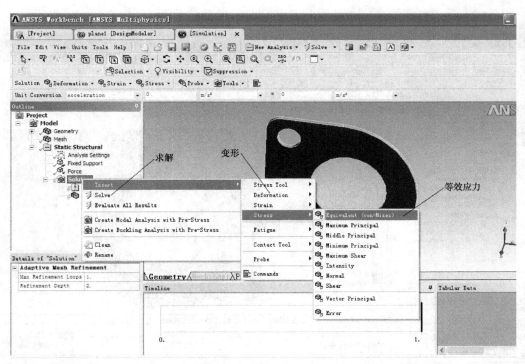

图 2-109 观察结果选项

8）变形结果：

① 图 2-110 显示了平面支架加力后的变形，以及最大、最小变形值和变形处。

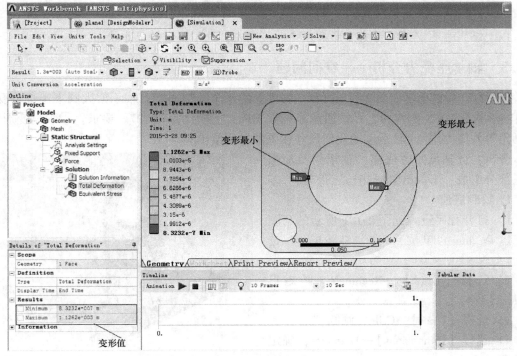

图 2-110 变形图

② 图 2-111 显示了平面支架加力后的等效应力值，指出了最大、较大和最小处。

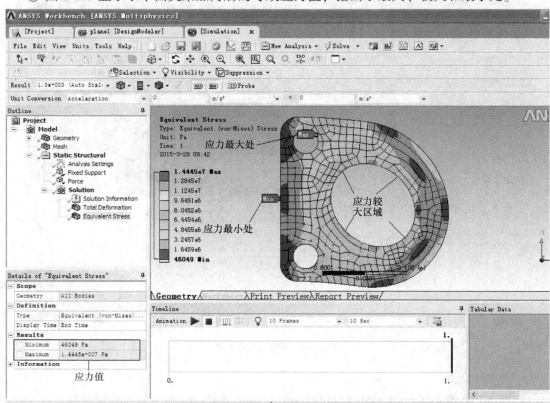

图 2-111 等效应力图

以上结果表明支架的受力变形都在弹性范围内，处于正常的工作状态。

2.8.3 轴承座受力分析——空间问题

[例 2-7] 轴承座如图 2-112 所示，底座上的 4 个孔被固定，轴承架大圆下半部分受到 Z 向轴承载荷 200N 的作用，弹性模量 $E = 200$MPa，泊松比 $\mu = 0.27$。要求：①画出变形图；②画出等效应力图。（轴承座的几何尺寸在画图过程给出）

分析：此轴承座由底座、轴承架及加强肋三部分组成，下面分别画出这三部分。

1. 绘制底座

1）打开程序进入到图 2-101 所示的草图状态（以 mm 为单位），选"Sketching"选项卡。

2）选择【Draw】→Rectangle，画矩形（底座的 1/4）。

3）选择【Draw】→Crile，画圆。

4）选择【Dimensions】→Diameter，确定直径 D = 10mm。

图 2-112 轴承座

5）选择【Dimensions】→Horizontal 及 Vertical，确定圆心到 X、Y 轴的距离及矩形边长，如图 2-113 所示，其中 V1 = 26mm，V2 = 13mm，H3 = 40mm，H4 = 15mm，D5 = 10mm。

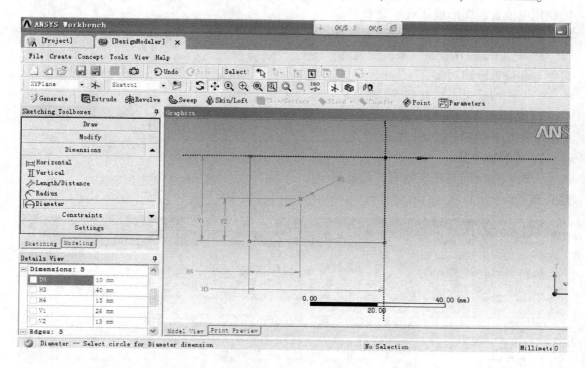

图 2-113　对草图进行尺寸标注

6）【Modify】→Trim，对与 X、Y 轴重合的两边进行剪切。

7）【Modify】→Copy，框选其余图形后选中的图变亮黄色，单击"Paste"，单击鼠标右键，选"Filp Vertical"是被复制图形与 X 轴成镜像状态，移动光标到粘贴点，单击鼠标左键完成粘贴。再单击鼠标右键，选择"End"结束命令，如图 2-114 所示。

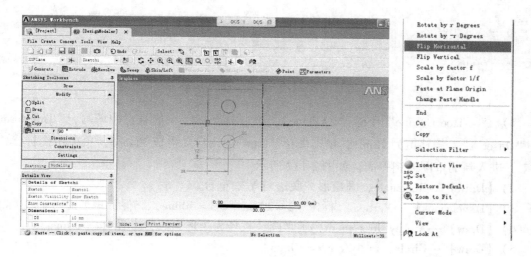

图 2-114　图形对称

>>>>>>>>

8）同理。选择图 2-114 所示图形，对 Y 轴对称，选"Filp Horizontal"，粘贴到相应位置，即形成了底座完整的草图，如图 2-115 所示。另外，还可以选择"Change Paste Handle"来改变光标，以便与相应点准确对接。

9）在"Modeling"状态下，用【Extrude】拉伸草图到 12mm，"Details View"中的相关项如图 2-116 所示。

2. 绘制轴承架

分析：轴承架与底座垂直，因此要建立新平面。

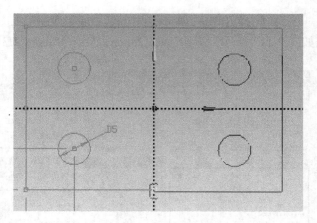

图 2-115 底座草图

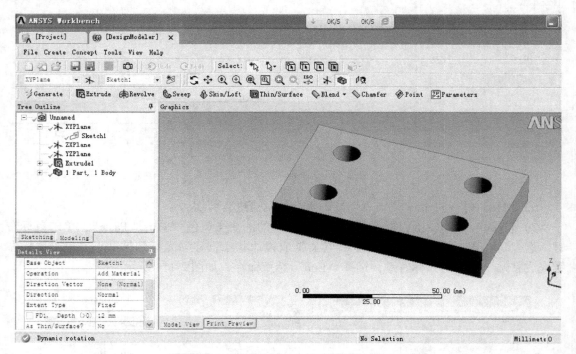

图 2-116 三维底座图

1）在"Tree Outline"下选"ZXPlane"，单击 ✻ 图标，在信息栏中填写，"Transform1"为"Offset X"，偏移值为 12mm，单击图标 Generate，自动生成 Plane6，再单击图标 和 ，进入新的草图绘制平面，如图 2-117 所示。

2）【Draw】→Rectangle，画矩形，底边与 Y 轴重合。

3）【Dimensions】→Vertical，标出 V2 = 20mm，V3 = 40mm，以保证矩形对 X 轴对称。

4）【Draw】→Arc by three point，画半圆，直径为矩形交点，半径 R4 = 20mm。

5）【Draw】→Circle，画小圆 R5 = 10mm。

6）【Dimensions】→Radius，确定以上半径尺寸。

7)【Modify】→ Trim，剪掉多余的线，形成封闭图形，如图 2-118 所示。

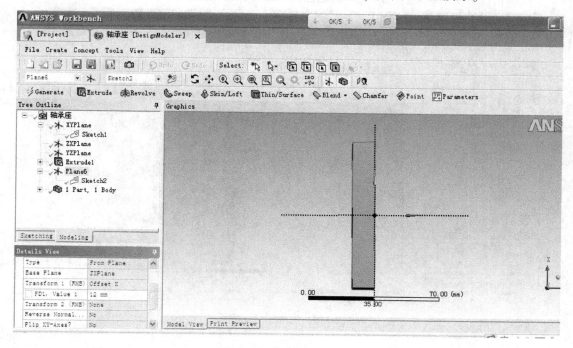

图 2-117　新草图绘制平面

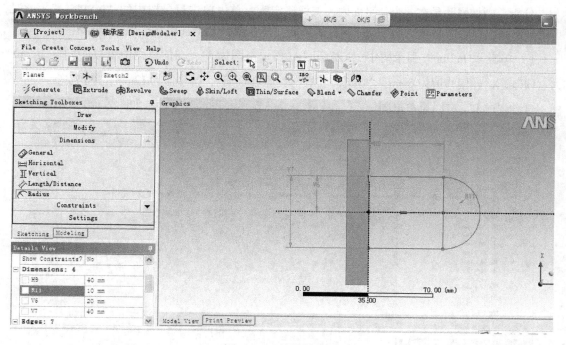

图 2-118　轴承架草图

8)【Create】→Extrude，信息栏参数 "Depth" 为 6mm， "Direction" 为 "Both Symmetric"。

9）单击图标 Generate，生成三维支座图，如图2-119所示。

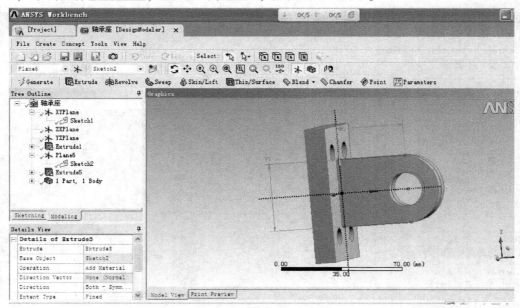

图2-119 生成三维支座图

3. 绘制加强肋

分析：画加强肋是在一个新平面内，怎样确定呢？首先单击目录树中的"XYPlane"，此时，可以判定画加强肋应是在与YZPlane平行的平面，现在就以YZPlane为基准，创建新平面。

1）单击"Outline"目录树中"YZPlane"，再单击图标 ，在信息栏中填写，"Transform1"为"Offset X"，偏移值为6mm，"Transform2"为"Offset Y"，偏移值为12mm，单击 Generate 图标，自动生成Plane7，再单击图标 和 ，进入新的草图绘制平面，如图2-120所示。

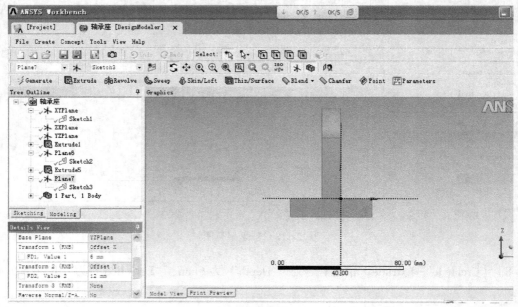

图2-120 新建绘图平面

2）绘制三角形草图。【Draw】→Line，从坐标原点绘出三角形。

3）【Dimensions】→Distance，进行尺寸约束，长13mm，高20mm。

4）【Create】→Extrude，信息栏参数"Depth"为5mm，"Direction"为"Both Symmetric"。

5）单击图标 Generate，生成一侧加强肋，如图2-121所示。

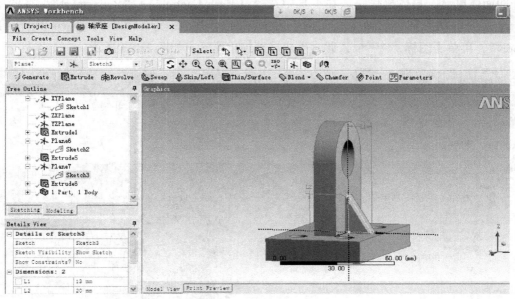

图2-121 加强肋三维图

6）【Create】→Body Operation，在信息栏中"Type"选"Mirror"，单击已有图形，在"Bodies"栏中选"Apply"，在"Mirror Plane"中选"Sketch2"后选"Apply"。

7）单击图标 Generate，完成绘制轴承座模型，如图2-122所示。

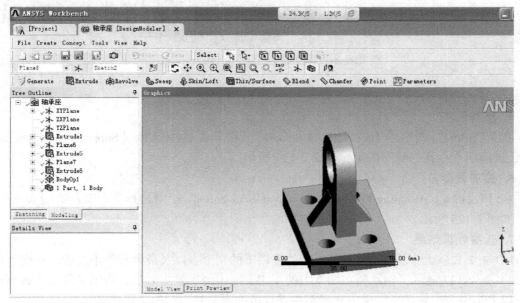

图2-122 轴承座模型

4. 划分单元

双击图 2-100 中的 "Model" 栏，进入模拟分析界面，首先划分单元，在 "Outline" 下单击 "Mesh"，单击鼠标右键，选择 "Generate Mesh"，生成画好的单元网格。由于轴承的外圈是主要的受力部分，因此选一个对局部网格要求的 "Refinement"，Refinement，一般只用于四面体单元。具体操作是：在工具中选择【Mesh Control】→ "Refinement"，在图中选择一个要局部划分网格的面（在此例中为大圆面），在 "Details" 中的 "Geometry" 单击 "Apply"，再单击图标 ⨯Generate，此时生成局部细化单元，如图 2-123 所示。

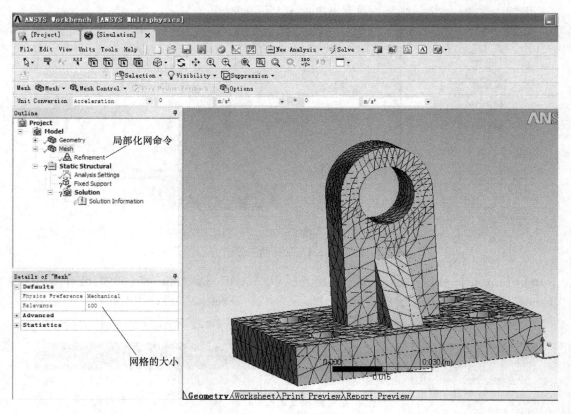

图 2-123 单元划分

5. 施加约束

在 "Outline" 列中单击 "Static Structural"，在工具栏中选择【Supports】→Fixed Support；选择四个小孔的侧圈固定，如图 2-124 所示。

6. 施加载荷

在【Loading】→Bearing Loading，在 "Details of Force" 栏中选择受力面及力的大小和方向，如图 2-125 所示。

7. 查看计算结果

1）图 2-126 显示了轴承座在轴承力的作用下的变形，以及最大和最小变形值和变形处。

2）图 2-127 显示了轴承座在轴承力的作用下产生的等效应力值，指出了最大、最小处。以上结果表明轴承座的受力变形都在弹性范围内，是正常的工作状态。

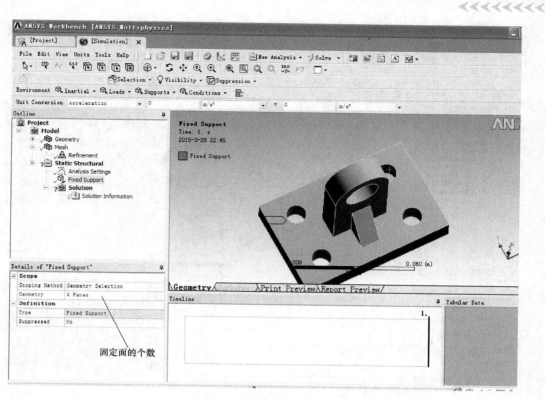

图 2-124　施加约束

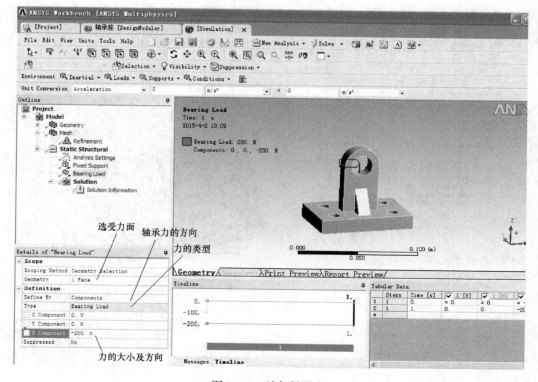

图 2-125　施加轴承力

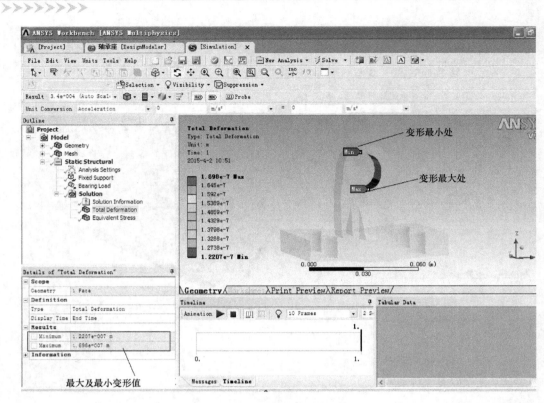

图 2-126　变形图

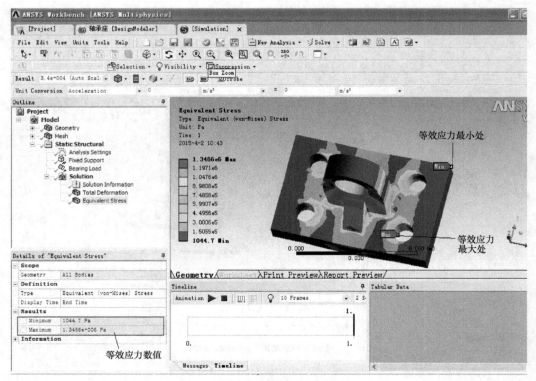

图 2-127　等效应力图

2.8.4 组合零件接触面分析——接触问题

在实际的计算分析中，零部件总是组合工作的，所以接触问题往往是无处不在的。在此简单地介绍软件中接触的类型和选择，通过实例来说明它的具体应用。

当两个分离的表面相互接触、相切，就认为是"接触"。从通常物理意义来说，相互接触的面有以下特征：①不能相互穿透；②可传递法向压力和切向摩擦力；③通常不传递法向张力。因此，它们可以相互分离，接触时状态改变为非线性。就是说，在程序计算时系统刚度取决于接触状态，零件是否接触或分离。

在计算时可以用纯罚函数法（Pure Penalty）或增强的拉格朗日法（Augmented Lagrange），由于后者对刚度变化的敏感性较差，往往多被选用。

默认的法向刚度是由程序自动确定的。用户也可以手工输入特定的值。用户可以输入默认值"Normal Stiffness Factor"为"1.0"，因子越小接触刚度越低。

选择接触刚度的几点建议：

（1）对以体积为主的问题。使用"Program Controlled"或手工输入"Normal Stiffness Factor"为"1"。

（2）对以弯曲为主的问题 手工输入"Normal Stiffness Factor"为 0.01~0.1。

在实际操作中，选一个为接触面，另一个为目标面，主要研究的是接触面，次要研究的是目标面。大致原则为：

1）如果一凸起的表面要和一平面或凹面接触，应选取平面或凹面为目标面。

2）如果一个表面有稀疏的网格而另一个表面网格细密，则应选择稀疏网格表面为目标面。

3）如果一个表面比另一个表面硬，则硬表面应为目标面。

4）如果一个表面为高阶表面而另一个为低阶表面，则低阶表面应为目标面。

5）如果一个表面大于另一个表面，则大的表面应为目标面。

接触中有五类情况，它们分别是 Bonded、No Separation、Frictionless、Rough、Frictional。它们的涵义为：Bonded，两物体间既无切向又无方向运动；No Separation，切向可以运动，法向不能分开；Frictionless，切向、法向均可滑动；Rough，切向无位移，法向可分开；Frictional，切向、法向均可能有位移。下面以实例来显示以上应用。

[例 2-8] 螺栓接触面的处理实例。

打开 Ansys Workbench 的 Simulation 界面，在"Geometry"下选择"From File"，调出画好的图形，如图 2-128 所示。从"Outline"中可看出，图形是由 4 个零件组成的，还有 4 个接触区域。要求：定义其接触的类型，并划分网格。

1）选择"Outline"下的"Contact Region"，在"Detail"中出现了接触面和目标面，绘图区中也出现了蓝色和红色（本书颜色未显示）两种接触区。红色表示接触面 Part1，蓝色表示目标面 Part2。图 2-129 所示为接触面 1。

2）定义接触面 Part1。分析此构件，圆管与夹紧块的接触属于摩擦接触，所以在"Details"的"Type"中选择"Frictional"，即切向、法向均可能有位移的趋势，在"Friction Coefficient"中输入"0.4"，代表摩擦因数为 0.4；在"Behavior"中选对称；在"Advanced"的"Formulation"中选"Augmented Lagrange"。完成接触面 Part1 的定义，如图 2-129 所示。

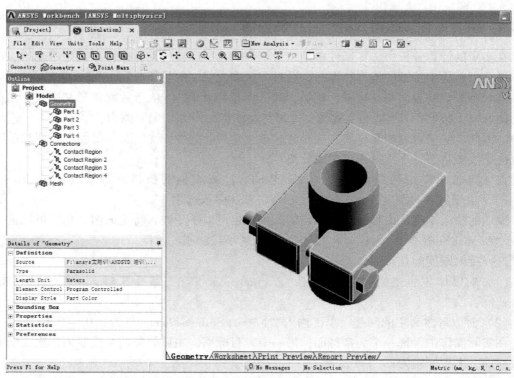

图 2-128 接触模型

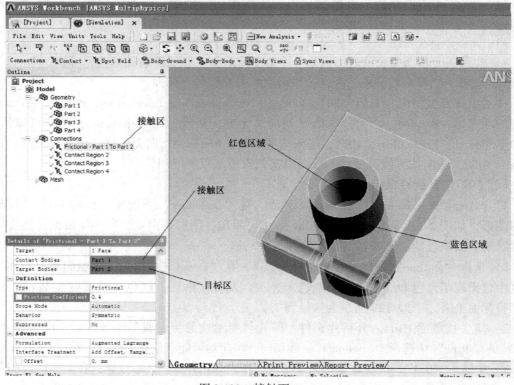

图 2-129 接触面 Part1

3）定义接触面 Part2。在"Outline"下选"Contact Region2"，在"Detail"中出现了接触面和目标面，它们分别由夹紧块的一侧（Part1）和螺栓的一头（Part3）构成。它们的接触属于"No Separation"，即切向可以运动，法向不能分开，其他各个参数如图 2-130 所示，形成接触面 Part2。

4）定义接触面 Part3。在"Outline"下选"Contact Region3"，在"Detail"中出现了接触面和目标面，它们分别由夹紧块的另一侧（Part1）和螺母（Part4）构成，它们的接触属于"No Separation"，即切向可以运动，法向不能分开，其他各个参数如图 2-131 所示，形成接触面 Part3。

5）定义接触面 Part4 在"Outline"下选"Contact Region4"，在"Detail"中出现了接触面和目标面，它们分别由螺栓（Part3）和螺母（Part4）构成，它们的接触属于"Rough"，即切向无位移，法向可以滑动；在"Behavior"中选非对称，在"Advanced"的"Formulation"中选"Augmented Lagrange"。如图 2-132 所示，形成接触面 Part4。

6）划分网格。在"Outline"中选"Mesh"，用鼠标右键单击图标 $\mathcal{J}$ Generate 后，生成了初步的网格，如图 2-133 所示。

若要对网格进行进一步的细化，或选择单元类型，操作如下：

① 网格细化。在"Details"中选"Advanced"，在"Element Size"中输入"2mm"，再选择"Mesh"，形成细化的网格，如图 2-134 所示。

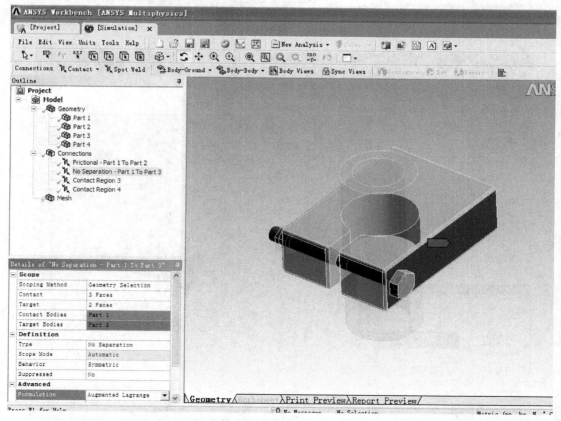

图 2-130　接触面 Part2

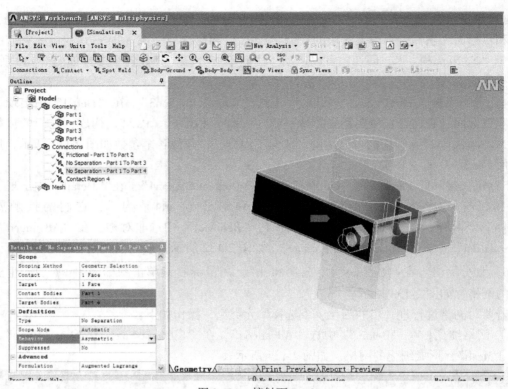

图 2-131 接触面 Part3

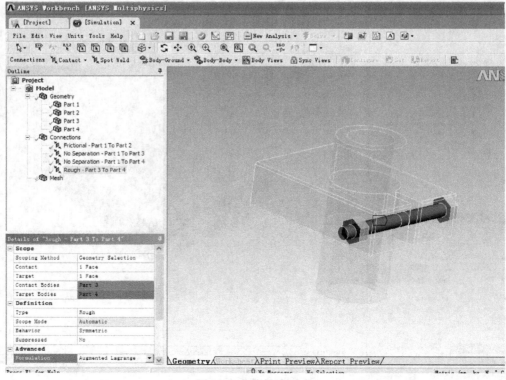

图 2-132 接触面 Part4

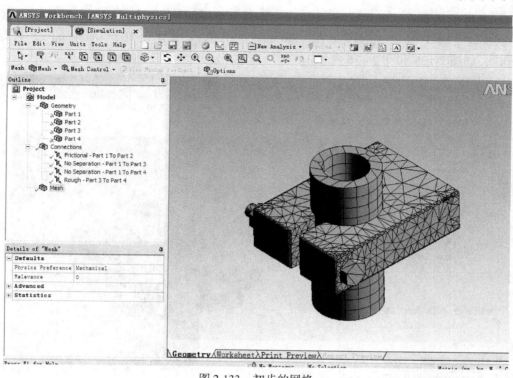

图 2-133 初步的网格

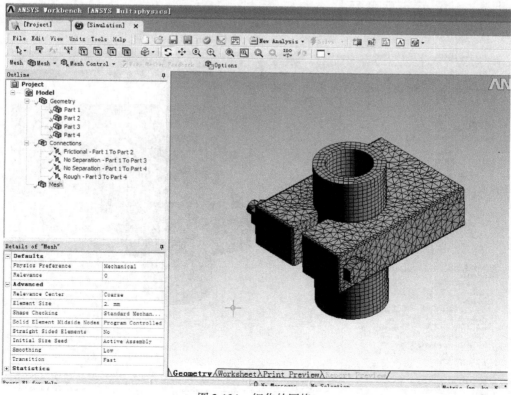

图 2-134 细化的网格

② 选择单元类型。在"Mesh Control"中选"Method"，在绘图区选择螺栓和夹紧块，在"Details"栏中选"Apply"，在"Method"中选六面体（Hex Dominant），再选择"Mesh"，如图 2-135 和图 2-136 所示。

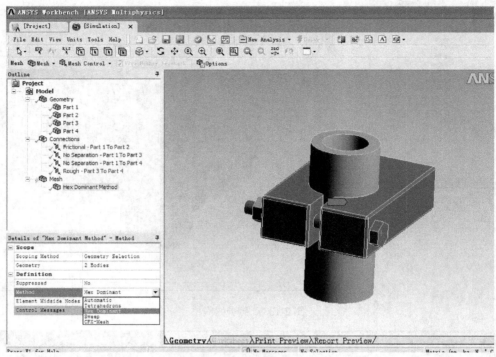

图 2-135　选六面体单元

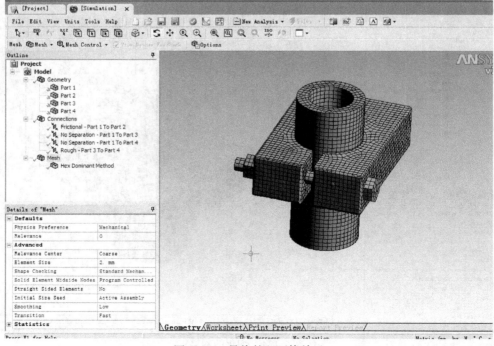

图 2-136　最终的六面体单元

感兴趣的读者可继续进行加载计算，在此不再举例。

2.8.5 起重机梁的谐响应分析——动力问题

动力学分析主要包括以下几个方面的内容：

（1）模态分析　确定结构的振动特性。

（2）谐响应分析　确定结构对稳态简谐载荷的响应。

（3）瞬态动力学分析　确定结构对瞬时载荷变化的响应。

（4）谱分析　确定结构对地震载荷的响应。

（5）随机振动分析　确定结构对随机振动的影响。

本节主要对常见的模态和谐响应做出分析。

模态分析是物体动力学的基础，在实际的工程中要分析结构或系统的受力状态，首先要对它们进行模态分析，了解系统的固有频率和振型，避免共振，而谐响应分析是在模态分析的基础上确定结构对稳态简谐载荷的影响，下面举例说明。

［**例2-9**］　起重机梁的谐响应分析实例。

在生产车间，起重机是一种广泛应用的生产工具，起重机承受力的主要构件是横梁，如图 2-137 所示，起重机的控制室和吊起的重物可以简化为集中质量，由于它在起吊和运输时承受动载荷，因此需研究它的模态和谐响应。设由电动机干扰引起的简谐力为 1000N，频率为 $0 \sim 100 \mathrm{Hz}$，试分析横梁的谐响应（工字钢截面按照材料手册 HW200 × 200，长度为 4000mm）。

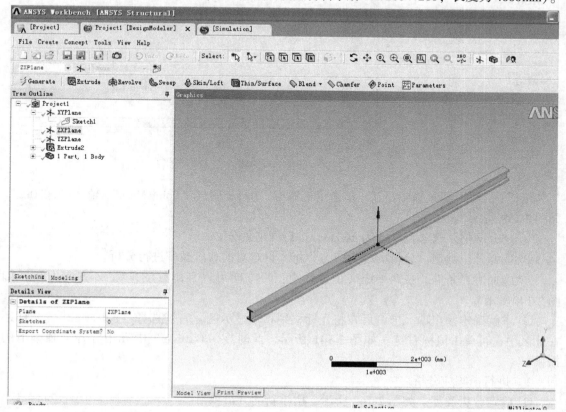

图 2-137　工字钢横梁

>>>>>>>>

1）首先要对此横梁进行模态分析，求出 1~6 阶频率和相应的振型。

① 在进入程序首页的"Toolbox"中选"Modal"（模态分析块），如图 2-91 所示，生成分析项目模块 A，进入 DM 中建立模型，进入"Model"界面，插入点质量（将操作室和吊起的重物集中在一个点上），如图 2-138 所示。

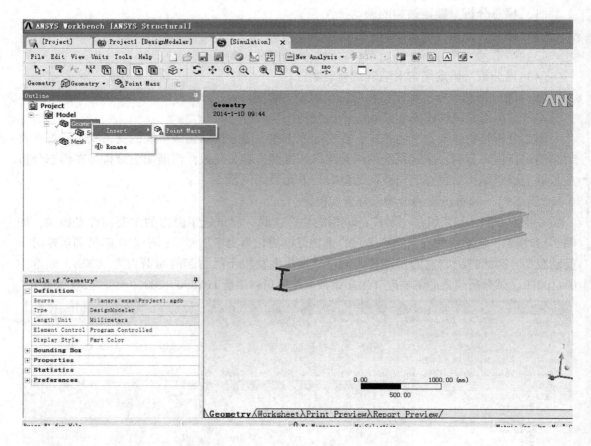

图 2-138　点质量

选择一个面，再选择中心点，单击鼠标右键，Insert 后选"Point Mass"，输入"5000kg"，如图 2-139 所示。

② 划分网格。选单元尺寸为 50mm，进行网格划分。

③ 选择分析类型。分析类型为模态分析，设定对前 6 阶频率进行分析。

④ 施加边界条件。在两端定义位移约束：X 方向可以自由移动，Y、Z 方向为 0 ，如图 2-140 所示。

⑤ 求解确定输出项。求解后在将光标移到频率显示区，右键选择"Select all"，光标还在此区中，再单击鼠标右键，如图 2-141 所示，此时在"Outline"中有相应各个频率下的振幅。

2）进行谐响应分析。

① 确定分析类型。如图 2-142 所示，增添新的分析项目。

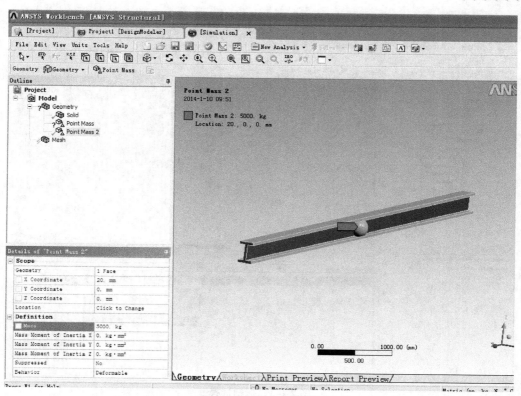

图 2-139　插入点质量

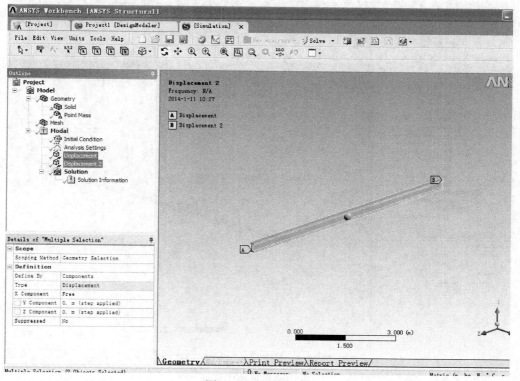

图 2-140　位移约束

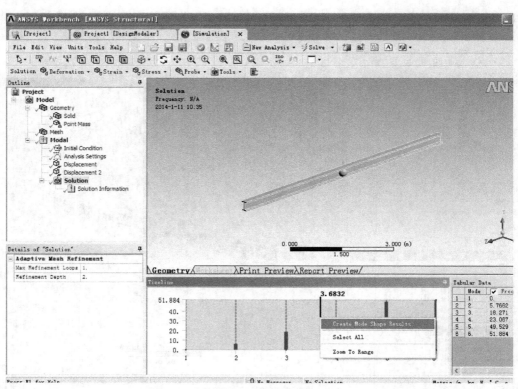

图 2-141　振幅选择

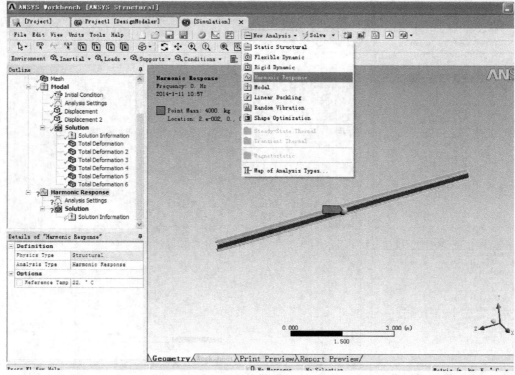

图 2-142　谐响应分析

② 施加两端面为固定端约束，限制梁的侧向位移为"0"，如图 2-143 所示。

③ 施加简谐力，方向为 Y，大小为"﹣1000N"，相位角为"0"，在"Analysis setting"下输入频率范围"0～100Hz"，如图 2-144 所示。

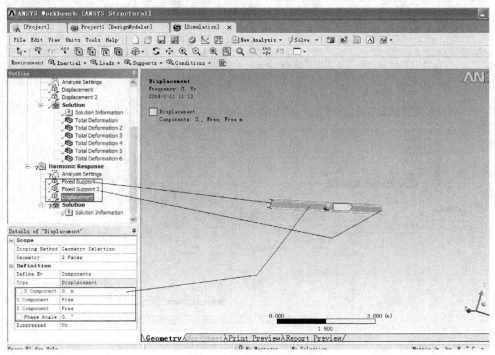

图 2-143　固定端约束

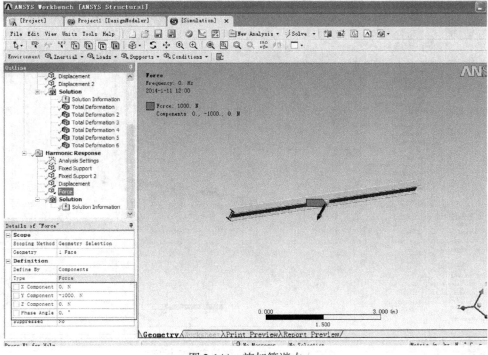

图 2-144　施加简谐力

④ 设定输出显示结果。如图2-145～图2-148所示，可选择 Y 方向位移频率响应设定、Y 方向应力频率响应设定及某频率下的等效应力。

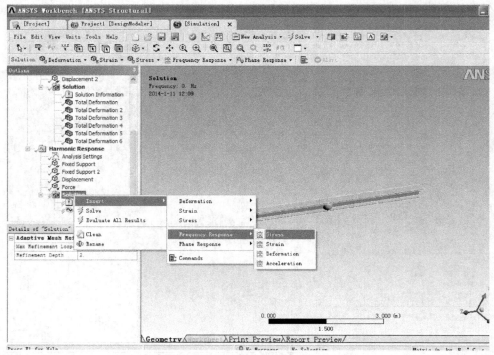

图 2-145　设定输出显示结果

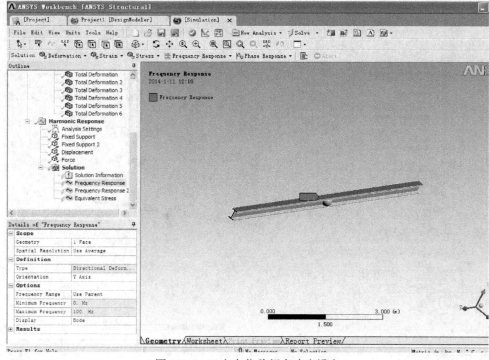

图 2-146　Y 方向位移频率响应设定

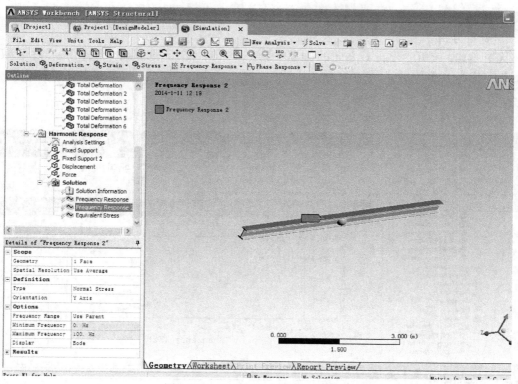

图 2-147 Y 方向应力频率响应设定

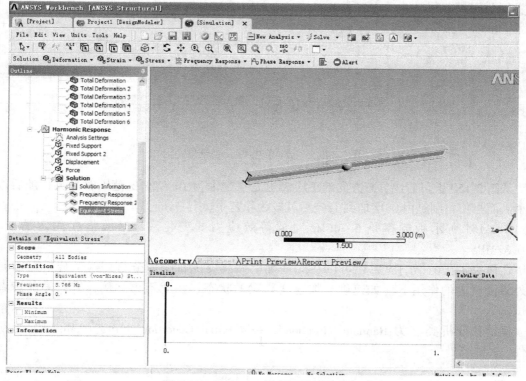

图 2-148 5.766Hz 频率下的等效应力

⑤ 求解。

⑥ 查看分析。

从图 2-149 上可看出，Y 方向的振幅在频率为 10～25Hz 范围时最大，随后逐渐减小。相位角变化为 180°～0°。

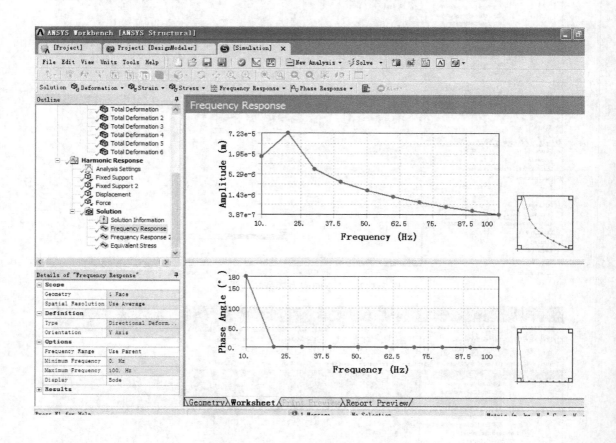

图 2-149　Y 方向的振幅及相位角变化

从图 2-150 上可看出，Y 方向的正应力也是在频率为 10～25Hz 范围时最大，随后逐渐减小。而相位角则是由 0°增加到 180°后就较为稳定了。

图 2-151 所示为频率是 5.766Hz 时梁等效应力的变化，其最大值在固定的端部，为 0.37MPa。

在研究了梁的谐响应后还可以在此基础上做梁的随机响应分析，这个分析可以研究在外界随机力的作用下（如速度、加速度）梁的状态。在此不再举例，有兴趣的读者可以试试。

提示：分析类型为 Random Vibration，在"Initial Condition"下选"Modal"为初始条件。

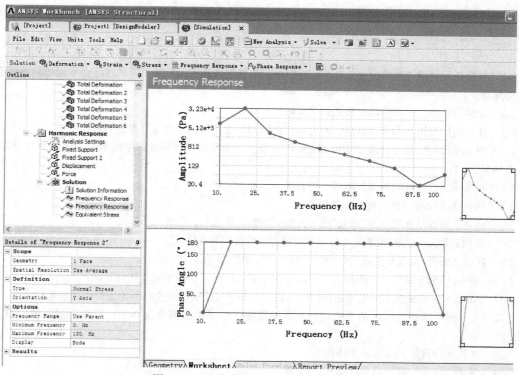

图 2-150 Y 方向的正应力及相位角变化

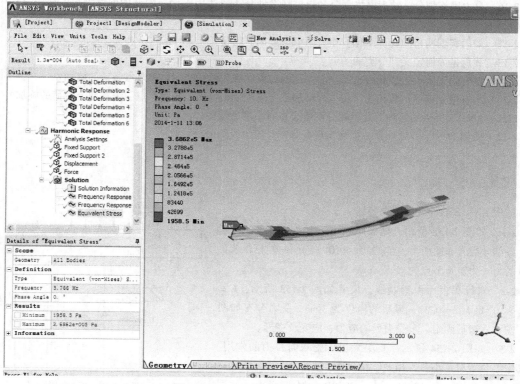

图 2-151 5.766Hz 时梁等效应力

思 考 题

2-1 有限单元法中离散的含义是什么？有限单元法如何将具有无限自由度的连续介质问题转变成有限自由度问题？

2-2 位移有限单元法的标准化程式是怎样的？

2-3 什么叫作节点力和节点载荷？两者有什么不同？为什么应该保留节点力的概念？

2-4 单元刚度矩阵和整体刚度矩阵各有哪些性质？单元刚度系数和整体刚度系数的物理意义是什么？两者有何区别？

2-5 减少问题自由度的措施有哪些？各自的基本概念如何？

2-6 构造单元位移函数应遵循哪些原则？

2-7 在对三角形单元节点排序时，通常需按逆时针方向进行，为什么？

2-8 采用有限元分析弹性体应力与变形问题有哪些特点和主要问题？

2-9 启动 ANSYS 系统一般需几个步骤？每一步完成哪些工作？

2-10 进入 ANSYS 系统后，图形用户界面分几个功能区域？各区域的作用是什么？

2-11 ANSYS 系统提供多种坐标系供用户选择，本书中介绍的两种坐标系的主要作用各是什么？

2-12 工作平面是真实存在的平面吗？怎么样理解工作平面的概念和作用？它和坐标系的关系是怎样的？

2-13 如何区分有限元模型和实体模型？

2-14 网格划分的一般步骤是什么？

2-15 单元属性的定义都有哪些内容？如何实现？如何实现单元属性的分配操作？

2-16 自由网格划分、映射网格划分和扫掠网格划分一般适用于什么情况的网格划分？使用过程中各需要注意哪些问题？

2-17 如何实现网格的局部细化？相关高级参数如何控制？

2-18 载荷是如何定义和分类的？

2-19 在有限元模型上加载时，节点自由度的约束有哪几种？如何实现节点载荷的施加？

2-20 与有限元模型加载相比，实体模型加载有何优缺点？如何实现在点、线和面上载荷的施加？

2-21 ANSYS 提供的两种后处理器分别适合查看模型的哪些计算结果？

2-22 使用 POST1 后处理器，如何实现变形图、等值线图的绘制？

习 题

试用 ANSYS 软件计算下列各题。

2-1 如图 2-152 所示，框架结构由长为 1m 的两根梁组成，各部分受力如图所示，$E = 2.01 \times 10^{11}$ Pa，$\mu = 0.32$，求各节点的力、力矩及节点位移。

2-2 自行车扳手由钢制成，尺寸如图 2-153 所示，$E = 2.01 \times 10^{11}$ Pa，$\mu = 0.32$，扳手的厚度为 3mm，受力分布如图示，左边六边形固定，求受力后的应力、应变及变形。

2-3 如图 2-154 所示，一块大板承受双向拉力的作用，在其中心位置有一小孔，相关结构尺寸如图所示，$E = 2.01 \times 10^{11}$ Pa，$\mu = 0.3$，$q_1 = 1000$ Pa，$q_2 = 2000$ Pa，厚度 $t = 1$ mm，试

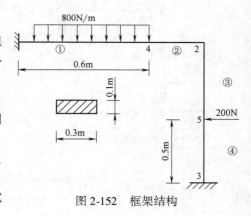

图 2-152 框架结构

计算小孔的集中应力及变形。

2-4 图 2-155 所示为汽车连杆，其厚度为 13mm，各几何尺寸如图所示。在小头孔的内侧 90°范围内承受着 $p=10$MPa 的面载荷，$E=2.01 \times 10^{11}$Pa，$\mu=0.3$，试分析连杆的受力状态。（提示：选 20 节点 95 单元）

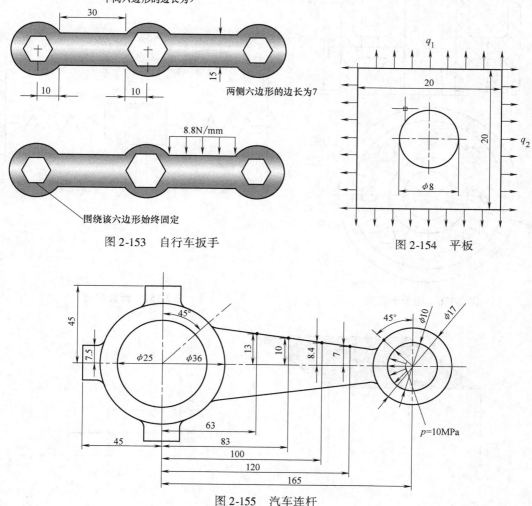

图 2-153　自行车扳手

图 2-154　平板

图 2-155　汽车连杆

2-5 轮子的几何尺寸如图 2-156 所示。已知：$E=2.01 \times 10^{11}$Pa，$\mu=0.3$，密度 $\rho=7.8 \times 10^{3}$kg/m^{3}，$\omega=525$rad/s，试分析当轮子绕垂直方向轴旋转时所受的力及变形。

2-6 如图 2-157 所示，两个弹簧的刚度系数 k 均为 200，集中质量 $m=0.5$kg，m 受简谐力作用，最大幅值 $F_1=200$N，频率为 0～7.5Hz。试分析集中质量 m 的位移随频率的变化规律。

2-7 如图 2-158 所示，工作台与其 4 个支撑杆组成的板-梁结构系统，工作台上表面施加随时间变化的均布压力且方向垂直于工作台表面。已知：系统中所有材料的 $E=2.01 \times 10^{11}$Pa，$\mu=0.3$，$\rho=7.8 \times 10^{3}$kg/m^{3}，工作台厚度为 0.02m，每个支撑杆的截面面积为 2×10^{-4}m^{2}，截面二次矩为 2×10^{-8}m^{4}，宽度为 0.01m，高度为 0.02m，试求系统瞬态响应。

2-8 在 ANSYS Workbench 软件中建立以下模型（尺寸随意）（图 2-159～图 2-162）。

2-9 对习题 2-8 建立的阶梯轴模型进行单元划分。要求划为六面体边长为 2mm 的单元，如图 2-163 所示。

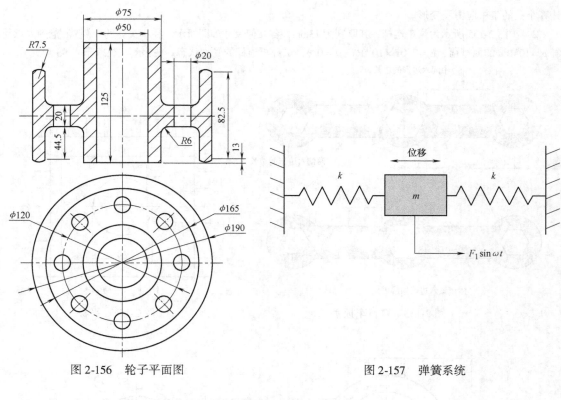

图 2-156 轮子平面图

图 2-157 弹簧系统

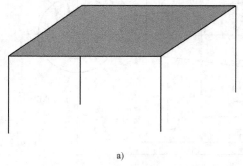

a)

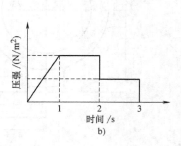

b)

图 2-158 板-梁结构系统

a) 工作台 b) 载荷曲线

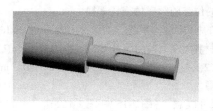

图 2-159 阶梯轴

图 2-160 带轮

图 2-161 弹簧

图 2-162 接轴

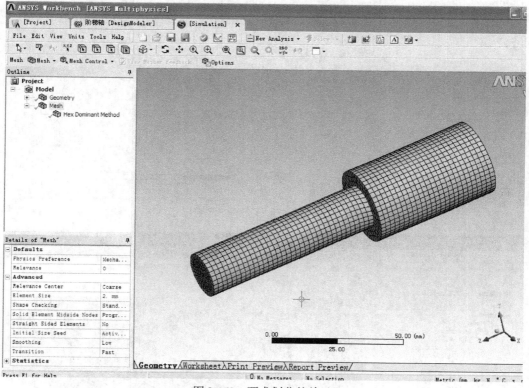

图 2-163 要求划分的单元

2-10 运用 ANSYS Workbench 软件，对控制盒外壳进行静力结构分析。如图 2-164 所示，控制盒外壳的表面受外压力作用为 1MPa，螺钉固定，外壳由铝合金制造，求外壳的变形、等效应变和等效应力。已知：外壳长 600mm、宽 350mm、高 120mm、厚 10mm，外观圆角半径 $R=30$mm，内筋宽 15mm、高 10mm，小孔位置及半径见图。控制盒外壳的二维尺寸图如图 2-165 所示。

图 2-164 控制盒外壳

2-11 应用 ANSYS Workbench 软件，对加筋薄壁圆筒进行静水压力下的静力分析。如图 2-166 所示，已知圆筒直径为 1200mm，高度为 1500mm，T 型钢的尺寸为长、宽均为 80mm，厚为 5mm。沿母线方向浸入水中，水深为 1500mm。圆筒材质为铝合金。试分析此时的等效应力、应变及变形情况。

2-12 对习题 2-10 中的控制盒外壳进行模态分析，求出 1~6 阶固有频率和振型。

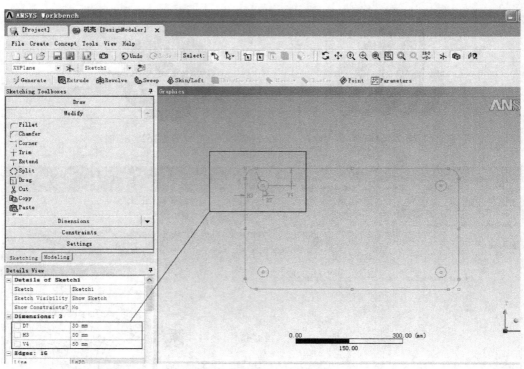

图 2-165 控制盒外壳的二维图尺寸

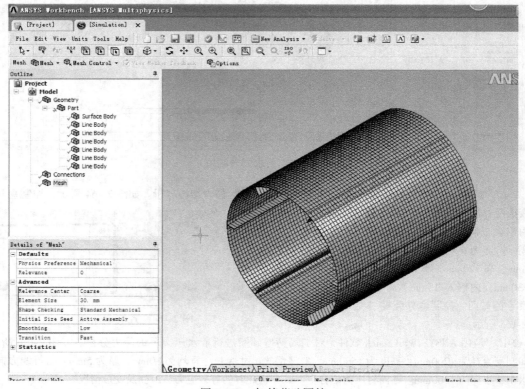

图 2-166 加筋薄壁圆筒

第3章 优化设计

本章学习目标和要点 ‖‖

学习目标：

优化设计技术目前已是工程设计者必备的基本技能。学习本章的内容后，读者应了解现代优化设计的基本理论知识，能够根据优化设计思想对简单的机械工程设计问题进行分析，建立规范可行的优化数学模型，能够根据数学模型的情况选择优化程序或使用合适的软件进行优化，能够对优化结果进行分析、评估。

学习要点：

1. 优化设计的基本思路。

2. 优化设计数学模型的概念，包括设计变量、约束和目标函数的含义和设定原理，练习建立优化数学模型。此项为重点学习内容。

3. 优化设计最常用的方法，特别是一般的数值迭代原理，各种方法的基本原理和适用对象。

4. 优化过程中的有关问题。

5. 两类工程问题优化模型建立的特点。

6. 采用 ANSYS 软件求解优化问题的步骤及示例。

3.1 概述

本节学习要点

1. 优化设计的基本思想。
2. 优化设计的优点。
3. 求解机械工程优化问题的步骤。
4. 机械优化设计问题分析思路。

人们在工程实践中从事每一项设计，总是希望设计出的产品或工程是最好的。对这个目标的追求，称之为"优化（optimization）"。几乎所有的工程设计问题都会有"优化"的问题，譬如在土木、水利、电力、化学、材料等工程中，往往会遇到设计或研究对象的最优化问题。而对机械工程来说，优化设计更是广泛存在于设计的各个阶段。一般来说，不同的设计有不同的目标。例如，一个产品的设计可能会要求自重轻、成本低、性能好、承载能力高等；一个工程的设计可能会要求总体性能好、施工周期短、消耗能源低等，这些都是优化设计所要达到的目标。为实现这个目标，任何一种设计都应具有合理的方案与适当的设计参数。在古代，人们的设计活动仅仅靠直觉实现，后来又发展到经验设计，人们凭直觉希望设计出的东西尽可能好，而且也只能通过直觉和经验来朝这个目标努力。近代，发展了半经验半理论的设计方法，人们追求优化的手段又增加了许多。传统的如数学规划、优选法、解析法、图解法等方法都被发展作为优化设计的手段。如今，随着计算技术与电子计算机的发展，在分析方法的基础上发展了被称作现代优化的设计方法，它为工程设计提供了一种更加科学的方法。当遇到复杂问题时，使用优化方法可以从众多设计方案中找到最完善也是最合理的设计，可以同时改善设计质量和提高效率。现代优化设计方法是从20世纪60年代发展起来的，其核心内容是数学规划和计算机技术。从20世纪70年代末开始，我国工程界开展了这方面的研究和应用。近年来，优化方法已经广泛地应用于机械工程设计领域，并且产生了显著的社会效益与经济效益。

下面通过几个例子来说明现代优化设计方法在机械工程中所产生的效益：

1）一级减速器（图3-1）优化。某单位对在各种工程和设备中广泛使用的一级减速器进行优化设计后，其自重减轻了12%。这对于减速器这样大批量生产和使用的基本设备来说，其经济效益和社会效益是非常巨大的。

2）桥式起重机箱形主梁（图3-2）优化。某起重机制造厂对其生产的不同规格的20台桥式起重机箱形主梁进行了优化设计，自重平均减轻了14%，其中最大的减轻了35%。主梁是桥式起重机的主要组成部分，一般在几吨甚至十几吨以上。优化设计后，降低的钢材量和能源消耗是显而易见的。

图3-1　一级减速器模型

图3-2　桥式起重机箱形主梁

3）柴油机、变矩器和变速器的匹配（图3-3）对于车辆的性能和油耗来说是非常重要的。以前，设计人员只能通过经验和试凑的方式进行匹配，由于涉及的参数太多，无法实现最佳匹配。通过采用现代优化设计方法对这三者进行了最佳匹配后，车辆的性能大大提高，油耗降低，三者的最大效能得到了很好的发挥。

优化设计与常规设计的区别，可以归结为以下两点：

1）优化设计可以自行调整变量，直至找到最完善、最合理的设计方案；而常规设计虽然也是追求最好的设计方案，但只能凭借设计师的经验而进行，因此不一定能找到最合适的设计方案。

2）优化设计可以通过计算机进行快速运算、分析，在多个设计方案中选择最佳设计；而常规设计只能依靠人工操作，因此要完成一个优秀的设计需要耗费大量时间。

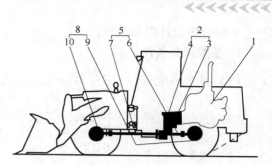

图 3-3　装载机传动系统简图
1—柴油机　2—变速器　3—变矩器　4—变速箱
5—传动轴　6—后传动轴　7—前传动轴
8—驱动桥　9—后驱动桥　10—前驱动桥

正因为优化设计有上述提到的优点，所以它已成为工程设计中的主要手段之一。

在实际工程中，优化设计可以在以下两类问题中获得应用：

1）设计一个新产品。这时所要实现的是在满足总体设计要求的前提下，尽可能使预定的设计目标最优。

2）改造一个旧产品。在原有设计的基础上，采用优化设计的方法，在现有条件的限制下，使原设计的某些性能或主要性能达到最优。

求解机械工程优化问题包括以下几步：

1）为了采用优化这样的数学方法解决工程问题或产品设计，就必须首先将工程问题转化为数学模型，因此，建立数学模型是优化设计能否成功的关键一步。

2）选择优化方法。目前可以使用的优化方法非常多，如何选择适合的优化方法，是优化设计中非常重要的一个方面。因此，要了解常用优化方法的基本原理和特点，以便在遇到优化问题时能够正确地选择。

3）编写程序或运用现有分析软件求解模型，得出结果，对结果进行分析，确定优化结果的适用性。因此，学习使用常用软件也是非常重要的部分。

以上几点也是学习优化设计时应该重点关注的内容，为了更好地理解优化的概念，首先来看下面几个简单的例子。

[例3-1]　悬臂梁截面设计问题。

一悬臂梁（图3-4）左端固定，右端自由，在右端作用有集中力 $F = 1000kN$，转矩 $M = 1000kN \cdot cm$，悬臂梁长 l，实心圆截面直径为 d。对梁的长度和直径的设计限制为

$$5cm \leq l \leq 15cm$$
$$2cm \leq d \leq 10cm$$

在满足强度、刚度条件下，设计此悬臂梁使体积最小。

本设计方案可用不同的 d 和 l 来表示，这里用以评价设计方案好坏的设计指标为其体积 $V = \pi d^2 l / 4$，是设计参数 d 和 l 的函数。

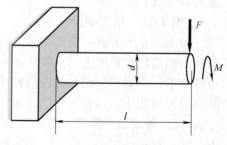

图 3-4　悬臂梁受力图

下面分析设计限制条件：

1. 性能限制条件

（1）抗弯强度条件 $\dfrac{32Pl}{\pi d^3} \leqslant [\sigma]$。

（2）抗扭强度条件 $\dfrac{16M}{\pi d^3} \leqslant [\tau]$。

（3）抗弯刚度条件 $\dfrac{64Pl^3}{3\pi Ed^4} \leqslant [f]$。

抗剪强度和抗扭刚度容易满足，这里不予考虑。

2. 工艺与几何条件

$5\mathrm{cm} \leqslant l \leqslant 15\mathrm{cm}$

$2\mathrm{cm} \leqslant d \leqslant 10\mathrm{cm}$

其他参数设定为常数：

许用正应力 $[\sigma] = 1000\mathrm{kN/cm^2}$

许用切应力 $[\tau] = 750\mathrm{kN/cm^2}$

许用挠度 $[f] = 0.01\mathrm{cm}$

弹性模量 $E = 7.03 \times 10^5 \mathrm{kN/cm^2}$

由于本问题中只有两个设计参数 d 和 l，因此可用图解法求出最优点。图 3-5 所示为悬臂梁优化设计图解，悬臂梁长度 l 和截面直径 d 在图中分别用纵横坐标表示，曲线①、②、③分别对应抗弯强度、抗扭强度和抗弯刚度曲线，4 条直线分别代表两个设计参数 l 和 d 的上下边界，阴影所包围的区域为可选择设计参数的范围，在此区域内的任意一点代表一个可以接受的设计方案，即对应的一组 d 和 l，等体积线表示了体积的变化趋势。从图中可以直观地看到，最优的设计方案在阴影区域边界线和此区域内最左边一条等体积线的相交处，即 A 点处。在实际的优化设计中，可以通过一定的迭代策略，逐步逼近这个问题的最优点。

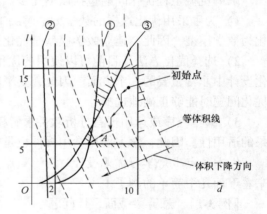

图 3-5 悬臂梁优化设计图解

[例 3-2] 角支架设计问题。

如图 3-6 所示，一角支架的空心管梁的左端固定，右端与一截面为矩形的梁固接，后者的自由端作用有集中力 F，两个梁的长度均已确定。要求设计该支架，使其在外力作用下产生的变形、应力都分别在允许值范围内。该设计的目标是在满足给定条件的基础上，使支架的质量尽可能小。该设计中的变量包括：管梁的内外直径 D、d，以及矩形截面梁的断面尺寸 H、b。对于这个问题，易知当 D、d、H、b 的值不同时，支架的质量不同。在已知条件下，必定存在一组 D、d、H、b 的数值，使得支架的质量最小，因此这个设计问题的关键在于变量的选取和约束限制条件的设定。这个例子是典型的结构优化设计问题。

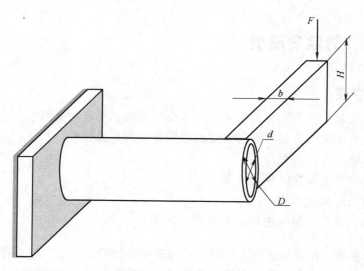

图 3-6 角支架受力图

[**例 3-3**] 装载机翻斗机构设计。

装载机是目前各种建设工地上使用最为普遍的土方作业机械之一。其工作装置由举升机构和翻斗机构组成，翻斗机构由翻斗液压缸、动臂、摇臂、连杆、铲斗及机架组成，是一个六连杆机构（图 3-7）。设计中应该满足的性能要求有：翻斗液压缸的推力尽可能小，以减少动力损耗；铲斗在举升过程中应能做到平动，防止土料洒落；铲斗应在返回地面时自动放平，以减轻操作人员的劳动强度；铲斗在不同的工作高度时，要满足一定的卸载角度要求等。根据不同的需要，这 4 条基本性能要求均可分别作为设计目标或设计限制条件处理。除此以外，设计还要满足运动学要求、结构和工艺制造要求等。而该机构所有铰点的坐标均可作为机构的设计参数，机构共有 7 个铰点和 14 个坐标设计参数。

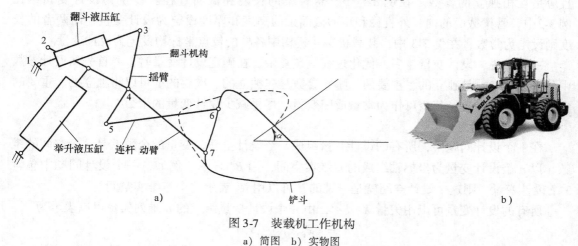

图 3-7 装载机工作机构
a）简图 b）实物图

从以上 3 个例子可以看出，优化设计都有明确的设计目标，设计中通过选择合适的参数可以使这些设计目标尽可能最优。并且，在设计这些参数时，通常还要受到许多限制条件的约束。

3.2　优化设计的数学模型

本节学习要点

1. 什么是优化设计变量？如何设定一个工程问题的优化设计变量？
2. 约束函数的定义和类型。如何设定工程问题的约束函数？
3. 可行域及非可行域的概念。
4. 目标函数的定义及确定原则。
5. 数学模型的形式及类型。
6. 结合简例，了解数学模型的含义及建立过程。

由上节可以看出，在着手进行优化时，必须首先分析设计问题、建立数学模型。实际工程的优化数学模型一般均含有设计变量、目标函数与约束条件。本节将讨论设计变量、目标函数、约束条件等基本概念，同时给出优化设计中数学模型的一般形式。

3.2.1　设计变量与设计空间

1. 设计变量

实际工程中，任何一个设计问题都有设计参数，在这些设计参数中，有一些可以根据实际情况预先确定为常数，在设计过程中不发生变化，而另一些则需在设计过程中确定。因此，设计变量是表达设计方案的一组基本参数。如几何参数：零件的外形尺寸、截面尺寸，机构的运动学尺寸等；物理参数：构件的材料、截面二次矩、频率等；性能导出量：应力、挠度、效率等。总之，设计变量是对设计性能指标好坏有影响的量，应在设计过程中选择，且应是互相独立的参数。在例 3-1 中，悬臂梁的长度和截面直径就设定为设计变量；在例 3-2中，管梁截面的内、外直径和矩形截面梁的高度和厚度设定为设计变量，而两者的长度则设定为常数；在例 3-3 中，装载机翻斗机构中各杆的铰点坐标均设定为设计变量。

一般地说，设计变量越多，优化过程就越复杂。在确定设计变量时，要首先从设计参数中分清哪些参数是独立的、主要的，哪些参数是非独立的、次要的。可以将独立的、重要的参数列为设计变量，其余可作为常量或因变量，尽量减少设计变量的个数。

2. 设计空间

在一个设计问题中，所有的设计变量组成一个设计空间，变量的个数就是这个空间的维数，以 n 个设计变量为坐标轴组成的 n 维实空间，用 R^n 表示。例如，一个设计问题中包含 3 个设计变量，则这个设计空间就是三维的，可以用 R^3 表示这个三维实空间。

所有的设计变量可以用矢量 X 表示，由 n 个设计变量组成的 n 维列矢量可以表示为

$$X = (x_1, x_2, \cdots, x_n)^T$$

X 的物理意义可看作是 n 维设计空间中的一点，代表一个设计方案，用 $X \in R^n$ 表示。

设计空间是所有设计方案的集合，设计空间中的任一设计方案是从设计空间原点出发的设计矢量。$X^{(k)}$，$X^{(k-1)}$，$\cdots$，$X^{(1)}$，表示有 k 个不同的设计方案。相邻两个设计方案的关系，可用矢量和矩阵运算表示。以三维空间为例（图 3-8），$X^{(1)}$ 为第一个设计方案，修改

$\Delta \boldsymbol{X}^{(1)}$ 后，第二个设计方案为

$$\boldsymbol{X}^{(2)} = \boldsymbol{X}^{(1)} + \Delta \boldsymbol{X}^{(1)} \qquad (3\text{-}1)$$

以矩阵表示

$$\begin{pmatrix} x_1^{(2)} \\ x_2^{(2)} \\ x_3^{(2)} \end{pmatrix} = \begin{pmatrix} x_1^{(1)} \\ x_1^{(1)} \\ x_1^{(1)} \end{pmatrix} + \begin{pmatrix} \Delta x_1^{(1)} \\ \Delta x_1^{(1)} \\ \Delta x_1^{(1)} \end{pmatrix}$$

式中，$\Delta \boldsymbol{X}^{(1)}$ 为第一次定向修改设计量，表示为

$$\Delta \boldsymbol{X}^{(1)} = \alpha \boldsymbol{S}^{(1)} \qquad (3\text{-}2)$$

式中，α 为常数；$\boldsymbol{S}^{(1)}$ 为单位列矢量或定向修改设计的单位方向。

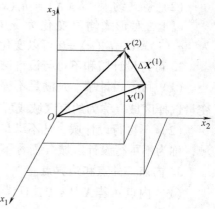

图 3-8　设计变量的空间几何表示

机械设计中设计变量一般认为是连续变量，并且有上下限，即

$$a_i \leqslant x_i \leqslant b_i \quad (i = 1, 2, \cdots, n)$$

但在实际工程设计中应该注意到，设计变量可能是离散的，尤其在机械优化设计中，如齿轮的齿数、模数，钢丝的直径，钢板的厚度，型钢的截面尺寸等参数的值都是离散的，这样的变量称为离散型设计变量。而离散型设计变量的优化问题要比连续型设计变量的优化问题复杂得多，离散型设计变量问题的处理请参见本章 3.7 节。

3.2.2 约束

1. 约束的定义

工程实际中，设计变量的值不能无条件地选取，通常要受到某些条件的制约。例如，机械设计中的强度极限、刚度要求、频率要求、速度限制、几何要求、工艺要求等。在优化设计中，为了得到可行的设计方案，必须根据实际要求，对设计变量的取值加以种种限制，这种限制称之为设计约束。

根据约束的特性，又可分为：

（1）边界约束　它主要考虑设计变量的取值范围，如面积、长度、质量等变量只能取正值。

（2）性能约束　它是由某种设计性能或指标推导出来的一种约束条件，如对应力、变形、振动频率、机械效率等性能指标的限制或者运动参数，如位移、速度、加速度的限制等。这些约束可根据设计规范中的设计公式或者通过物理学和力学的基本分析导出的约束函数来表示。

实际问题中，还有如制造工艺的限制、几何位置的限制等。

在例 3-1 中，悬臂梁的抗弯强度、抗扭强度和抗弯刚度应符合规范要求就是设计问题的性能约束；而对长度和直径的范围限制则为边界约束。

显然，约束只有与设计变量有关才能起到预设的限制作用。因此，不管是何种约束，均应表达为设计变量的函数，称之为约束函数。当然，约束函数不见得非是所有设计变量的函数，但至少要与一个设计变量有关。约束函数可表达为如下形式：

（1）不等式约束　$g_u(\boldsymbol{X}) = g_u(x_1, x_2, \cdots, x_u) \geqslant 0$ 或 $\leqslant 0 (u = 1, 2, \cdots, m)$。

（2）等式约束　$h_v(\boldsymbol{X}) = h_v(x_1, x_2, \cdots, x_v) = 0 (v = 1, 2, \cdots, p, p < n)$。

以上 2 种形式均可变化为 $g_u(x) \leqslant 0$ 或 $g_u(x) \geqslant 0$ 的形式，如 $g_u(x) \geqslant 0$ 可以变化为 $-g_u(x) \leqslant 0$，$h_v(x) = 0$ 可以变化为 $h_v(x) \leqslant 0$ 和 $-h_v(x) \leqslant 0$ 或 $h_v(x) \geqslant 0$ 和 $-h_v(x) \geqslant 0$。

2. 可行设计域和不可行设计域

（1）可行设计域　凡满足不等式约束方程组 $g_u(x_1, x_2, \cdots, x_u) \leqslant 0 (u = 1, 2, \cdots, m)$ 的设计变量选择区域，称为约束区域或可行设计区域（简称可行域），用 D 表示（图 3-9）。

（2）不可行设计域　凡不满足不等式约束方程组中任一个约束条件的设计变量选择区域，称为不可行设计区域（简称不可行域）。

3. 内点、外点和边界点

（1）内点　若 $\boldsymbol{X}^{(1)} \in D$，且满足 $g_u(x_1, x_2, \cdots, x_u) < 0 (u = 1, 2, \cdots, m)$，称为内点或可行设计方案。

（2）外点　若 $\boldsymbol{X}^{(3)}$ 不满足 $g_u(x_1, x_2, \cdots, x_u) \leqslant 0 (u = 1, 2, \cdots, m)$，称为外点或不可行设计方案。

（3）边界点　若 $g_j(\boldsymbol{X}^{(2)}) = 0$，则称 $X^{(2)}$ 为边界点，j 约束称为起作用约束（$1 \leqslant j \leqslant m$）。

在约束优化设计问题中，通常得到的最优点常常是约束区域的边界点。如果是内点，则所有约束都不是起作用约束。在这种情况下，就要进一步研究所施加于设计问题上的约束是否完善和所取得的最优解是否正确。当有等式约束时，例如图 3-9 中的虚线表示一个等式约束，可行方案只能在线段 AB 上选择。从理论上说，有一个等式约束，就可以消去一个设计变量。但一个隐函数的消元过程是很难实现的，因此，想通过简单的消元法，减少设计问题的维数是不现实的。约束条件主要由具体的工程问题来确定，通常只保留那些一旦没有它们，设计就会变得不合理的约束条件。

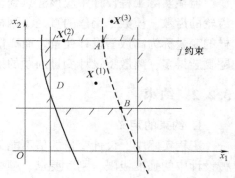

图 3-9　内点、外点、边界点和等式约束

有的约束中，除了与设计变量有关外，还与另一种参数有关。例如，对装载机铲斗的平动要求，在动臂举升过程一定的角度范围内都应满足，这时，这个约束可表达为

$$g(\boldsymbol{X}, \varphi_i) \leqslant 0 \quad (\varphi_{\min} \leqslant \varphi_i \leqslant \varphi_{\max})$$

这里，装载机动臂举升角 φ_i 并不是设计变量，只是一种范围常数。

3.2.3　目标函数

优化设计的目的在于找到最优的设计方案。那么，什么是最优设计方案呢？对于不同的问题，标准是不一样的。对某个问题而言，也可以有几个判断标准。举例说，在机械设计中，目标可能是产品的自重最轻或体积最小。而在其他设计中，目标可能是最小成本或最大利润等。通常来说，所有的设计目标都可以表示为数学函数。能被用于评选设计方案好坏的函数，称为目标函数或评价函数，用 $f(\boldsymbol{X})$ 表示。因此，最优设计方案可以看作是一组使 $f(\boldsymbol{X})$ 有最小值或最大值的变量值。

例如，在例 3-1 提到的悬臂梁优化设计中，可以用质量函数或体积函数 $f = \pi d^2 l / 4$ 作为目标函数，优化得到最优的设计方案。

在机械设计中，目标函数主要根据设计准则建立，例如：

1）在机构优化中，运动误差、主动力、约束反力等可以设定为目标函数。

2）在结构优化中，自重、效率和可靠性等可以设定为目标函数。

3）在产品设计中，成本、价格和寿命等可以设定为目标函数。

在确定目标函数时，还应注意以下问题：

1）产品的自重最轻，并不一定最适合工程问题实际或一定就能使产品的成本最低。

2）物体的运动加速度极小化，动态响应并不一定好。

3）有时候目标函数和约束函数可以互相转化，例如前面提到的装载机铲斗的平动要求，既可设定为目标函数又可设定为约束函数，所以某项指标确定为目标函数还是约束函数，要根据实际情况决定。

4）有的设计问题中，可能存在两个以上的分目标需要优化，如在设计装载机翻斗机构时，可以将铲斗的平动要求和推力最小都设定为目标函数。这样的问题称为多目标优化问题，需要采取一些专门的措施解决，具体方法将在本章3.7节中详细介绍。

3.2.4 数学模型

1. 一般形式

由以上讨论可以看出，优化数学模型包括设计变量、目标函数和约束函数，其一般形式可以表示为

$$\left.\begin{array}{ll} 寻找 & \boldsymbol{X} = (x_1, x_2, \cdots, x_n) \in R^n \\ 使 & f(\boldsymbol{X}) 最小或最大 \\ 受约束于 & g_u(\boldsymbol{X}) \leqslant 0 (u = 1, 2, \cdots, m) \\ & h_v(\boldsymbol{X}) = 0 (v = 1, 2, \cdots, p, p < n) \end{array}\right\} \tag{3-3}$$

其含义就是在 n 维设计空间中寻找一组设计变量 $\boldsymbol{X}$，在满足约束条件 g_u、h_v 的前提下，使目标函数 $f(\boldsymbol{X})$ 最小化或最大化。

应该指出的是，优化目标既可能是函数 $f(\boldsymbol{X})$ 的最小值，也可能是 $f(\boldsymbol{X})$ 的最大值。由于一个最大值的 $f(\boldsymbol{X})$ 通过前面加一个负号 "–"，就变为最小值。因此，为叙述方便起见，在本章的讨论中，都指使目标函数最小化。

2. 类型

根据优化问题有无约束可分为：

（1）约束优化　有约束函数的优化设计称为约束优化设计，如式（3-3）所示。

（2）无约束优化　无约束函数的优化设计称为无约束优化设计，表示为

$$\left.\begin{array}{ll} 寻找 & \boldsymbol{X} = (x_1, x_2, \cdots, x_n)^{\mathrm{T}} \in R^n \\ 使 & f(\boldsymbol{X}) 最小 \end{array}\right\} \tag{3-4}$$

工程实际中，不加限制的设计是没有的，但是常常可以将有约束问题转化为无约束问题求解，以便能使用一些比较有效的无约束极小化的算法和程序。因此，我们还是应该了解一些无约束优化方法的求解原理。

3. 优化设计的几何解释

（1）目标函数的等值线（面）　对于 $f(\boldsymbol{X}) = f(x_1, x_2, \cdots, x_n)$，若给定 $f(\boldsymbol{X})$ 值，则有无

限多的 $x_1, x_2, \cdots, x_n$ 的值与之对应，或当 $f(X) = c$（c 为任意常数）时，在设计空间有一个点集与之对应，为空间超曲面。二维问题时，这个点集为曲线。

如 $n = 2$ 的无约束优化问题，$f(X) = x_1^2 + x_2^2$，不同的等值线代表目标函数不同水平的值，如图 3-10 所示。

（2）约束优化的几何表示 例：

$$使 \quad f(X) = x_1^2 + x_2^2 \ 最小$$

$$受约束于 \quad g_1(X) = x_1 + x_2^2 + 9 \leqslant 0$$

$$g_2(X) = x_1 + x_2 - 1 \leqslant 0$$

如图 3-11 所示，目标函数的等值面为旋转抛物面，约束函数为以 x_1 轴对称的抛物面和一平面。

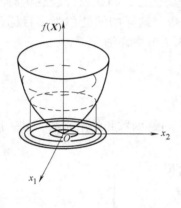

图 3-10 目标函数的等值线

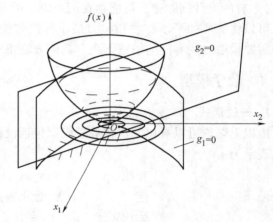

图 3-11 约束优化的几何表示

4. 建立数学模型应注意的几个问题

（1）数学模型规模 应尽量使数学模型规模适当，避免下面两种倾向：

1）过分精细。模型过于复杂，致使求解失败或计算成本太高。

2）过分简化。模型不能反映原问题最本质的要求。

（2）建立数学模型的步骤

1）对于设计问题从了解常规设计方法入手，抓住本质，然后研究用什么数学、物理、或力学模型来表达。

2）构造初步的数学模型，确定设计变量及常量。

3）将初步数学模型与设计的问题比较，进行必要的修改。

4）如数学模型中包括有积分、微分、隐函数的计算时，要考虑采用何种数学方法计算，并对其误差做出正确的估计。

（3）处理好数学模型与优化方法的选择关系。数学模型的形式及特点会影响优化方法的选择。另外，某种有效方法的选择又会反过来对数学模型提出某些要求。在选择优化方法时要考虑原问题的类型，是线性或非线性，有约束或无约束；目标函数及约束函数的形式是显函数、隐函数、积分函数，还是微分方程等；目标函数是否连续可微，若能求解其梯度，则可选用相应的方法，提高计算效率。即便在计算机技术高度发展的今天，对于大型的优化问题，还是要考虑问题类型，适当地选择优化方法，以节约解题成本。当然，采用现成的优化软件时，所能选择的方法范围是有限的。

[**例3-4**] 脚手架设计问题。

图 3-12 所示为 3 根梁和 6 根钢索组成的脚手架结构示意图，图中钢索 A、B 所能承受的拉力为 30kN，C、D 所能承受的拉力为 20kN，E、F 所能承受的拉力为 10kN，这里忽略梁和钢索的自重，当载荷 P_1、P_2 和 P_3 分别为多大时，系统所能承受的载荷 P 为最大？

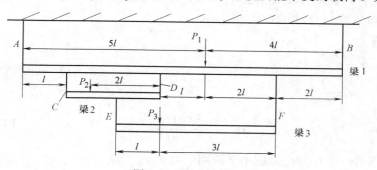

图 3-12 脚手架结构

很显然，载荷 P_1、P_2 和 P_3 是设计中需要确定的参数，因而可设定为设计变量，而总的载荷 P 是变量 P_1、P_2 和 P_3 的函数，可设定为目标函数。下面分析约束条件：

根据钢索受力分析，钢索 A 受力为：$P_A = 4P_1 + 7P_2 + 5P_3/9$；钢索 B 受力为：$P_B = 5P_1 + 2P_2 + 4P_3/9$；钢索 C 受力为：$P_C = 2P_2/3 + P_3/4$；钢索 D 受力为：$P_D = P_2/3 + P_3/2$；钢索 E 受力为：$P_E = 3P_3/4$；钢索 F 受力为：$P_F = P_3/4$。

经整理后，本问题的优化设计模型可写为

设
$$\boldsymbol{X} = (x_1, x_2, x_3)^\mathrm{T} = (P_1, P_2, P_3)^\mathrm{T}$$

求函数
$$f(x_1, x_2) = x_1 + x_2 + x_3 = -P \text{ 最小}$$

并受约束于

$$g_1(\boldsymbol{X}) = (4x_1 + 7x_2 + 5x_3)/9 \leqslant 30$$

$$g_2(\boldsymbol{X}) = (5x_1 + 2x_2 + 4x_3)/9 \leqslant 30$$

$$g_3(\boldsymbol{X}) = (2x_2/3 + x_3/4) \leqslant 20$$

$$g_4(\boldsymbol{X}) = (x_2/3 + x_3/2) \leqslant 20$$

$$g_5(\boldsymbol{X}) = 3x_3/4 \leqslant 10$$

$$g_6(\boldsymbol{X}) = x_3/4 \leqslant 10$$

$$g_7(\boldsymbol{X}) = -x_i \leqslant 0 \quad i = 1, 2, 3$$

由数学模型可以看出，本问题是一个有 3 个设计变量、7 个约束的线性优化设计问题。

[**例3-5**] 立柱设计问题。

如图 3-13 所示，一立柱受外力 F 作用。已知 $F = 22680\mathrm{N}$，立柱的高 L 为 254cm，材料的弹性模量 $E = 7.03 \times 10^4 \mathrm{MPa}$，材料的密度 $\rho = 2.768 \times 10^{-6} \mathrm{kg/cm^3}$，许用应力 $[\sigma] = 140\mathrm{MPa}$，立柱壁厚为 ι，立柱的内、外直径分别为 D_0、D_1，要求在保证立柱的强度与稳定性的条件下，使其质量尽可能小。

令 $D = (D_0 + D_1)/2$，则立柱的质量可
表示为：$m = \rho L\pi Dt = 0.703\pi Dt$。

为了使立柱足够轻，也就是求函数 m
在满足以下条件下的最小值，m 可设为目标
函数。m 是变量 D、t 的函数，可设 D、t 为
本问题的设计变量。设计约束条件包括：

（1）稳定性条件　立柱的应力应小于
最大稳定极限应力 σ_e，即

$$\sigma - \sigma_e \leq 0$$

其中
$$\sigma = \frac{F}{\pi Dt}$$

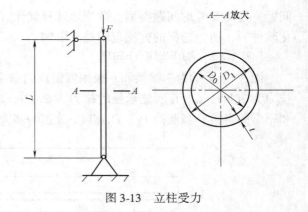

图 3-13　立柱受力

$$\sigma_e = \frac{\pi^2 E(D^2 + t^2)}{8L^2}$$

（2）强度条件　立柱的应力应小于许用应力 $[\sigma]$，即

$$\sigma - [\sigma] \leq 0$$

（3）工艺与几何条件

$$t \geq 0.1\text{cm}$$
$$0 < D \leq 8.9\text{cm}$$

将已知数值代入上面各式，并按照一般格式整理后，本问题的数学模型可归纳为：

设
$$x_1 = t,\ x_2 = D,\ \boldsymbol{X} = (x_1, x_2)^T = (t, D)^T$$

求函数
$$f(x_1, x_2) = 0.703\pi x_2 x_1 = m \text{ 的最小值}$$

并受约束于

$$g_1(\boldsymbol{X}) = x_1 - 0.1 \geq 0$$
$$g_2(\boldsymbol{X}) = x_2 \geq 0$$
$$g_3(\boldsymbol{X}) = 8.9 - x_2 \geq 0$$
$$g_4(\boldsymbol{X}) = \frac{\pi^2 E(x_2^2 + x_1^2)}{8L^2} - \frac{F}{\pi x_1 x_2} \geq 0$$
$$g_5(\boldsymbol{X}) = [\sigma] - \frac{F}{\pi x_1 x_2} \geq 0$$

因此，本问题是有 2 个设计变量和 5 个约束条件的一个非线性的优化设计问题。

3.3　优化设计基本方法

 本节学习要点

优化设计的数值迭代原理及步骤。

建立优化数学模型后，下面所要做的就是解决如何求解的问题。一般来讲，一个设计问题可以采用解析法、图解法和数值迭代方法找到最优解。但是一个实际的工程问题往往是非

线性、多约束、多变量的优化问题，求解过程复杂，很难采用前两种方法获得最优解。而对于工程问题来讲，又允许有一定的误差，于是，人们在优化设计中大量采用了数值近似迭代方法。

1. 数值迭代方法

通常情况下，数值迭代方法有以下迭代公式，即

$$X^{(k+1)} = X^{(k)} + \alpha^{(k)} S^{(k)} \tag{3-5}$$

式中，$X^{(k)}$ 为第 k 步的迭代点；$X^{(k+1)}$ 为新的迭代点；$S^{(k)}$ 为第 k 步的搜索方向；$\alpha^{(k)}$ 为步长因子。

参数的几何表示可参见图3-8。

从式(3-5)中可以看出每计算一个新的数值，可以通过现在的已知值 $X^{(k)}$ 在 $S^{(k)}$ 方向加上增量求得。若使迭代更有效率，应科学选取 $\alpha^{(k)}$ 与 $S^{(k)}$。

根据迭代算法，首先给出设计变量的初始值 $X^{(0)}$，通过迭代公式（3-5），可求出一系列的点：$X^{(0)}$，$X^{(1)}$，$X^{(2)}$，$\cdots X^{(k)}$，$X^{(k+1)}$，$\cdots$，其对应的函数值之间的关系可表示为

$$f(X^{(0)}) > f(X^{(1)}) > f(X^{(2)}) > \cdots > f(X^{(k)}) > f(X^{(k+1)}) > \cdots \tag{3-6}$$

2. 收敛准则

迭代过程不可能无限制地进行下去，因此，只要符合一定的条件，就认为已经找到近似的最优点，可以中止迭代了，这个条件就是收敛准则。

常用的收敛准则有以下三种：

（1）两点距离准则　当相邻两个迭代点之间的距离已达到充分小时，即

$$\left\| X^{(k+1)} - X^{(k)} \right\| \leqslant \varepsilon_1$$

（2）目标函数准则　当相邻两迭代点的目标函数已达到充分小时，即

$$\left| f(X^{(k+1)}) - f(X^{(k)}) \right| \leqslant \varepsilon_2$$

或

$$\frac{\left| f(X^{(k+1)}) - f(X^{(k)}) \right|}{\left| f(X^{(k)}) \right|} \leqslant \varepsilon_2$$

（3）目标函数的梯度　当当前迭代点目标函数的梯度已充分小时，即

$$\left\| \nabla f(X^{(k+1)}) \right\| \leqslant \varepsilon_3$$

其中，$\nabla f = \left[\dfrac{\partial f}{\partial x_1} \quad \dfrac{\partial f}{\partial x_2} \quad \cdots \quad \dfrac{\partial f}{\partial x_n} \right]^{\mathrm{T}}$。

ε_1、ε_2、ε_3 的大小应根据具体问题确定，一般情况下，可取 $10^{-1} \sim 10^{-7}$。

3. 迭代步骤

一般说来，数值迭代方法包含以下步骤：

1）定义一个初始值 $X^{(0)}$，以及收敛误差 ε。

2）确定搜索方向 $S^{(k)}$。

3）选取步长因子 $\alpha^{(k)}$，根据式（3-5），得到新的迭代点 $X^{(k+1)}$。

4）收敛的判定：若 $X^{(k+1)}$ 满足收敛要求，则看作最优点，迭代结束；否则，继续

从 $X^{(k+1)}$ 计算，得到新的点。

从以上的讨论不难看出，迭代问题有 3 个关键点：

1）搜索方向。对数值迭代方法的效率有影响。

2）步长因子。也对数值迭代方法的效率有影响。

3）收敛准则。影响数值迭代方法的精确度。

图 3-14 所示为例 3-5 中立柱优化数值迭代过程。

由图 3-14 可以看出，迭代从初始点 $X^{(0)}$ 出发，沿着由采用的优化方法确定的方向和准则进行搜索，找到下一个迭代点 $X^{(1)}$，$X^{(2)}$，$X^{(3)}$，……一直到符合迭代准则，找到最优点为止，即 $X^* = (D,t) = (8.128, 0.1)$。

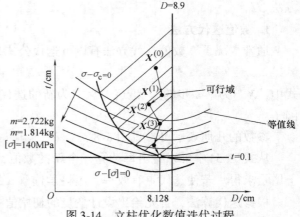

图 3-14 立柱优化数值迭代过程

3.4 一维搜索方法

✎ **本节学习要点**

1. 一维搜索的思想和方法。
2. 黄金分割法的原理。

由上节可知，对于一般的多维优化设计问题而言，采用数值迭代方法时，迭代过程每一步都是从某一点出发，沿着某一使目标函数下降的方向搜索，找出此方向的极小点，这也是各种优化方法的基本过程。因此，优化方法最终可归结为求一个变量（步长因子）的最优值的一维问题，即

$$\min f(X^{(k)} + \alpha^{(k)} S^{(k)}) = \min f(\alpha^{(k)})$$

在 $S^{(k)}$ 方向上确定步长因子 $\alpha^{(k)}$ 的方法称为一维搜索，主要分两步进行：第 1 步，先在 $S^{(k)}$ 方向上确定包括极值点在内的初始区间；第 2 步，逐步缩小这个区间，求出步长因子 $\alpha^{(k)}$ 和极值点。

3.4.1 确定初始区间的方法

一般情况下，函数的变化可分为"单峰（谷）"区间（图 3-15a）和"多峰（谷）"区间（图 3-15b），对于一个有单峰或单谷的函数，在包括峰或谷的区间内必定存在极值点。在最小极值点的左侧，函数值单调下降，而在最小极值点右侧，函数值趋于上升，函数呈现"高-低-高"的状态，如图 3-15a 所示。若 x_2 是单峰函数区间 $[x_1, x_3]$ 中的一点，$f(x_2)$ 为其函数值，则必定存在以下关系：$x_1 < x_2 < x_3$ 或 $x_1 > x_2 > x_3$，$f(x_1) > f(x_2) < f(x_3)$。因此，只要

在$S^{(k)}$方向上找到这样的 3 个点x_1、x_2、x_3所对应的函数值$f(x_1)$、$f(x_2)$、$f(x_3)$呈现"高-低-高"的情况，就可以确定包含极值点的区间（图 3-15a）。

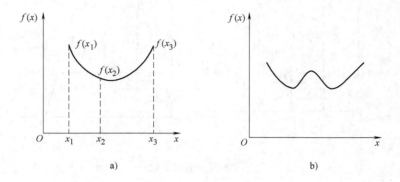

图 3-15　极值点的位置

a）单峰区间　b）多峰区间

按照惯例，将这个需要确定的初始区间表示为$[a,b]$。为了得到这个区间，可从当前点出发，并以一定的步长进行搜索，当下一点的目标函数仍然下降时，加大步长，一直到连续 3 个点的函数值呈现"高-低-高"时，搜索完成。这个方法称为进退法，整个过程可以归纳为：

1）给出初始值x_0和步长h，令$x_1 = x_0$，$f_1 = f(x_1)$。

2）求出x_2点：$x_2 = x_0 + h$，令$f_2 = f(x_2)$。

3）比较f_1，f_2。若$f_1 > f_2$，如图 3-16a 所示，则令$h = 2h$，转到下一步；若$f_1 < f_2$，如图 3-16b所示，则令$h = -h$，令$x_2 = x_1$，$f_2 = f(x_1)$。

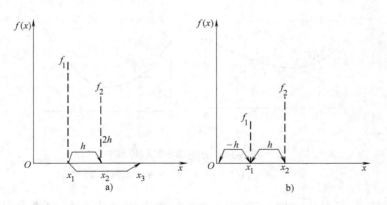

图 3-16　前进后退搜索

a）前进　b）后退

4）求出第三个点x_3：$x_3 = x_2 + h$。令$f_3 = f(x_3)$，比较f_3、f_2。若$f_3 > f_2$，则初始区间为$[a,b] = [x_1, x_3]$，即连续 3 个函数值呈现"高-低-高"变化（图 3-17a）；若$f_3 < f_2$，则加大步长，令$h = 2h$，$x_1 = x_2$，$x_2 = x_3$，回到 4），如图 3-17b 所示。

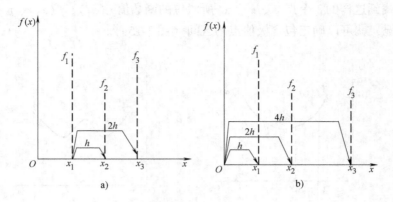

图 3-17　加大步长

3.4.2　0.618 法（黄金分割法）

在找到含有极值点的初始区间之后，就需要连续缩小区间，直至最终得到极值点。缩小区间的方法有很多，如分数法、切线法、0.618 法（又称黄金分割法）等，而其中的 0.618 法应用最为广泛，下面讨论其基本原理。

一般的区间分割和收缩基本步骤为：若含有极值点的初始区间为 $[a,b]$，那么在 a 与 b 之间插入 2 个点 x_1，x_2，通过比较这两个点的函数值，将初始区间缩小成更小的区间，如图 3-18 所示，若 $f(x_1) < f(x_2)$，根据单谷函数的特征，其极值点肯定在 a 和 x_2 之间。这样，将 x_2 的右边舍去，原区间缩小为 $[a,x_2]$，如图 3-18a 所示；若 $f(x_1) > f(x_2)$，同理，其极值点应在 $[x_1,b]$ 之间，则舍去 x_1 的左边，初始区间 $[a,b]$ 缩小为 $[x_1,b]$，如图 3-18b 所示。

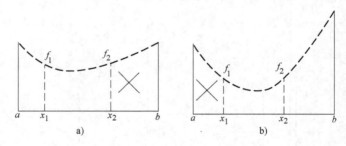

图 3-18　分割缩小区间原理

a) $f(x_1) < f(x_2)$　b) $f(x_1) > f(x_2)$

由以上过程不难看出，如此迭代下去，包含有极值点的区间将会越缩越小。如果 $|b-a|$ 的值小于或等于 ε 的给定值，那么就可以认为极值点就在 $[a,b]$ 内，就不需要再继续缩小区间了。

一般来说，当在区间内插入两个点时，区间缩小一次。但是，应该指出的是，不同的插值法对于缩小区间的速度是不同的。为了迅速缩短区间，在缩小区间时，应遵循下面两个原则：

（1）等比搜索　每一次区间的缩短率不变。

（2）对称取点　所插入两点在区间中位置对称。

下面介绍 0.618 法的基本原理：

设在区间 $[a,b]$ 内插入两点，表达式为

$$x_1 = a + (1 - \lambda)(b - a)$$
$$x_2 = a + \lambda(b - a) \qquad (0 < \lambda < 1) \tag{3-7}$$

式中，λ 为区间缩短率。

如图 3-19 所示，若区间 $[a,b]$ 缩小至 $[a,x_2]$，则通过式（3-7），在区间 $[a,x_2]$ 内再次得到两个点，可以发现，如果使 $[a,x_2]$ 区间上新点 x_2 恰好是 $[a,b]$ 区间上旧点 x_1 的位置，则可以用下面的关系式求得 λ 的值，即

$$\lambda^2 = 1 - \lambda$$

$$\lambda = (\sqrt{5} - 1)/2 = 0.618$$

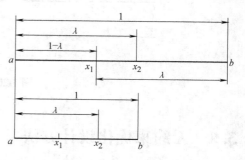

图 3-19　0.618 法原理示意图

把 λ 的值代入式（3-7），得

$$x_1 = a + 0.382(b - a)$$
$$x_2 = a + 0.618(b - a)$$

以上两个式子就是该法的迭代公式，因为收缩因子的值是 0.618，故此法称为 "0.618 法"。

当区间连续缩小时，区间的长度越来越小，直至满足收敛准则。最终，最后区间的中点即认为是极值点，若 $|b - a| \leqslant \varepsilon$，则令 $X^* = (b - a)/2$。

从以上的迭代取点过程可以看出，本法虽然每次均要在新的区间中插入两个点，但是，由于收缩因子 0.618 的关系，实际上，每次只要插入一个新点，计算一次目标函数值就可以了。因为另一点恰好是上一区间已经计算过的一点。正因为如此，0.618 法具有较高的效率。由于在一个优化问题的优化过程中，会有大量的迭代过程，从而有大量的一维搜索，而如果在每一次一维搜索的迭代中，节约一个插入点和其函数的计算量，那对于整个优化过程来讲将可以节约大量的计算时间。

另外，如果收敛精度 ε 与初始区间 $[a,b]$ 都是分别给出的，还可以计算出通过 0.618 法导出极值点所需的次数 n，即

$$0.618^n(b - a) \leqslant \varepsilon$$

$$n \geqslant [\ln\varepsilon - \ln(b - a)]/\ln 0.618$$

0.618 法的计算步骤可归纳如下：

1）确定一个初始区间 $[a,b]$ 与收敛精度要求 ε。

2）计算 $x_2 = a + 0.618(b - a)$，$f_2 = f(x_2)$。

3）计算 $x_1 = a + 0.382(b - a)$，$f_1 = f(x_1)$。

4）收敛性判定。若当前区间非常小，且 $|b - a| \leqslant \varepsilon$，则迭代结束，其区间的中点作为极值点；否则，继续迭代，转向下一步。

5）若 $f_1 < f_2$，区间 $[a,b]$ 缩小为 $[a,x_2]$，如图 3-20a 所示。令 $b = x_1$，$x_2 = x_1$，$f_2 = f_1$，然后转步骤 3）；若 $f_1 > f_2$，区间 $[a,b]$ 缩小为 $[x_1,b]$，如图 3-20b 所示。令 $a = x_1$，$x_1 = x_2$，

$f_1 = f_2$，然后计算 $x_2 = a + 0.618 (b-a)$，$f_2 = f(x_2)$，再转步骤4）。

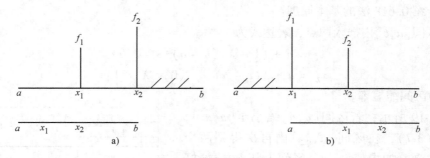

图 3-20　0.618 法插入分割点

3.5　无约束优化设计方法

本节学习要点

1. 无约束方法在优化设计中的重要性和分类。
2. 共轭方向原理。
3. 基本的 POWELL 法搜索策略。
4. 梯度及梯度法、牛顿法的原理。
5. 变尺度方法的原理及搜索步骤。
6. 变尺度法的特点。

机械优化设计往往是一种多变量优化设计问题，求解方法又可分为有约束优化方法和无约束优化方法。

正如前面所讨论的，无约束优化方法是解有约束优化问题的基础，对无约束的优化设计问题，一般的数学模型为

$$求 \quad \boldsymbol{X} = (x_1, x_2, \cdots, x_n)^{\mathrm{T}} \qquad (3-8)$$
$$使 \quad f(x) 最小$$

解这个数学模型的关键是确定搜索方向，按确定搜索方向的方式可以将无约束优化方法分为两类：

1. 直接法

直接法是指只在迭代过程中比较所选点目标函数值的大小，根据比较情况来确定搜索方向 $\boldsymbol{S}^{(k)}$，也称 0 阶法。当目标函数非常复杂，难以求得梯度时，或只知道目标函数的算法，而不知道其数学表达式时，适宜采用此法。但该法的缺点是收敛慢、优化解的精度较低，常在低维的工程优化问题中使用。常用的方法有：坐标轮换法、Powell（共轭方向）法、复合形法等。

2. 间接法

确定搜索方向 $\boldsymbol{S}^{(k)}$ 时要依靠迭代点的函数梯度值，甚至有时要求二阶偏导数。该法的优点是收敛快、精度高。常用的方法有：最速下降法（一阶法）、牛顿法（二阶法）、变尺度

法等。

本节重点介绍直接法中的 Powell 法和间接法中的变尺度法。

3.5.1 Powell 法

1. 共轭方向

设有二维二次函数：

$$f(X) = \alpha + \boldsymbol{\beta}^{\mathrm{T}}X + \frac{1}{2}X^{\mathrm{T}}AX \tag{3-9}$$

式中，$X = (x_1, x_2)^{\mathrm{T}}$；$A$ 为对称的正定矩阵；α 为常数；$\boldsymbol{\beta}$ 为系数列阵。

可以证明其等值线是一个共心的椭圆族。如果从共心 X^* 出发作一任意矢量 S_1，S_1 与某等值线的交点是 X_1，再过 X_1 点作该等值线的切线矢量 S_2（图 3-21）。可以证明 $S_1AS_2 = 0$，这时，称 S_1 和 S_2 是共轭的，也就是说等值线上的切线方向与切点和共心的连线方向关于 A 是共轭的。若沿上述方向迭代两步就可以得到极小点，如果 $f(X)$ 是 n 维二次正定函数，同样沿 n 个共轭方向，n 步就可以收敛到最小点。

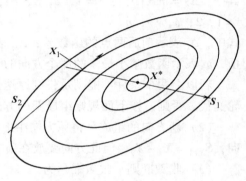

图 3-21 共轭方向

对一般函数来说，如果按泰勒展开，在极小点附近都可表达为一个近似的二次正定函数。对一般函数虽不能期待 n 次迭代收敛，但可期望大于 n 次迭代后不久必能取得好的结果。

2. 基本的 Powell 法

根据以上所述，只要按一定规则沿着共轭方向进行搜索，就可以很快找到最优点。在共轭方向法中，一般采用以下方法来生成共轭方向进行迭代：首先确定初始点 X_0，开始第一轮迭代。从初始点 X_0 出发，沿三个坐标方向 S_1、S_2、S_3 各进行一次一维极小化得 X_1、X_2、X_3，然后构成一个新方向 $S_4 = X_3 - X_0$，在 S_4 上求极小点得 X_4，并令 $X_4 \Rightarrow X_0$；第二轮迭代：将原方向中第一个方向 S_1 抛掉。构成新的方向组 S_2、S_3、S_4，从新的初始点出发，沿这三个方向分别再进行一维极小化，同样得 X_1、X_2、X_3，再构成新的方向 $S_5 = X_3 - X_0$，沿此方向又可得极小点 X_4，并令 $X_4 \Rightarrow X_0$，进行第三轮迭代。依此类推，可以证明，此法产生的 S_4、S_5、S_6 三个方向构成了共轭方向。因此对于 n 维问题来说，n 轮迭代以后形成的搜索方向就是互相共轭的。

但这个方法有一个主要的缺点，就是更换方向后所产生的 n 个矢量，有时可能是近似线性相关的，即这些直线接近于平行。于是出现维数退化现象，找到的只是局部极小点，使真正的极小点漏掉。

3. 修正的 Powell 法

为了克服以上缺点，要对新方向进行修正，以避免出现维数退化现象，其主要修正为：

（1）设立共轭性判别 在 K 轮迭代中，分别计算以下三个点的目标函数值

$$X_0 \rightarrow f_1$$

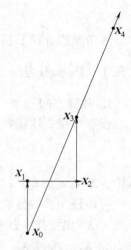

$$X_n \rightarrow f_2$$
$$X_{n+1} \rightarrow f_3$$

三点之间的关系为 $\overline{X_0 X_n} = \overline{X_n X_{n+1}}$（图3-22）。

以三维问题为例，在第一轮迭代时，计算出 X_0、X_3 和 X_4 的目标函数值分别为 f_1、f_2、f_3。

按以下判别准则进行判断：

1）$f_3 < f_1$。

2）$(f_1 + f_3 + 2f_2)(f_1 - f_2 - \Delta_m) < 0.5\Delta_m(f_1 - f_3)^2$ （3-10）

其中，$\Delta_m = \max\{\Delta_i\}$；$i = 1，2，3，\cdots，n$；$\Delta_i = f(X_{i-1}) - f(X_i)$；$i = 1，2，3，\cdots，n$。

式中，Δ_i 表示前后两点的函数差；Δ_m 表示所有函数差中的最大差值，m 表示函数减小最多的那个方向的下标。

图 3-22　3 点之间的关系

若以上两个条件不能满足，则原迭代方向不作改变，进行下一轮迭代。否则，按下面规则组成新的方向组。

（2）新方向的组成　将原方向中下标为 m 的方向 S_m 去掉，同时加入一个刚形成的新方向，$S_{n+1} = X_n - X_0$，但此方向要放在新方向组的最后，即 $S_{n+1} \Rightarrow S_n$。

（3）收敛准则　收敛准则为

$$\left| \frac{X_0^{(k+1)} - X_0^{(k)}}{X_0^{(k)}} \right| \leqslant \varepsilon \tag{3-11}$$

通过以上修正后的 Powell 法可以较好地解决迭代中可能出现的方向相关和维数退化的问题。此法对于设计变量数小于 20 时的优化问题效果比较好。

3.5.2　变尺度法

为了逐步了解变尺度法的原理，下面先简单介绍梯度法和牛顿法的基本原理。

1. 多元函数的泰勒展开

根据泰勒展开公式，多元函数 $f(X)$ 在 $X^{(k)}$ 点处可展开为

$$f(X) \approx \Phi(X^{(k)}) = f(X^{(k)}) + [\nabla f(X^{(k)})]^{\mathrm{T}}[X - X^{(k)}] + \frac{1}{2}[X - X^{(k)}]^{\mathrm{T}} A(X^{(k)})[X - X^{(k)}]$$

$$\tag{3-12}$$

式中，$\nabla f(X^{(k)})$ 为梯度（一阶偏导数矩阵）；$A(X^{(k)})$ 为海赛矩阵（二阶偏导数矩阵）。

2. 梯度的概念

所谓梯度就是函数对自变量的一阶偏导数组成的矢量，记作

$$\nabla f = \begin{bmatrix} \dfrac{\partial f}{\partial x_1} & \dfrac{\partial f}{\partial x_2} & \cdots & \dfrac{\partial f}{\partial x_n} \end{bmatrix}^{\mathrm{T}} \tag{3-13}$$

梯度方向是指函数增长最快的方向，反之，负梯度方向是函数下降最快的方向。

3. 梯度法

采用梯度法求解优化问题已经有很久的历史了，直到现在依然被人们关注。人们对梯度法的重视还在于它是许多优化方法的基础。由于负梯度是当前点处函数下降最快的方向，因

此，梯度法中的迭代方向是由当前迭代点的负梯度方向构建的，即

$$S^{(k)} = -\nabla f(X^{(k)})$$

因为

$$X^{(k+1)} = X^{(k)} + \alpha^{(k)} S^{(k)}$$

则

$$X^{(k+1)} = X^{(k)} - \alpha^{(k)} \nabla f(X^{(k)})$$

式中，$\alpha^{(k)}$ 为步长因子，它可以从下列方程中求出

$$f(X^{(k+1)}) = f(X^k - \alpha^{(k)} \nabla f(X^{(k)}))$$

$$\min f(X^k - \alpha^{(k)} \nabla f(X^{(k)})) = \min \varphi(\alpha)$$

根据极值的必要条件和多项函数的求导公式，有

$$\varphi'(\alpha) = -[\nabla f(X^k - \alpha^{(k)} \nabla f(X^{(k)}))]^T \nabla f(X^{(k)}) = 0 \tag{3-14}$$

通过解这个方程可得到 $\alpha^{(k)}$，得出 $f(X^{(k)})$ 与 $f(X^{(k+1)})$ 之间的关系，即

$$[\nabla f(X^{(k+1)})]^T \nabla f(X^{(k)}) = 0 \tag{3-15}$$

式（3-15）表明，相邻两个点的梯度方向是彼此垂直的或正交的，也就是说，在迭代的过程中，任何两个迭代方向都是互相垂直的，趋近于极值点的路径成锯齿形路线。此外，两点间距离越近，锯齿越小，逼近极值点的速度越慢。

4. 牛顿法

对式（3-12）将 $f(X)$ 在 $X^{(k)}$ 点展开，取至平方项，当 $\nabla \Phi(X^{(k)}) = 0$ 时，可求得极值点 X^*，即

$$\nabla \Phi(X) = \nabla f(X^{(k)}) + A(X^{(k)})[X - X^{(k)}] = 0$$

从而有

$$A(X^{(k)})[X - X^{(k)}] = -\nabla f(X^{(k)})$$

对上式两边左乘 $[A(X^{(k)})]^{-1}$，得

$$X = X^{(k)} - [A(X^{(k)})]^{-1} \nabla f(X^{(k)})$$

形成牛顿法迭代公式，即

$$X^{(k+1)} = X^{(k)} - [A(X^{(k)})]^{-1} \nabla f(X^{(k)}) \tag{3-16}$$

所以

$$S^{(k)} = -[A(X^{(k)})]^{-1} \nabla f(X^{(k)})$$

牛顿法的搜索方向是由目标函数的二阶偏导数矩阵的逆阵和梯度组成的，这里考虑了函数的形态特点。因此，对于二次函数来说，迭代一次就可以得到最优点。对于一般函数来说，在极值点附近，函数呈现较强的二次性，因此，牛顿法在极值点附近收敛速度较快。但是，牛顿法中的每一次迭代，都要计算函数的一、二阶偏导数矩阵及其逆矩阵，工作量很大，且并不能保证逆矩阵存在，因此，牛顿法在应用中受到了很大的限制。

5. 变尺度法

变尺度法是在牛顿法的基础上发展而来的，其原理是设法构造一个矩阵来逼近海赛矩阵的逆阵，从而避免计算海赛矩阵及其逆阵。变尺度法有 DFP 和 BFGS 两种方法，目前被认为是收敛最快的方法。在这里尺度表示空间坐标的尺度变换，本节只介绍 DFP 法。

设从 $X^{(k)}$ 点出发，要决定 $S^{(k)}$ 方向，进行一维搜索，有

$$X^{(k+1)} = X^{(k)} + \alpha^* S^{(k)}$$

式中，α^* 为最优步长。

令

$$S^{(k)} = -A^{(k)} \nabla f(X^{(k)})$$

式中，$A^{(k)}$ 相当于海赛矩阵逆阵的近似矩阵。

$A^{(k)}$ 为 $n \times n$ 阶矩阵，每次迭代对 $A^{(k)}$ 进行如下修正，即

$$A^{(k)} = A^{(k-1)} + \frac{\Delta X^{(k)} \Delta X^{(k-1)\mathrm{T}}}{\Delta X^{(k-1)\mathrm{T}} \Delta g^{(k-1)}} - \frac{A^{(k-1)} \Delta g^{(k-1)} \Delta g^{(k-1)\mathrm{T}} A^{(k-1)}}{\Delta g^{(k-1)\mathrm{T}} A^{(k-1)} \Delta g^{(k)}} \quad (k=1,2,3,\cdots,n)$$

$$(3\text{-}17)$$

式中，$\Delta X^{(k-1)} = X^{(k)} - X^{(k-1)}$ 为两点坐标矢量差；$\Delta g^{(k-1)} = \nabla f(X^{(k)}) - \nabla f(X^{(k-1)})$ 为两点梯度差。

第一次迭代时，$k=0$，可设 $A = I$（I 为单位矩阵），此时，$S = -\nabla f(X^{(0)})$（初始点的负梯度方向），以后按式（3-17）迭代。

几点说明：

1）可以证明，式（3-17）等式右边分母一定大于零，迭代中不会溢出，迭代总可以进行下去。

2）可以证明，如果式（3-17）中的 $A^{(k-1)}$ 为正定对称矩阵，只要 $\Delta g^{(k-1)} \neq 0$，则 $A^{(k)}$ 一定是正定对称矩阵。

3）对二次函数产生的是共轭方向，因此也是一种共轭方向法。但由于一维搜索的不精确及舍入误差，会破坏 $A^{(k)}$ 的正定性，从而导致 $S^{(k)}$ 不是下降方向。因此，每次要检查新的方向 $S^{(k)}$ 是否为下降方向，即要求乘积 $g^{(k)T} S^{(k)} < 0$，其几何关系如图 3-23 所示，如果这个乘积大于零，则 $A^{(k)}$ 的正定性已破坏，$S^{(k)}$ 不再是 $X^{(k)}$ 处的下降方向，这时令 $A^{(k)} = I$，迭代重新开始。

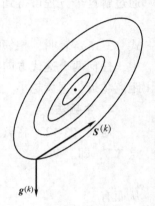

图 3-23　判断 $S^{(k)}$
是否为下降方向

变尺度法求解具体步骤如下：

1）给定初始点 $X^{(0)}$，令 $A^{(0)} = I$。

2）令方向 $S^{(k)} = -A^{(k)} \nabla f(X^{(k)})$，并检查是否满足 $g^{(k)} S^{(k)} \leqslant 0$，若不满足，$A = I$，若满足，则

$$X^{(k+1)} = \min f(X^{(k)} + \alpha S^{(k)})。$$

3）收敛判断。如果收敛，则 $X^* \Leftarrow X^{(k+1)}$，否则转步骤 4）。

4）修正 $A^{(k)}$，转步骤 2）。

DFP 变尺度法的特点：

1）计算速度快。

2）对于高维非线性问题，稳定性好。

3）计算 $A^{(k)}$ 复杂，要求存储量大。

4）DFP 是最高效的算法之一。

3.6　约束优化设计方法

📓 本节学习要点

1. 各种约束优化方法的优缺点。

2. 复合形法的原理和迭代步骤。

3. 复合形法的特点。

4. 惩罚函数法的基本思想。

5. 由拉格朗日法引入罚函数法。

6. 内点罚函数法的原理和特点。

7. 外点罚函数法的原理和特点。

8. 罚函数法的几个实际问题。

如前文所述，对有约束的优化设计问题，一般的数学模型如下：

$$寻找 \quad \boldsymbol{X} = (x_1, x_2, \cdots, x_n)^{\mathrm{T}}$$

$$使 \quad f(\boldsymbol{X}) 最小$$

$$并受约束于 \quad g_u(\boldsymbol{X}) \leq 0 \quad (u = 1, 2, \cdots, m)$$

$$h_v(\boldsymbol{X}) = 0 \quad (v = 1, 2, \cdots, p, p < n)$$

根据求解策略不同，约束优化设计方法可分为两类。

1. 直接解法

在这类方法中，在可行域中，可直接通过一定的模式比较点的函数值和约束值大小，决定搜索方向。这类方法有网格法、随机试验法、随机方向搜索法、复合形法、可行方向法等，这些方法的特点为：

1）网格法、随机试验法、随机射线法、复合形法等，只用于求解有不等式约束问题，方法直观、容易理解。

2）可行方向法，程序较复杂，适用于大型优化问题。

2. 间接解法

间接解法的特点是首先将有约束问题转化为一个无约束问题，然后按无约束问题求解。

1）消元法，用某些变换技巧消去约束条件，但该法实际应用有限。

2）拉格朗日乘子法，将目标函数与约束条件按一定方法构成一个新的目标函数，但常常要解一组线性方程，该法应用受到限制。

3）惩罚函数法（主要是 SUMT 法），该法应用较广泛。

4）乘子法，按一定方式构成新函数，但无病态，且收敛快，近年来该法发展较快。

本节中，直接法主要介绍机械优化设计中比较常用的复合形法，间接法介绍目前广泛应用的惩罚函数法。

3.6.1 复合形法

1. 基本原理

第 1 步，在可行域内产生 k 个初始点 $\boldsymbol{X}^{(1)}$，$\boldsymbol{X}^{(2)}$，$\cdots$，$\boldsymbol{X}^{(k)}$，以这 k 个初始点为顶点构成一个不规则的多面体，一般取 $n + 1 \leq k \leq 2n$。

以二维问题为例，即 $n = 2$ 时，$3 \leq k \leq 4$，即形成三角形或四边形，若三角形顶点分别为 $\boldsymbol{X}^{(1)}$，$\boldsymbol{X}^{(2)}$，$\boldsymbol{X}^{(3)}$，则相应的目标函数值为 $f(\boldsymbol{X}^{(1)})$，$f(\boldsymbol{X}^{(2)})$，$f(\boldsymbol{X}^{(3)})$。

第 2 步，对复合形调优迭代。利用复合形各顶点函数值大小的关系，判断目标函数值下降的方向，即丢掉最坏点（目标函数值最大的点），加入使 $f(\boldsymbol{X})$ 下降又满足 $g_u(\boldsymbol{X}) \leqslant 0$ 的新点。如此重复，使复合形不断向最优点移动和收缩，直至达到一定的收敛精度。例如，在图3-24 中，比较各顶点函数值后，可知：$f(\boldsymbol{X}^{(1)}) > f(\boldsymbol{X}^{(3)}) > f(\boldsymbol{X}^{(2)})$，则 $\boldsymbol{X}^{(1)}$ 为坏点，$\boldsymbol{X}^{(3)}$ 为次好点，$\boldsymbol{X}^{(2)}$ 为好点。

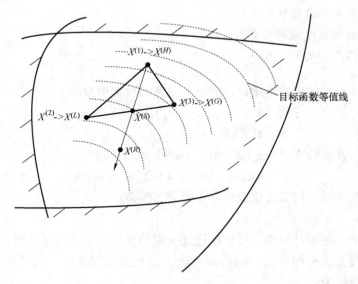

图3-24　三角形顶点关系图

设 $\boldsymbol{X}^{(H)} = \boldsymbol{X}^{(1)}$，$\boldsymbol{X}^{(G)} = \boldsymbol{X}^{(3)}$，$\boldsymbol{X}^{(L)} = \boldsymbol{X}^{(2)}$，由图3-24 可以看出，函数的下降方向在最坏点的对称方向上，所以，找出 $\boldsymbol{X}^{(L)}$ 和 $\boldsymbol{X}^{(G)}$ 点的几何中心点 $\boldsymbol{X}^{(S)}$，连接 $\boldsymbol{X}^{(H)}$ 和 $\boldsymbol{X}^{(S)}$ 方向。在此方向上取一点 $\boldsymbol{X}^{(R)}$ 使

$$\boldsymbol{X}^{(R)} - \boldsymbol{X}^{(S)} = \alpha(\boldsymbol{X}^{(S)} - \boldsymbol{X}^{(H)})$$

计算 $f(\boldsymbol{X}^{(R)})$，若 $\boldsymbol{X}^{(R)}$ 可行，且 $f(\boldsymbol{X}^{(R)}) < f(\boldsymbol{X}^{(H)})$，则 $\boldsymbol{X}^{(H)} \Leftarrow \boldsymbol{X}^{(R)}$ 组成新的复合形，完成一次迭代（称 $\boldsymbol{X}^{(R)}$ 为 $\boldsymbol{X}^{(H)}$ 关于 $\boldsymbol{X}^{(S)}$ 的映射点，α 称为映射系数，一般 $\alpha > 1$。对于四边形来说，$\boldsymbol{X}^{(S)}$ 取为其余三点的几何中心。多边形时，取除去坏点以外其余点的几何中心）；若 $f(\boldsymbol{X}^{(R)}) > f(\boldsymbol{X}^{(H)})$，则令 $\alpha \Leftarrow 0.5\alpha$，再进行判断，若满足 $f(\boldsymbol{X}^{(R)}) < f(\boldsymbol{X}^{(H)})$，则继续下一轮迭代。否则，再令 $\alpha \Leftarrow 0.5\alpha$。如若 $\alpha < 10^{-5}$ 时，还不满足，这时令 $\boldsymbol{X}^{(H)} \Leftarrow \boldsymbol{X}^{(G)}$，如此反复，直到达到收敛精度。

为了避免产生返回现象以及围绕一点转圈的现象，还可以采取各点向最好点靠拢的策略，即

$$\boldsymbol{X}^{(G)} = \boldsymbol{X}^{(L)} + 0.5(\boldsymbol{X}^{(G)} - \boldsymbol{X}^{(L)})$$
$$\boldsymbol{X}^{(R)} = \boldsymbol{X}^{(L)} + 0.5(\boldsymbol{X}^{(R)} - \boldsymbol{X}^{(L)})$$

形成新的复合形。

2. 初始复合形的产生

可以给定一个点、两个点以至全部点或全部由计算机产生 k 个点。设已知一个点 $\boldsymbol{X}^{(1)}$ 满足约束条件，即

$$g_u(\boldsymbol{X}^{(1)}) \leqslant 0 \quad (u = 1, 2, 3, \cdots, m)$$

其余 $k-1$ 个顶点由计算机产生，即

$$x_i^{(j)} = a_i + \gamma_i(b_i - a_i) \quad (i = 1,2,3,\cdots,n; j = 2,3,4,\cdots,k)$$

式中，a_i、b_i 为设计变量的上下界；γ_i 为在区间 $[0,1]$ 内的随机数。

注意：以上点并不都满足性能约束。设以上点中，有 q 个点满足性能约束条件。为使第 $q+1$ 个点也进入可行域内，先求 $\boldsymbol{X}^{(1)}$，$\boldsymbol{X}^{(2)}$，$\cdots$，$\boldsymbol{X}^{(q)}$ 点的中心 $\overline{\boldsymbol{X}}$，即

$$\overline{\boldsymbol{X}}_i = \frac{1}{q}\sum_{j=1}^{q} \boldsymbol{X}_i^{(j)} \quad (i = 1,2,3,\cdots,n)$$

然后使 $\boldsymbol{X}^{(q+1)}$ 点向中心点靠拢，只要适当选取 α，总可以使新点

$$\boldsymbol{X} = \overline{\boldsymbol{X}} + \alpha(\boldsymbol{X}^{(q+1)} - \overline{\boldsymbol{X}})$$

满足

$$g_u(\boldsymbol{X}) \leq 0 \quad (1,2,\cdots,m)$$

然后令 $\boldsymbol{X}^{(q+1)} \Leftarrow \boldsymbol{X}$，再求 $\boldsymbol{X}^{(q+2)}$，直至找到全部 k 个顶点。这里，一般 $\alpha = 0.5$。

3. 迭代步骤

1）计算 k 个点的目标函数值，其中最大值对应的点为最坏点 $\boldsymbol{X}^{(H)}$。

$$\boldsymbol{X}^{(H)}, f(\boldsymbol{X}^{(H)}) = \max\{f(\boldsymbol{X}^{(j)}) \ (j = 1,2,3,\cdots,k)\}$$

对次坏点，有

$$f(\boldsymbol{X}^{(G)}) = \max\{f(\boldsymbol{X}^{(j)}) \ (j = 1 \sim k, j \neq H)\}$$

对最好点，有

$$f(\boldsymbol{X}^{(L)}) = \min\{f(\boldsymbol{X}^{(j)}) \ (j = 1 \sim k)\}$$

2）计算除最坏点 $\boldsymbol{X}^{(H)}$ 外的其余 $k-1$ 个顶点的形心 $\boldsymbol{X}^{(S)}$，即

$$x_i^{(S)} = \frac{1}{k-1}\sum_{j=1}^{k-1} x_i^{(j)} \quad (i = 1,2,\cdots,n)$$

检验 $\boldsymbol{X}^{(S)}$ 是否在可行域内。

3）若 $\boldsymbol{X}^{(S)}$ 在可行域内，则从 $\boldsymbol{X}^{(H)}$ 至 $\boldsymbol{X}^{(S)}$ 点的方向取一映射点 $\boldsymbol{X}^{(R)}$，有

$$\boldsymbol{X}^{(R)} = \boldsymbol{X}^{(S)} + \alpha(\boldsymbol{X}^{(S)} - \boldsymbol{X}^{(H)})$$

其中，$\alpha = 1.3$，若 $\boldsymbol{X}^{(R)}$ 不可行，则 $\alpha \Leftarrow 0.5\alpha$，直至 $\boldsymbol{X}^{(R)}$ 可行。

4）计算 $f(\boldsymbol{X}^{(R)})$，若 $f(\boldsymbol{X}^{(R)}) < f(\boldsymbol{X}^{(H)})$，则 $\boldsymbol{X}^{(H)} \Leftarrow \boldsymbol{X}^{(R)}$，完成一次迭代，转向步骤1），进入下一次迭代，否则，转向下一步。

5）若 $f(\boldsymbol{X}^{(R)}) > f(\boldsymbol{X}^{(H)})$，则 $\alpha \Leftarrow 0.5\alpha$，若 $\boldsymbol{X}^{(R)}$ 可行，且 $f(\boldsymbol{X}^{(R)}) < f(\boldsymbol{X}^{(H)})$，则转向步骤4）。否则，$\alpha \Leftarrow 0.5\alpha$，直至 $\alpha \leq \xi(\xi = 10^{-5})$，若仍无改进，转向步骤2）。令 $\boldsymbol{X}^{(H)} \Leftarrow \boldsymbol{X}^{(G)}$，重新迭代。

6）终止准则。

$$\max\|\boldsymbol{X}^{(j)} - \boldsymbol{X}^{(c)}\| \leq \varepsilon_1 \quad (1 \leq j \leq k)$$

这时多面体体积收缩到很小，或者使目标函数

$$\left\{\frac{1}{k}\sum_{j=1}^{k}\left[f(\boldsymbol{X}^{(j)}) - f(\boldsymbol{X}^{(c)})\right]^2\right\}^{\frac{1}{2}} \leq \varepsilon_2$$

此时

$$\boldsymbol{X}^* = \boldsymbol{X}^{(L)}, \quad f(\boldsymbol{X}^*) = f(\boldsymbol{X}^{(L)})$$

其中
$$x_i^{(c)} = \frac{1}{k} \sum_{j=1}^{k} x_i^{(j)} \quad (i = 1 \sim n)$$

式中，ε_1、ε_2 为预先确定的收敛值。

4. 复合形法的特点

1）不需要计算 $f'(\boldsymbol{X})$ 和 $f''(\boldsymbol{X})$，也不需要进行一维优化搜索，对目标函数 $f(\boldsymbol{X})$ 和约束函数 $g_u(\boldsymbol{X})$ 无特殊要求。

2）程序简单、适用性广，为常用方法之一。

3）当设计变量和约束函数多时，迭代效率较低，所以采用本方法时，可按以下规则确定复合形的顶点数：当 $n \leqslant 5$ 时，$k = 2n$；当 $n > 5$ 时，$k = (1.25 \sim 1.5)n$。

[例3-6] 圆柱形螺旋压缩弹簧的优化设计问题。

设计一圆柱形螺旋压缩弹簧，要求其质量最小。弹簧材料为 65Mn，最大工作载荷 $F_{max} = 40$N，最小工作载荷为 0，载荷变化频率 $f = 25$Hz，弹簧寿命为 10^4h，弹簧钢丝直径的取值范围为 $1 \sim 4$mm，中径 D_2 的取值范围为 $10 \sim 30$mm，工作圈数不应小于 4.5 圈，弹簧旋绕比不应小于 4，弹簧一端固定、一端自由，工作温度为 50℃，弹簧变形量不小于 10mm。圆柱形螺旋压缩弹簧如图 3-25 所示。

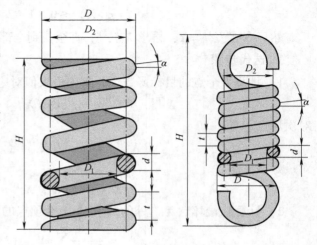

图 3-25 圆柱形螺旋压缩弹簧

在弹簧的优化设计中，为减小计算规模，多数情况下取弹簧钢丝直径 d、中径 D_2 及工作圈数 n 为设计变量。

圆柱形螺旋压缩弹簧的质量可表示为

$$m \approx \frac{\pi^2}{4} \rho (n + n_2) D_2 d^2$$

式中，ρ 为弹簧材料的密度，对于钢材为 7.8×10^{-6} kg/mm³；n_2 为两端支承圈数之和，取 $n_2 = 2$。

下面分析约束函数。

1）疲劳强度条件为

$$n_f - \tau_0 / \tau_{max} \leqslant 0$$

式中，n_f 为设计安全系数，取 $n_f = 1.2$；τ_0 为弹簧钢丝的脉动循环疲劳极限，取 $\tau_0 = 420$MPa；τ_{max} 为弹簧的最大切应力，取 $\tau_{max} = 8KF_{max}D_2 / (\pi d^3)$，其中，$K$ 为弹簧曲度系数，$K = 1.6d^{0.14} D_2^{0.14}$。

2）刚度条件为

$$\lambda_{min} - 8F_{max}D_2^3 n / (Gd^4) \leqslant 0$$

式中，λ_{min} 为弹簧的最小变形量，$\lambda_{min} = 10$mm；G 为切变模量，$G = 8 \times 10^4$MPa。

3）不发生失稳条件为

$$3.7 - H_0/D_2 \leqslant 0$$

式中，H_0 为弹簧的自由高度，$H_0 = (n + n_2 - 0.5)d + 1.1\lambda_{max}$，其中，$\lambda_{max} = 8F_{max}D_2^3 n/(Gd^4)$。

4）不产生共振条件为

$$15f - 0.356 \times 10^6 d/(nD_2^2) \leqslant 0$$

5）旋绕比条件为

$$4 - D_2/d \leqslant 0$$

6）设计变量取值条件为

$$1.0 \leqslant d \leqslant 4.0, \ 4.5 \leqslant n \leqslant 50, \ 10 \leqslant D_2 \leqslant 30$$

代入已知数据并整理后该问题的数学模型为：

设计变量　　$X = (x_1, x_2, x_3)^T = (d, n, D_2)^T$

目标函数　　$f(X) = 0.192457 \times 10^{-4}(x_2 + 2)x_1^2 x_3$

约束函数　　$g_1(X) = 163.0x_1^{-2.86}x_3^{0.86} - 350 \leqslant 0$

$\qquad\qquad g_2(X) = 10.0 - 0.4 \times 10^{-2}x_1^{-4}x_2 x_3^3 \leqslant 0$

$\qquad\qquad g_3(X) = (x_2 + 1.5)x_1 + 0.44 \times 10^{-2}x_1^{-4}x_2 x_3^3 - 3.7x_3 \leqslant 0$

$\qquad\qquad g_4(X) = 375 - 0.356 \times 10^6 x_1^{-4}x_2^{-1}x_3^{-2} \leqslant 0$

$\qquad\qquad g_5(X) = 4.0 - x_1^{-1}x_3 \leqslant 0$

$\qquad\qquad g_6(X) = 1 - x_1 \leqslant 0$

$\qquad\qquad g_7(X) = x_1 - 4 \leqslant 0$

$\qquad\qquad g_8(X) = 4.5 - x_2 \leqslant 0$

$\qquad\qquad g_9(X) = x_2 - 50 \leqslant 0$

$\qquad\qquad g_{10}(X) = 10 - x_3 \leqslant 0$

$\qquad\qquad g_{11}(X) = x_3 - 30 \leqslant 0$

这个问题是一个三维约束优化问题，有 11 个不等约束，目标函数和所有的约束条件是设计变量的非线性函数。因此，它属于非线性约束优化问题，这样的问题不能用极值条件精确求解。这里采用复合形法解此问题，取初始设计参数为 $x_1 = 2$，$x_2 = 5$，$x_3 = 25$，经过优化并对优化结果圆整后，$x_1 = 1.6$，$x_2 = 6.0$，$x_3 = 16.0$，弹簧质量为 6.3g，比初始质量 13.47g 减少 53.23%。

3.6.2 惩罚函数法

1. 概述

惩罚函数法是一种将有约束优化问题转换成无约束优化问题的计算方法，属于间接算法。其基本思想是用原问题的目标函数和约束函数构建一个新的目标函数，也就是在新的目标函数中包含原函数和所有的约束函数，另外再引进一个可变的惩罚因子。当惩罚因子不断变化时，将得到一系列函数，求解每个新的目标函数的极值，直至收敛到原问题的最优点。由于每一次都是在求解无约束优化问题，惩罚函数法也被称作序列无约束极小化技术（Sequential Unconstrained Minimization Technique，缩写为 SUMT）。

实际上，惩罚函数法与传统的拉格朗日乘子法非常相似，为了更好地理解惩罚函数法的原理，先了解一下拉格朗日方法是如何求解的。对于只有等式约束的优化问题，在拉格朗日乘子法中，应先构造拉格朗日函数，然后通过求拉格朗日函数的无约束极值，求得原等式约束优化问题的约束最优解。

具有等式约束的优化问题可表达为

$$\text{使} \quad f(\boldsymbol{X}) \min_{X \in R^N}$$

$$\text{受约束于} \quad h_v(\boldsymbol{X}) = 0 \quad (v = 1 \sim p)$$

首先构造拉格朗日函数

$$L(\boldsymbol{X}, \Lambda) = f(\boldsymbol{X}) - \sum_{v=1}^{p} \lambda_v h_v(\boldsymbol{X})$$

式中，Λ 为拉格朗日乘子，$\Lambda = (\lambda_1, \lambda_2, \cdots, \lambda_p)^T$。此拉格朗日函数使原约束优化问题转换为求 $L(X, \Lambda)$ 的极小值。这里将 p 个待定乘子也作为变量，对 $L(X, \Lambda)$ 求极值并使其等于零，即

$$\frac{\partial L}{\partial x_1} = \frac{\partial L}{\partial x_2} = \cdots = \frac{\partial L}{\partial x_n} = \frac{\partial L}{\partial \lambda_1} = \frac{\partial L}{\partial \lambda_2} = \cdots = \frac{\partial L}{\partial \lambda_P} = 0$$

解这 $(n+p)$ 个方程，则可解得 $(n+p)$ 个值：x_1^*，x_2^*，x_3^*，$\cdots$，x_n^*，λ_1，λ_2，λ_3，$\cdots$，λ_p，其中 X^* 即为原等式约束优化问题的约束最优点。下面举例说明拉格朗日乘子法的应用原理。

[**例 3-7**]　转轴的优化设计。

如图 3-26 所示，设计一中间固定有重块的转轴，轴以角速度 ω 转动。为了使轴稳定转动，要求轴的固有频率高于旋转速度。在这个条件的基础上设计这根轴，使它的质量最小。

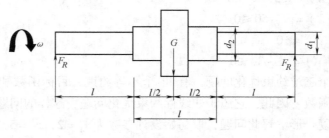

图 3-26　转轴尺寸图

根据要求，设计的目标是在所给的条件下使轴的质量最小，因此目标函数可以描述为

$$m = \rho \frac{\pi}{4} l (2d_1^2 + d_2^2)$$

式中，m 为轴的质量；ρ 为材料的密度。

约束条件为

$$\omega_k = K\omega \tag{3-18}$$

式中，ω_k 是轴的固有频率；K 是大于 1 的系数。

根据振动理论，有

$$\omega_k = \sqrt{\frac{g}{\delta}} \tag{3-19}$$

式中，g 是重力加速度；δ 是轴的变形量，可由式（3-20）求得。

$$\delta = 10.67 \frac{Gl^3}{\pi E}\left[\frac{1}{d_1^4} + \frac{2.38}{d_2^4}\right] \tag{3-20}$$

式中，G 是重块的自重，E 是材料的弹性模量。

将式（3-19）和式（3-20）代入式（3-18）中，得

$$\frac{1}{d_1^4} + \frac{2.38}{d_2^4} - C = 0$$

其中，$C = \dfrac{\pi Eg}{10.67 Gl^3 \omega^2 K^2}$。

如果轴的材料是已知的，由目标函数可以知道影响轴质量的独立变量是 d_1 和 d_2，因此这个优化问题的目标函数可以概述为

求 $\qquad\qquad X = (x_1, x_2)^{\mathrm{T}} = (d_1, d_2)^{\mathrm{T}}$

使 $\qquad\qquad f(X) = 2x_1^2 + x_2^2$ 最小

满足 $\qquad\qquad \dfrac{1}{x_1^4} + \dfrac{2.38}{x_2^4} - C = 0$

为求解这个数学模型，重新构建一个新的目标函数，即拉格朗日函数

$$\phi(x_1, x_2, \lambda) = 2x_1^2 + x_2^2 - \lambda\left(\frac{1}{x_1^4} + \frac{2.38}{x_2^4} - C\right)$$

式中，λ 是拉格朗日乘子。根据极值条件得

$$\begin{cases} \dfrac{\partial \phi}{\partial x_1} = 4x_1 + \dfrac{4\lambda}{x_1^5} = 0 \\[2mm] \dfrac{\partial \phi}{\partial x_2} = 2x_2 + \dfrac{9.52\lambda}{x_2^5} = 0 \\[2mm] \dfrac{\partial \phi}{\partial \lambda} = \dfrac{1}{x_1^4} + \dfrac{2.38}{x_2^4} - C = 0 \end{cases}$$

解上面的方程组可得

$$x_1 = d_1 = \sqrt[4]{\frac{1.835}{C}}$$

$$x_2 = d_2 = 1.296\sqrt[4]{\frac{1.835}{C}}$$

x_1、x_2 就是原问题的解。很显然，上面的拉格朗日乘子法只能求解有等式约束的优化问题。对于一般的优化问题来说，用拉格朗日乘子法还存在许多求解的实际困难，在实际工程中，受到很大限制，因而使用不多。下面介绍的惩罚函数法，不仅可以求解具有等式和不等式约束的问题，而且具有较高的求解效率。根据迭代点所在的区域不同，惩罚函数法又可分为内点法和外点法，以及混合法，本书只介绍内点法和外点法。

2. 内点法

为了更清楚地解释惩罚函数法，下面结合求解一维问题的例题来说明其原理。优化问题的目标函数如下

$$f(x) = \frac{x}{2}$$

约束函数为

$$g(x) = x - 1 \geqslant 0$$

该问题的几何表示如图 3-27 所示，从图中
可以清楚地看出问题的最优解为

$$x^* = 1 \text{ 和 } f(x^*) = \frac{1}{2}$$

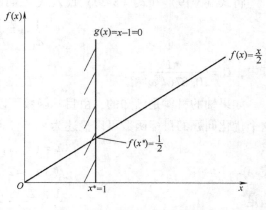

现在采用序列无约束极小化技术解上面
这个优化问题。类似拉格朗日乘子法，首先
构建一个包含原目标函数和约束函数的新目
标函数，即

$$\varPhi(x, r_k) = f(x) + r_k \frac{1}{g(x)} = \frac{x}{2} + r_k \frac{1}{x - 1}$$
$$(3\text{-}21)$$

这个函数称之为惩罚函数，其中 r_k 是任意
的可变惩罚因子，这里它是一个很小的正

图 3-27　一维问题的几何表示

数。如果 r_k 取 r_0，r_1，r_2，r_3，…，且 $r_0 > r_1 > r_2 > r_3 > \cdots$，则从方程式（3-21）中可以得到
一系列的 $\varPhi(x, r_k)$ 的函数曲线，并可通过无约束优化方法找到每条曲线的极值点，例如可
调用变尺度法求解。为简单起见，这里用求解函数极值的方式获得每个系列函数的极值点。

对方程式（3-21）求导有

$$\frac{\mathrm{d}\varPhi(x, r_k)}{\mathrm{d}x} = \frac{1}{2} + \frac{-r_k}{(x - 1)^2} = 0$$

从而得到：$x^* = \sqrt{2r_k} + 1$，$k = 0$，1，2，…，即惩罚因子不同时 $\varPhi$ 函数的极值点，注意这
里平方根只能取正号，负号则不满足约束条件。将其代入惩罚函数后得 $\varPhi(x^*, r_k) = \frac{1}{2} +$

$\sqrt{2r_k}$，代入原目标函数后得 $f(x^*) = \frac{1}{2} + \frac{1}{2}\sqrt{2r_k}$，并取初始惩罚因子 $r_0 = 0.25$，递减系数

$c = \frac{1}{10}$，$r_k = cr_{k-1}$，$k = 1$，2，3，…，将 r_k 数列代入上式，则可求得表 3-1 中的一系列数值。
内点法迭代路径如图 3-28 所示。

表 3-1　内点法迭代各参数值

迭代序号	r_k	x^*	$f(x^*)$	$\varPhi(x^*, r_k)$
0	2.5×10^{-1}	1.7070	0.8535	1.2071
1	2.5×10^{-2}	1.2236	0.6118	0.7236
2	2.5×10^{-3}	1.0707	0.5112	0.5708
3	2.5×10^{-4}	1.0224	0.5035	0.5224
4	2.5×10^{-5}	1.0071	0.5035	0.5070
5	2.5×10^{-6}	1.0022	0.5011	0.5022

由表 3-1 和图 3-28 可以看出，当 r_k 不断递减时，有：

1）$f(x^*)$ 与 $\Phi(x^*, r_k)$ 的值都在下降，且越来越接近。当 $k \to \infty$，$\Phi \approx f \approx 0.5$。

2）当 $x^{(0)}$ 为内点时，迭代过程中 x 始终在可行域内变化，随着 r_k 值的逐渐变小，相应的极值点逐渐接近于原问题的实际值。当变量 x 趋近于约束边界时，相应的函数值会急速增加，反之当 x 远离约束边界时，函数值就会减少。也就是说，函数的曲线就像一堵墙那样阻止优化迭代搜索进入到不可行域中。正因为如此，迭代的初始点和所有的搜索点都在可行域内，因而把这种方法叫作内点法。

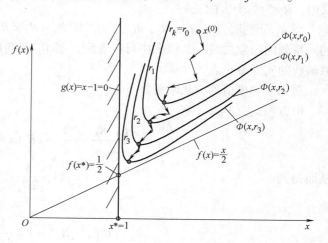

图 3-28　内点法迭代路径

由以上叙述可知，一个有约束的优化问题可以通过构建一系列无约束的新目标函数进行求解，对新的问题可以采取无约束最优化方法得到其极值点。当惩罚因子减少到相当小的值时，极值点逐渐趋近于实际最小点。

综上所述，内点法的迭代步骤为：

1）取初始惩罚因子 $r^{(0)} > 0$ 和一个严格满足所有约束条件的函数 $g_u(\boldsymbol{X}^{(0)}) < 0$，$u = 1 \sim m$ 的初始可行点 $\boldsymbol{X}^{(0)}$。

2）用无约束最优化方法求 $\Phi(\boldsymbol{X}, r_k)$ 的极值点 $\boldsymbol{X}(r_k)$。

3）用检验终止准则检验：如果 $\| \boldsymbol{X}(r_{k-1}) - \boldsymbol{X}(r_k) \| \leqslant \varepsilon$，则 $\boldsymbol{X} = \boldsymbol{X}^*(r_k)$，停止；否则，转入下一步。

4）取 $r_{k+1} = cr_k$，$\boldsymbol{X}^{(0)} = \boldsymbol{X}^*(r_k)$，$k = k + 1$，转向步骤 2）。

内点法的特点为：

1）内点法迭代搜索所选的初始点必须在可行域内。迭代过程中，每一个新目标函数获得的极值点都是可行的，因此即使最后因为某些原因得到的最小点不能使用，也至少能选择一个可以接受的极值点，这对工程最优化问题是有实际意义的。

2）不能用于具有等式约束的数学模型。

3）收敛较慢。

3. 外点法

首先为上述一维优化问题构建另一个新的目标函数 $\Phi(x, R_k)$。

$$\Phi(x, R_k) = \frac{x}{2} + R_k \left[\min(x - 1, 0) \right]^2 \tag{3-22}$$

若约束条件满足，也就是 $x - 1 \geqslant 0$，则方程式（3-22）成为

$$\Phi(x, R_k) = \frac{x}{2}$$

反之，方程式（3-22）变为

$$\Phi(x,R_k) = \frac{x}{2} + R_k(x-1)^2 \tag{3-23}$$

式中，R_k 为一个大的正数。

当 R_k 分别取 R_0，R_1，R_2，R_3，…，且 $R_0 < R_1 < R_2 < R_3 < \cdots$ 时，将获得如图 3-29 所示的一系列的函数曲线。从该图中可以看到，当 R_k 逐渐增加时，对应的函数极值点将接近于原函数的实际最小点。

现用求解极值的方法求解如下：

由方程式（3-22）有

$$\frac{\mathrm{d}\Phi(x,R_k)}{\mathrm{d}x} = \frac{1}{2} + 2R_k(x-1) = 0$$

从而得到

$$x^* = 1 - \frac{1}{2R_k}$$

则

$$\Phi(x^*,R_k) = 1 - \frac{1}{4R_k}$$

表 3-2 为当 R_k 取不同值时对应的 $x^*(R_k)$ 和 $\Phi(x^*, R_k)$ 的值的情况，当 R_k 逐渐增大时，其极值点 $x^*(R_k)$ 离约束最优点 x^* 越来越近，当 $R_k \to \infty$ 时，$x^*(R_k) \to x^* = 1$。

表 3-2　R_k 取不同值时对应的 $x^*(R_k)$ 和 $\Phi(x^*, R_k)$ 的值

R_k	0.25	0.5	1	2	…	∞
$x^*(R_k)$	−1	0	0.5	0.75	…	1
$\Phi(x^*, R_k)$	0	0.5	0.75	0.875	…	1

可见，外点法是通过一系列递增的惩罚因子 $\{R_k(k=0,1,2,\cdots)\}$ 求 Φ 的无约束极值来逼近原约束问题最优解的一种方法。如图 3-29 所示，$x^*(R_k)$ 将从约束可行域外向约束边界运动。随着 R_k 的增大，对非可行域迭代点的函数值惩罚作用也越大，域外等值面变得越加陡峭，无约束最优点将更进一步向约束最优点靠拢。新的目标函数也

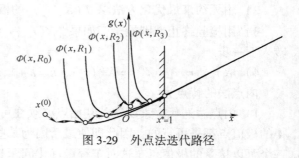

图 3-29　外点法迭代路径

是一种惩罚函数，也就是说当原约束条件不满足时，相应的函数值将随着惩罚因子 R_k 的增加而变得非常大。由于系列函数极小值的逼近路径是从不可行域到原目标函数 $f(x)$ 的极小值点，因此这种方法叫做外点法。

对于既有不等式约束条件又有等式约束条件的最优化问题，外点法也是很适用的。可以取如下惩罚函数形式，即

$$\min\Phi(x,R_k) = \min\left\{f(\boldsymbol{X}) + R_k\sum_{u=1}^{m}\{\max(g_u(\boldsymbol{X}),0)\}^2 + R_k\sum_{v=1}^{p}(h_v(\boldsymbol{X}))^2\right\}$$

外点法的特点为：

1）迭代搜索初始点可以任意选取，无论在域外还是在域内都可以。但每个新目标函数取得的极值点都是不可行的，即使是最后一个极值点，也是不可行的。因此对于外点法来

说，必须要人工调整最后的结果，以符合工程设计要求。

2）一般来说，外点法迭代时间较短，收敛快。

3）可求解具有等式和不等式约束的问题。

4）当问题的最优点不在边界时，无法求解。

4. 讨论

（1）构建惩罚函数 在采用内点法构建"惩罚函数"时，应注意原约束函数表达式 $g_i(\boldsymbol{X})$ 是大于0还是小于0，因为这将决定等式右侧新目标惩罚函数方程的符号。如果 $g_i(\boldsymbol{X})$ 小于零，则惩罚函数项前面应为负号，成为

$$\boldsymbol{\Phi}(x,r_k) = f(x) - r_k \sum_{i=1}^{m} \frac{1}{g_i(\boldsymbol{X})}$$

（2）初始点 $\boldsymbol{X}^{(0)}$ 的选择 在内点法中，要求初始点 $\boldsymbol{X}^{(0)}$ 严格满足所有约束条件， $g_u(\boldsymbol{X}) < 0$ ， $u = 1 \sim m$ ，即 $\boldsymbol{X}^{(0)}$ 也不应为边界上的点，且最好离边界远一些。在机械设计中，对于不是特别复杂的问题，只要肯以增大函数值为代价，这种点还是容易取得的。但约束条件多且复杂时就不太容易了，必须采用一些特殊的方法。

例如，先估计一个初始点 $\boldsymbol{X}^{(0)}$ ，设其已满足 s 个不等式的约束条件，即

$$g_u(\boldsymbol{X}^{(0)}) < 0 \quad (u = 1,2,\cdots,s)$$

求 $g_k(\boldsymbol{X}^{(0)}) = \max\{g_u(\boldsymbol{X}^{(0)}) > 0 (u = s+1, s+2, \cdots, m)\}$

则求 $\boldsymbol{X}$ 使 $g_k(\boldsymbol{X}) \to \min$ （使违反约束最严重的先进入可行域）

且 $g_u(\boldsymbol{X}) \leq 0$ ， $u = 1 \sim s$ （不破坏已满足约束）

$$g_u(\boldsymbol{X}) - g_u(\boldsymbol{X}^{(0)}) \leq 0, u = s+1, s+2, \cdots, m（使 m-s 减小）$$

这样便可以取得 $g_k(\boldsymbol{X}) \leq 0$ 的点，使新的初始点又多满足一个约束条件。重复数次，直到新的初始点全部满足约束条件为止。

（3） r_0 的选择 在内点法中，若 r_0 过小， $\boldsymbol{\Phi}$ 函数在边界附近将会出现狭窄谷地，如图3-30所示。如果迭代点进入边界的谷地，即使采用最稳定的最优化的算法，也会有跑到可行域外的危险。若 r_0 过大，则初始的无约束最优点 $\boldsymbol{X}(r_0)$ 离边界很远，会使效率大大降低。

根据经验，推荐 r_0 在 $1 \sim 50$ 范围内选取。还可采用参考公式

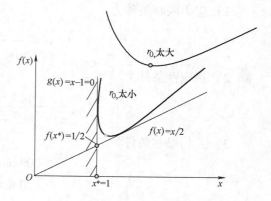

图3-30 r_0 取不同值时的情形

$$r_0 = \left| \frac{f(\boldsymbol{X}^{(0)})}{\sum_{u=1}^{m} \frac{1}{g_u(\boldsymbol{X}^{(0)})}} \right| \quad (3\text{-}24)$$

外点法的初始惩罚因子 R_0 的选择要根据问题的不同进行估算和不断调整，可设

$$R_{0u} = \frac{0.02}{m g_u(\boldsymbol{X}^{(0)}) f(\boldsymbol{X}^{(0)})} \quad (u = 1,2,\cdots,m)$$

（4）递减（增）系数 C 的选择 一般认为 C 不是决定性的因素。因为对于内点法来说，如果 C 值取得小一点，则以较少的循环次数就可获得一定精度的极值点，但每次的选

代次数多。反之，若 C 取得大一些，结果与上述情况相反。外点法也有类似的情形。

对于内点法，经验推荐：$C = 0.1 \sim 0.5$，则循环次数 $5 \sim 10$ 次；对于外点法，则推荐 $C = 5 \sim 10$。

（5）迭代终止准则 对内点法：

1) $$\frac{|\Phi(X, r_k) - \Phi(X, r_{k-1})|}{\Phi(X, r_{k-1})} \leq \varepsilon_2 = 10^{-3} \sim 10^{-4} \tag{3-25}$$

2) $$\| X(r_k) - X(r_{k-1}) \| \leq \varepsilon_1 = 10^{-5} \sim 10^{-7} \tag{3-26}$$

外点法也可参照以上准则。

5. 计算举例

[**例 3-8**] 已知两管铰接支架的顶点上作用有外力 F，如图 3-31 所示。已知：$F = 294300\text{N}$，跨距 $B = 1520\text{mm}$，管子壁厚 $t = 2.5\text{mm}$，材料弹性模量 $E = 2.119 \times 10^5 \text{MPa}$，密度 $\rho = 8.2 \times 10^{-6}\text{ kg/mm}^3$，许用应力 $[\sigma] = 690\text{MPa}$。问题是：管子的长度 l 和平均直径 D 为多少时支架最轻？几何约束条件是：$200\text{mm} \leq H \leq 1200\text{mm}$，$20\text{mm} < D \leq 140\text{mm}$，管子所受的压力不允许超越其许用应力。

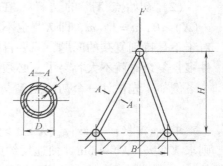

图 3-31 两管支架问题

这个优化问题的数学模型建立如下：

求 $X = (x_1, x_2)^{\mathrm{T}} = (D, l)^{\mathrm{T}}$

使 $f(X) = 2\pi Dtl\rho$ 最小

并服从如下的约束条件：

1) 应力限制条件为

$$\sigma = \frac{pl}{\pi Dt \sqrt{4l^2 - B^2}} \leq [\sigma]$$

2) 稳定性条件为

$$\frac{pl}{\pi Dt \sqrt{4l^2 - B^2}} \leq \frac{\pi^3 Et}{8l^2}(D^2 + t^2)$$

3) 几何参数条件为

$$200\text{mm} \leq H \leq 1200\text{mm}$$

$$20\text{mm} < D \leq 140\text{mm}$$

其中

$$H = \frac{1}{2}\sqrt{4l^2 - B^2}$$

将相关的已知数据代入以上公式中，数学模型可以重新整理如下：

求 $X = (x_1, x_2)^{\mathrm{T}}$

使 $f(X) = 1.279 \times 10^{-3} x_1 x_2$ 最小

条件满足 $g_1(X) = 294300x_2 - 5416.5x_1 \sqrt{4x_2^2 - 2310400} \leq 0$

$g_2(X) = 2943x_2^2 - 20530(x_1^2 + 6.25) \sqrt{4x_2^2 - 2310400} \leq 0$

$g_3(X) = 200 - \sqrt{x_2^2 - 577600} \leq 0$

$$g_4(\boldsymbol{X}) = \sqrt{x_2^2 - 577600} - 1200 \leqslant 0$$

$$g_5(\boldsymbol{X}) = 200 - x_1 \leqslant 0$$

$$g_6(\boldsymbol{X}) = x_1 - 140 \leqslant 0$$

这个数学模型可以用内点法进行求解，若所给初始点、收敛精度和初始惩罚因子分别为 $(80, 500)^{\mathrm{T}}$、10^{-3} 和 5，通过迭代计算得出结果为

$$\boldsymbol{X}^* = (42.2836, 991.9391)^{\mathrm{T}}$$

$$f(x^*) = 53.6448$$

3.7 机械优化设计的几个问题

📓 **本节学习要点**

1. 尺度变换在优化设计中的作用。

2. 各种尺度变换的原理。

3. 约束条件的规格化。

4. 多目标法的求解原理和方法。

5. 离散优化设计问题。

6. 优化设计的一般步骤。

3.7.1 尺度变换

尺度变换指改变各坐标轴的比例，使数学模型的函数性态得到改善，或改变各约束条件数量级的大小差异，以取得约束条件对设计变量敏感性的均衡，从而加快计算的收敛速度，提高计算的稳定性。

1. 设计变量的尺度变换

如果在一个优化问题中各设计变量的量纲不同，数量级相差很大，譬如几倍，十几倍，甚至差几千倍，则函数的形态很差，极小化将会很困难。譬如构件的几何尺寸与其他指标如温度、黏度等相比，数量级就相差较大，所以最好将所有设计变量实行无量纲化，就可使各设计变量的量级一致。

设计变量的尺度变换有以下几种类型：

（1）通用变化形式为

$$y_i = \frac{x_i}{k_i} \quad (i = 1, 2, \cdots, n) \tag{3-27}$$

式中，x_i 为变换前的设计变量；y_i 为变换后的设计变量；k_i 为变换系数。其取法有：

1）可取设计变量的初始值。

2）可取 x_i 的某些典型值，如黏度在 $0.07P$ 左右。

（2）如果 $0 \leqslant x_i \leqslant b_i$，可令 $y_i = \dfrac{x_i}{b_i}$，从而使 y_i 在 $0 \sim 1$ 之间变化。

（3）如果 $a_i \leqslant x_i \leqslant b_i$，可令 $y_i = \dfrac{2x_i - (a_i + b_i)}{b_i - a_i}$，则

$$
\begin{cases}
x_i = a_i, & y_i = \dfrac{2a_i - a_i - b_i}{b_i - a_i} = \dfrac{a_i - b_i}{b_i - a_i} = -1 \\[3mm]
x_i = b_i, & y_i = \dfrac{2b_i - a_i - b_i}{b_i - a_i} = \dfrac{b_i - a_i}{b_i - a_i} = 1
\end{cases}
$$

变换后，y_i 在 $-1 \sim 1$ 之间变化。

2. 目标函数的尺度变换

目标函数的尺度变换的目的是要放大或缩小各个坐标，把目标函数的偏心程度降低到最低限度，从而加快搜索速度。

例如，为改变目标函数，$f = 144x_1^2 + 4x_2^2 - 8x_1x_2$（图 3-32a）的形态。

令
$$
y_1 = \frac{x_1}{12}, \quad y_2 = \frac{x_2}{12}
$$

则变换后新的目标函数（图 3-32b）为

$$
\tilde{f} = y_1^2 + y_2^2 - \frac{1}{3}y_1y_2 = \begin{pmatrix} y_1 \\ y_2 \end{pmatrix}^{\mathrm{T}} \begin{pmatrix} 1 & -\dfrac{1}{6} \\ -\dfrac{1}{6} & 1 \end{pmatrix} \begin{pmatrix} y_1 \\ y_2 \end{pmatrix} = \begin{pmatrix} y_1 - \dfrac{1}{6}y_2 & -\dfrac{1}{6}y_1 + y_2 \end{pmatrix} \begin{pmatrix} y_1 \\ y_2 \end{pmatrix}
$$

$$
= y_1^2 - \frac{1}{6}y_1y_2 - \frac{1}{6}y_1y_2 + y_2^2
$$

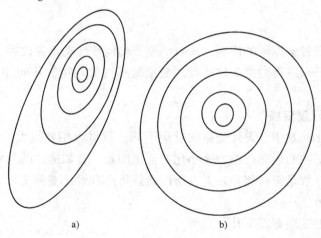

a)　　　　　　　　b)

图 3-32　目标函数的尺度变换

从图 3-32 中可以看出，函数由 f 变换为 $\tilde{f}$ 后，形态有所改善。显然对 $\tilde{f}$ 进行极小化比对 f 极小化要容易。

3. 约束条件的规格化

约束条件规格化的目的是要使所有约束函数的量级一致，从而改善优化迭代过程。

例如有以下约束

$$
g_1(x) = 0.01 - x \leqslant 0
$$

$$g_2(x) = x - 1000 \leqslant 0$$

这两个约束函数的量级相差悬殊，g_1 比 g_2 函数值小许多。当 x 变化时，造成前一个约束敏感性差，后一个敏感性好，结果是敏感性差的约束几乎得不到考虑。优化迭代时，搜索点向敏感性高的边界前进得很快。如此时极小点 x^* 恰恰在敏感性差的约束边界上的话，计算就会误入歧途。这种情形主要是在惩罚函数法中表现尤为突出。由于无约束极值点是通过对违反约束的惩罚来逐渐逼近约束极值点的，因此，函数值大的约束比函数值小的约束受到的惩罚要厉害，所以前者将首先得到满足，而其他约束则几乎得不到考虑。

因此，为使各约束的值在量级上保持一致，要对约束函数进行规格化。譬如使其在 $0 \sim 1$ 之间变化，但注意应保证原约束函数的个数及性质。

当约束条件中有常数项时，可用此常数除该约束条件，则可达到以上目的。

如上例可转化为

$$g_1'(x) = \frac{0.01}{x} \leqslant 0$$

$$g_2'(x) = \frac{x}{1000} - 1 \leqslant 0$$

这时，x 在 $0.01 \sim 1000$ 之间变化，则 g_1、g_2 将在 $0 \sim 1$ 之间变化。类似的约束条件有：$\sigma \leqslant [\sigma]$，$f \leqslant [f]$ 等均可采用这个方法。

[例 3-9] 面积最大化问题的尺度变换。

设有矩形周长 $L = 400$，试选择边长 a，b 使其面积 A 最大，且满足

$$0 \leqslant a \leqslant a_{max}, \quad a_{max} = 150$$

$$0 \leqslant b \leqslant b_{max}, \quad b_{max} = 75$$

设　　$X = (x_1, x_2)^T = (a, b)^T$

则使　$f(X) = -x_1 x_2$ 最小

受约束于　$h_1(X) = L - 2(x_1 + x_2) = 0$

$$g_1(X) = 150 - x_1 \geqslant 0$$

$$g_2(X) = 75 - x_2 \geqslant 0$$

$$g_3(X) = x_1 \geqslant 0$$

$$g_4(X) = x_2 \geqslant 0$$

首先进行设计变量的尺度变换。

令

$$y_1 = \frac{x_1}{a_{max}}, \quad y_2 = \frac{x_2}{b_{max}}$$

新的数学模型为

$$\min f(Y) = -a_{max} b_{max} y_1 y_2$$

$$h'(Y) = 1 - \frac{2}{L}(a_{max} y_1 + b_{max} y_2) = 0$$

$$g_1'(Y) = 1 - y_1 \geqslant 0$$

$$g_2'(Y) = 1 - y_2 \geqslant 0$$

$$g_3'(Y) = y_1 \geqslant 0$$

$$g_4'(Y) = y_2 \geqslant 0$$

解出结果后再代回原问题的 X。

3.7.2　多目标问题

工程中经常遇到有多个目标存在的情况，譬如，一个产品既要求造价最低，又要求自重最轻或效率最高的设计方案。而常常多个目标之间是互相矛盾的，如同时使结构的自重最轻和强度最大，或体积最大和造价最小将是非常困难的。下面介绍典型的多目标问题的常用处理方法。

一般的多目标问题，可表达为如下形式：

$$求 \qquad X \in R^n \tag{3-28}$$

$$\min f_1(\boldsymbol{X})$$

$$\min f_2(\boldsymbol{X})$$

$$\vdots$$

$$\min f_p(\boldsymbol{X})$$

受约束于 $\qquad g_i(\boldsymbol{X}) \leq 0，(i = 1，2，\cdots，m)$

1. 化多目标为单目标法

（1）主要目标法　在 p 个分目标中选出被认为是最主要的 $f_L(\boldsymbol{X})$ 作为主要目标，而将其余 $p-1$ 个分目标作为约束条件考虑，分目标的上下界限可人为估计为

$$\alpha_j \leq f_j(\boldsymbol{X}) \leq \beta_j \quad (j \neq L)$$

转化为 $\qquad \min f_L(\boldsymbol{X})$

受约束于 $\quad g_i(\boldsymbol{X}) \leq 0 \quad (i = 1，2，\cdots，m)$

$$f_j - \beta_j \leq 0$$

$$\alpha_j - f_j \leq 0 \quad (j = 1，2，\cdots，p)(j \neq L)$$

一般来说，具体工程问题中的每个分目标上下界的值，是可以估计出来的。

（2）线性加权和法　分别给各分目标 $f_i(\boldsymbol{X})$ 确定加权因子 ω_i，形成线性加权和的评价函数，即

$$U(\boldsymbol{X}) = \sum_{i=1}^{p} W_i f_i(\boldsymbol{X}) = W_1 f_1 + W_2 f_2 + \cdots + W_p f_p \tag{3-29}$$

从而将原问题转化为

$$\min U(\boldsymbol{X})$$

$$g_i(\boldsymbol{X}) \leq 0 \quad (i = 1,2,\cdots,m)$$

式（3-29）中权因子的作用有两个：

1）平衡各分目标函数量级上的差别。如

$$f_1(\boldsymbol{X}) \text{ 的量级为 } 10$$

$$f_2(\boldsymbol{X}) \text{ 的量级为 } 10^5$$

这时，在优化过程中，f_1 根本得不到优化，这时可以用 W_i 来平衡量级，使各分目标函数值量级尽可能接近。

2）用权因子体现各分目标的重要程度。一般由人工确定权因子值，且 $\sum(W_i) = 1$。如 $W_1 = 0.7$、$W_2 = 0.3$，或 W_i 都等于 1，各个分目标的重要性相等。但在加权之前应对目标函

数实行规格化，使 f_i 在 $0 \sim 1$ 之间变化。可采用类似设计变量规格化的方式，即

假定
$$\alpha_i \leqslant f_i(\boldsymbol{X}) \leqslant \beta_i$$

$$f_i' = \frac{1}{2}\left[\sin\left(a_i - \frac{\pi}{2}\right) + 1\right] \quad (i = 1 \sim p, \quad 0 \leqslant a_i \leqslant \pi, \quad f_i' \rightarrow 0 \sim 1) \qquad (3\text{-}30)$$

f_i 的下限 a_i 对应 0，上限 β_i 对应 π，$a_i = \dfrac{f_i(\boldsymbol{X}) - \alpha_i}{\beta_i - \alpha_i}\pi$

$$W_i = \frac{1}{\left(\dfrac{\alpha_i - \beta_i}{2}\right)^2} \qquad (3\text{-}31)$$

2. 分量排序法

按重要程度对 f_1，f_2，f_3，$\cdots$，f_p 排序，然后对分目标函数逐个进行优化。可以先优化最重要的第一个目标，得

$$f_1^* = \min f_1(\boldsymbol{X})$$
$$g_j(\boldsymbol{X}) \leqslant 0 \quad (j = 1, 2, \cdots, m)$$

再优化第二个目标，这时将第一个目标转化为辅助约束，即

$$f_2^* = \min f_2(\boldsymbol{X})$$
$$g_1'(\boldsymbol{X}) = f_1(\boldsymbol{X}) - f_1^* \leqslant 0$$
$$g_j(\boldsymbol{X}) \leqslant 0 \quad (j = 1, 2, \cdots, m)$$

这样可得 f_2^*，再优化第三个目标，如此优化第 k 个目标时，有

$$f_k^* = \min f_k(\boldsymbol{X})$$
$$g_j(\boldsymbol{X}) \leqslant 0 \quad (j = 1, 2, \cdots, m)$$
$$g_l'(\boldsymbol{X}) = f_l(\boldsymbol{X}) - f_l^*(\boldsymbol{X}) \leqslant 0 \quad (l = 1, 2, \cdots, k-1)$$

直到所有的分目标全都优化完毕。

3.7.3 离散优化设计问题

一般的优化设计方法都是专门用于连续设计变量的，这多半是由于许多连续变量的优化设计方法都借助于经典的数学理论，而且连续量的数学理论有着坚实的基础。然而在工程设计中经常遇到的优化设计问题，恰恰不全是连续设计变量，而是某些或全部设计变量只能选取限定数值的情况。如齿轮的齿数、弹簧的工作圈数、冷凝器管子数目均应取整数值；又如型钢尺寸、齿轮模数等均为离散值；而一般所谓具有连续性质的杆长、距离等，虽然从理论上说是连续量，但是在实际测量中，受测量工具的限制，不可能也不必要取太小的数值；即使用最精密的检测工具，其参数值也是有间隙的值。而随着产品的规范化、标准化，越来越多的设计件必须符合特定的规范和参数标准。如果优化的结果不符合设计规范，则无法在生产中推广应用。目前解决这一问题最常用的方法是先将全部设计变量视为连续变量，用成熟的连续量的优化方法进行优化，取得连续量最优解，然后再圆整到与其最接近的离散点。实践表明，尽管圆整法从概念上讲比较简单，但它有许多缺陷，尤其在多个设计变量都将进行圆整的情况下，有可能使结果变坏，甚至圆整后的解很可能落到约束区域外，成为不可行解。譬如对于工字钢，其截面有 4 个参数 h、b、t、d（图3-33）。优化设计中，若将其分

开作为设计变量，不但设计变量数目增加，而且很难将结果圆整。为此可选截面二次矩 I_i（或面积）作为设计变量。但如何以 I_i 来表达自重呢？可以用曲线拟合的方式，将自重表达为截面二次矩 I_i 的函数，$W_0 = U(I)$，将 I_i 作为设计变量进行优化，获得结果后，再选择合适参数的工字钢。但对于一般的离散问题来讲，目前还没有一个统一的解决办法。

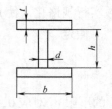

图 3-33 工字钢截面

近十多年来，迫于工程设计的需要，工程师们陆续提出了一些实际上并不是寻求最优解而是力图在合理的时间内找出一个相对好的可行解的"试探性"方法。这些方法虽然不一定有严格的数学背景，但非常具有实用价值。事实上，目前能在复杂的工程设计中实际应用的非线性离散优化方法，基本上都是从事工程优化设计研究的学者们提出的方法。下面列举的则是其中的一部分。

1. 拟离散法

首先假定所有设计变量均为连续量，用一般的优化方法，求得最优解 X^*，然后，在 X^* 附近按某种方式进行探索，来取得较好的离散解。这种方法虽然比圆整方法前进一步，但有它的不足之处。首先，使用这种方法的前提是假设连续最优解距离散最优解相距不远，这就大大限制了它的使用范围；其次，将优化过程分为两步进行，显然大大降低了解题的效率，增加了求解的工作量。

2. 离散变量惩罚函数法

这种算法的思想是将设计变量的离散性看作一种约束条件，从而构造出惩罚函数，将离散问题转化为无约束连续问题求解。此法借用了常规的 SUMT 法，使用起来比较方便，并且已经成功地解决了一些实际问题，是一种可行的算法。但此法有时由于需要计算函数的次数非常之大，以致可能引起程序无法"截断"，导致盲目探索。而且有时不能保证得到真正最优解。另外，离散变量惩罚函数法不但避免不了一般 SUMT 求解一系列无约束最优点收敛慢的特点，而且增广函数容易出现病态，所以对于此法只能谨慎使用。

3. 离散搜索法

此法是在设计空间中，按一定的方向直接搜索离散点。不难想见，这样不仅能增加搜索到离散最优解的可能性，而且由于缩小了搜索范围，可以大大加快求解速度。其中比较典型的是整数梯度法，这类方法目前也已成功地解决了许多结构优化设计问题。但离散搜索法仍具有相当大的局限性，譬如只适合用于全整型设计变量以及离散点分布不过于稀疏等情形。

4. 随机离散搜索法

此类方法中包括随机试验法与改进的随机搜索法。前者是通过计算大量的随机点，从而逐步筛选出最优解；而后者是对随机数进行代数处理，使之成为随机整数，从而保证每次搜索到的点都是离散点。这类方法的特点是：在搜索中随机定点，可以避免函数形态对搜索效果的影响，并且在开始阶段是在全域内取点，比较有可能取到全局最优解。但与连续问题一样，随机试验法需要计算大量随机点的函数，计算量是使用中不得不考虑的问题，而后者则免不了盲目搜索，使计算效率大大降低。

5. 复合形法

这类方法是在连续优化的复合型法基础上，采取一定的措施，使每次构造的复合形顶点在离散点上依据一定的规划进行反射、收缩，逐渐逼近最优点。这类方法的特点是使用简单，容易掌握，但在多维（大于10维）情况下，效率显著降低，因此不适于解决大型优化问题。

除上述几种方法外，还有动态法、线性逼近法等，但这些方法仅适用于特殊类型的问题。如动态规划法仅适用于可分离性函数，线性逼近法则往往要求函数有凸性和可微性等。

3.7.4 机械优化设计的一般步骤

1）分析机械设计问题，建立优化设计数学模型。
2）选择优化方法或合适的商业软件。
3）编写计算机程序或学会使用软件。
4）准备必要的初始数据并上机计算。
5）对最优方案的评价与决策，如不合适，要修改数学模型。
以上过程可用图3-34表示。

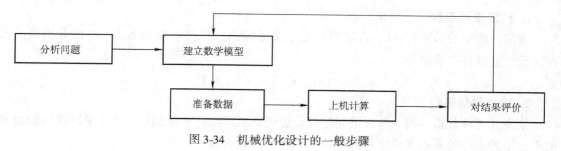

图3-34 机械优化设计的一般步骤

3.8 应用举例

本节学习要点

1. 连杆机构的优化特点和设计步骤。
2. 连杆机构优化设计数学模型的建立过程。
3. 机械结构的优化特点和设计步骤。
4. 机械结构优化设计数学模型的建立过程。

3.8.1 连杆机构的优化设计

连杆机构是机构中最为基本的一类机构，设计中一般采用常规的近似设计方法（运动几何法和解析法）进行设计，该法无论在运动学的精确性方面，还是在动力学的设计指标方面都不能满足要求。采用现代优化设计方法，往往能大大提高设计效果，满足设计要求。采用优化设计方法的一般设计步骤为：
1）明确设计要求，确定原始数据，拟订机构运动简图。

▸▸▸▸▸▸▸▸▸

2）建立正确的数学模型（目标、变量、约束函数）。

3）选用合适的优化方法。

4）拟订初始设计方案。

5）上机计算。

6）对设计结果作图分析，模拟分析。

[**例3-10**] 函数铰链四连杆机构的最优化设计。

要求设计一曲柄摇杆机构（图3-35），各杆的长度
分别为 l_1、l_2、l_3、l_4；主动杆 1 的输入角为 φ，从动杆
3 的输出角为 Ψ。当曲柄由初始位置 φ_0 回转至 $\varphi_0 + 90°$
时，摇杆的输出角应实现如下给定的函数关系，即

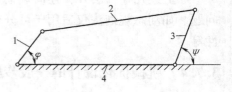

图3-35　铰链四连杆机构

$$\Psi_E = \Psi_0 + \frac{2}{3\pi}(\varphi - \varphi_0)^2$$

式中，初始输出角 $\Psi_0 = \arccos\left[\dfrac{(l_1+l_2)^2 - l_3^2 - l_4^2}{2l_3l_4}\right]$；初始输入角 $\varphi_0 = \arccos\left[\dfrac{(l_1+l_2)^2 - l_4^2 - l_3^2}{2(l_1+l_2)l_4}\right]$。

1. 确定设计变量

通常，曲柄的长度 $l_1 = 1$，机架的长度 l_4 为给定值，其他参数均为 l_1、l_4 的导出量。因
而，设计变量可以确定为

$$X = (x_1,\ x_2)^{\mathrm{T}} = (l_2,\ l_3)^{\mathrm{T}}$$

2. 建立目标函数

从设计要求分析，对于这样的问题只能近似地实现给定的运动规律，这里以机构输出角
的平方偏差最小的原则来建立目标函数。其函数表达式为

$$f(X) = \sum_{i=0}^{S} (\Psi_i - \Psi_{si})^2$$

式中，Ψ_i 为期望输出角，按给定运动规律计算。

$$\Psi_i = \Psi_0 + \frac{2}{3\pi}(\varphi_i - \varphi_0)^2$$

$$\varphi_i = \varphi_0 + \frac{\pi}{2}\frac{1}{s}i \quad (i = 1, 2, \cdots, s)$$

其中，Ψ_{si} 为机构的实际输出角，由下式计算

$$\Psi_{si} = \begin{cases} \pi - \alpha_i - \beta_i & 0 < \varphi_i < \pi \\ \pi - \alpha_i + \beta_i & \pi < \varphi_i < 2\pi \end{cases}$$

式中

$$\alpha_i = \arccos\left(\frac{r_i^2 + r_2^2 - r_1^2}{2r_ir_2}\right)$$

$$\beta_i = \arccos\left(\frac{r_i^2 + 24}{10r_i}\right)$$

$$\gamma_i = \sqrt{l_1^2 + l_4^2 + 2l_1l_4\cos\varphi_i} = \sqrt{26 - 10\cos\varphi_i}$$

以上式中，s 是等分数，这里取 $s = 30$；i 是对应曲柄从 φ_0 转至 $\varphi_0 + 0.5\pi$ 角度内各等分点的

◂◂◂

标号，将曲柄转过的90°范围分成30等分，则分类标号，$i = 0$，1，2，…，直至$i = 30$，共31个等分点。

将以上各式代入$f(\boldsymbol{X})$构成目标函数的数学表达式。对应于每个机构设计方案，即可计算出输出角的平方偏差值$f(\boldsymbol{X})$。

3. 确定约束函数

1）保证四连杆机构满足曲柄存在的条件（曲柄应是最短杆，曲柄与最长杆之和小于其他两杆之和），即

$$l_1 \leqslant l_2$$
$$l_1 \leqslant l_3$$
$$l_1 + l_4 \leqslant l_2 + l_3$$
$$l_1 + l_2 \leqslant l_3 + l_4$$

2）传动角约束。本问题允许传动角在$45° < \gamma < 135°$范围内变化。曲柄与机架共线时，最大传动角$\gamma < 135°$；最小传动角$\gamma > 45°$。可以计算出

$$\gamma_{\max} = \arccos\left(\frac{x_2^2 + x_3^2 - 36}{2x_2 x_3}\right)$$
$$\gamma_{\min} = \arccos\left(\frac{x_2^2 + x_3^2 - 16}{2x_2 x_3}\right)$$

所以

$$l_2^2 + l_3^2 - 1.4142 l_2 l_3 - 16 \leqslant 0$$
$$-l_2^2 - l_3^2 - 1.4142 l_2 l_3 + 36 \leqslant 0$$

若令$l_4 = 5$，整理后数学模型可以写成如下形式：

$$求 \quad \boldsymbol{X} = (x_1, x_2)^{\mathrm{T}} = (l_2, l_3)^{\mathrm{T}}$$
$$使 \quad f(\boldsymbol{X}) = \sum_{i=0}^{S} (\boldsymbol{\Psi}_i - \boldsymbol{\Psi}_{si})^2 \text{ 最小}$$

满足以下条件
$$g_1(\boldsymbol{X}) = x_1 - 1 \geqslant 0$$
$$g_2(\boldsymbol{X}) = x_2 - 1 \geqslant 0$$
$$g_3(\boldsymbol{X}) = x_1 + x_2 - 6 \geqslant 0$$
$$g_4(\boldsymbol{X}) = x_2 - x_1 + 4 \geqslant 0$$
$$g_5(\boldsymbol{X}) = -x_1^2 - x_2^2 + 1.4142 x_1 x_2 + 16 \geqslant 0$$
$$g_6(\boldsymbol{X}) = x_1^2 + x_2^2 + 1.4142 x_1 x_2 - 36 \geqslant 0$$

3.8.2 机械结构优化设计

结构的优化设计是机械设计中经常遇到的一大类问题，这类问题往往将目标函数设定为自重最轻或体积最小，而将结构的几何尺寸作为设计变量，约束函数大多为性能要求，譬如强度、刚度、稳定性、频率、可靠度等要求。如果结构复杂，不易计算出结构的响应，还应该采用有限元分析与优化方法联合迭代求解的形式获得最优解，如可采用商业软件 ANSYS 来进行结构优化。如果结构比较规则，采用常规力学方式能够求得性能参数，或手头没有合适的结构优化软件，这时，就可采用一般的力学计算公式建立较为准确或近似的数学模型，

>>>>>>>>

然后采用优化程序求解。下面介绍的计算实例就是采用常规力学方式建立的优化设计数学模型。

[**例3-11**]　电动桥式起重机箱形主梁优化设计。

图3-36和图3-37所示分别为桥式起重机（实物图见图3-2）箱形主梁受力示意图和横截面图，有

G_x——小车自重；

Q——起重量；

G_1——运行机构自重；

G_2——驾驶室和电气设备自重；

L——主梁跨度；

L_1——G_1距大车车轮中心的距离；

L_2——G_2距大车车轮中心的距离；

L_3——Q距大车车轮中心的距离。

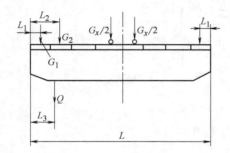

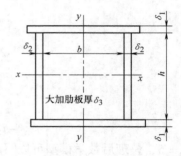

图3-36　桥式起重机箱形主梁受力示意图　　　　图3-37　桥式起重机箱形主梁横截面图

1. 确定设计变量

由于假设主梁的截面面积沿梁的长度方向保持不变，因而，只要优化其截面面积，就等于优化梁的自重，所以，这里取梁截面的所有几何参数作为设计变量。

$$X = \begin{pmatrix} x_1 \\ x_2 \\ x_3 \\ x_4 \\ x_5 \end{pmatrix} = \begin{pmatrix} h \\ b \\ \delta_1 \\ \delta_2 \\ \delta_3 \end{pmatrix}$$

2. 设定目标函数

目标函数为：$f(X)$ = 主梁截面面积。

3. 确定约束函数

（1）正应力约束

$$\sigma = \frac{M_V}{S_{xx}} + \frac{M_H}{S_{yy}} \leqslant [\sigma]$$

式中，M_V 为主梁承受的最大铅垂弯矩；M_H 为主梁承受的最大水平弯矩，由水平惯性力 F_g

和 W_g 引起；F_g 为大车移动、满载小车引起的惯性力；W_g 为大车移动、由主梁单位长度均布自重之和 W 引起。

$$M_V = (M_w + M_g)K_{II} + M_p$$

式中，M_w 由 W 引起；M_g 由 G_1 和 G_2 引起；G_1 为大车运行机构自重；G_2 为驾驶室和电气设备自重；M_p 由移动载荷 Q 和 G_x 引起；Q 为起重量；G_x 为小车自重；K_{II} 为固定载荷冲击修正系数（动力加载）。

$$g_1(X) = \frac{\dfrac{M_V}{S_{xx}} + \dfrac{M_H}{S_{yy}} - [\sigma]}{[\sigma]} \leqslant 0$$

式中，S_{xx}、S_{yy} 分别为 $x\text{-}x$ 和 $y\text{-}y$ 轴梁截面抗弯模量；$[\sigma]$ 为许用应力。

（2）切应力约束　当小车移动到主梁的两端支承处，大车又在起动和制动时，支承处的最大切应力为

$$\tau = \tau_1 + \tau_2 + \tau_3 \leqslant [\tau]$$

式中，τ_1 为由主梁支承处切力引起的切应力；τ_2 为由走台导线和运行机构对主梁产生的偏心转矩引起的切应力；τ_3 为由小车引起的水平惯性力；$[\tau]$ 为许用切应力。

$$g_2(X) = \frac{(\tau_1 + \tau_2 + \tau_3) - [\tau]}{[\tau]} \leqslant 0$$

（3）铅垂静刚度约束条件　当满载小车位于桥梁跨中时，主梁所产生的最大静挠度不应超过一定的许用值，即

$$f_V = \left[\frac{(G_x + Q)L^3}{96EI_{xx}}\right]\beta \leqslant [f]_V$$

式中，β 为考虑轮压分布的系数，其值为 $\beta = 1 - \dfrac{3B_x^2}{2L}$，近似可取 $\beta = 1$，B_x 为小车车轮轴距；I_{xx} 为主梁截面对 $x\text{-}x$ 轴线截面二次矩；$[f]_V$ 为许用铅垂静挠度，一般取 $L/700$，重要取 $L/1000$。

$$g_3(X) = \frac{f_V - [f]_V}{[f]_V} \leqslant 0$$

（4）水平静刚度约束条件　大车起动、制动的惯性力引起的水平挠度发生在跨中，即

$$f_H \leqslant [f]_H$$

$$f_H = \frac{F_gL^3}{48EI_{yy}}\left(1 - \frac{3L}{4r}\right) + \frac{W_gL^4}{384EI_{yy}}\left(5 - \frac{4L}{r}\right)$$

式中，E 为材料弹性模量；I_{yy} 为主梁截面对 $y\text{-}y$ 轴线截面二次矩；r 为桥架综合尺寸参数；$[f]_H$ 为许用水平挠度，一般取 $L/2000$。

$$g_4(X) = \frac{f_H - [f]_H}{[f]_H} \leqslant 0$$

（5）动刚度约束条件　小车卸载，沿铅垂方向衰减振动，为保证稳定性，衰减振动周期不能超过允许值，即

$$T = 2\pi\sqrt{\frac{M}{K}} \leqslant [T]$$

>>>>>>>>>

式中，$[T]$ 为允许自振周期，$[T]=0.3\mathrm{s}$；K 为桥架铅垂方向的刚度，$K=\dfrac{G_x+Q}{f_V}=\dfrac{96EI_{xx}}{L^3}$；

M 为桥架和小车的当量质量，$M=\dfrac{1}{g}(0.5WL+G_x)$，$g$ 为重力加速度。

$$g_5(\boldsymbol{X})=\frac{2\pi(M/K)^{\frac{1}{2}}-[T]}{[T]}\leqslant 0$$

（6）腹板的高厚比值约束条件

$$\frac{h}{\delta_2}\leqslant m_1$$

$$g_6(\boldsymbol{X})=\frac{(h/\delta_2)-m_1}{m_1}\leqslant 0$$

式中，m_1 为高厚比允许值。

（7）盖板的宽厚比值约束条件（局部稳定性）

$$\frac{b}{\delta_1}\leqslant m_2$$

$$g_7(\boldsymbol{X})=\frac{(b/\delta_1)-m_2}{m_2}\leqslant 0$$

式中，m_2 为宽厚比允许值。

（8）主梁的跨高比值和跨宽比值约束条件（整体稳定性）

$$\frac{L}{h+2\delta_1}\leqslant m_3$$

近似

$$\frac{L}{h}\leqslant m_3$$

$$\frac{L}{b+2\delta_2}\leqslant m_4$$

近似

$$\frac{L}{b}\leqslant m_4$$

$$g_8(\boldsymbol{X})=\frac{(L/h)-m_3}{m_3}\leqslant 0$$

$$g_9(\boldsymbol{X})=\frac{(L/b)-m_4}{m_4}\leqslant 0$$

式中，m_3、m_4 为跨高与跨宽比允许值。

（9）横向大加肋板的厚度约束条件

$$\sigma_c=\frac{F_c}{(b_2+2\delta_1)K\delta_3}\leqslant[\sigma]_c$$

式中，$[\sigma]_c$ 为许用承压应力；F_c 为考虑修正系数 K_{II} 和 Ψ_{II} 时，由起重量 Q 和小车自重 G_x 引起的计算论压，其值的计算公式为：$F_c=(K_{\mathrm{II}}G_x+\Psi_{\mathrm{II}}Q)$，$\Psi_{\mathrm{II}}$ 为移动载荷动力修正系数（惯性载荷）；b_2 为小车轨道的底宽。

$$g_{10}(\boldsymbol{X})=\frac{\{F_c/[(b_2+2\delta_1)K\delta_3]\}-[\sigma]_c}{[\sigma]_c}\leqslant 0$$

式中，K 为系数。

（10）变量的边界条件

$$h > h_{min}$$
$$b > b_{min}$$
$$\delta_{1min} \leqslant \delta_1 \leqslant \delta_{1max}$$
$$\delta_{2min} \leqslant \delta_2 \leqslant \delta_{2max}$$
$$\delta_{3min} \leqslant \delta_3 \leqslant \delta_{3max}$$

一个原跨度 10.5m 的起重机，优化后质量由 1933.999kg 下降到 1516.804kg，下降 21.57%。

3.9 ANSYS 优化设计介绍

本节学习要点

1. ANSYS 软件中优化设计的功能。
2. ANSYS 与一般书籍中优化数学模型名称的对应关系。
3. ANSYS 优化设计的步骤。
4. 一般结构优化问题的求解步骤。
5. 非结构优化设计问题求解步骤。

ANSYS 软件中的优化设计功能主要是针对结构的，即解决结构优化设计问题。如前面几节所述，无论采用何种优化方法，优化过程中均有相当数量的迭代，每一次迭代，都要对更新后的结构进行重分析，对分析结果进行比较。特别是当采用有导数的优化方法，且采用差分法计算导数时，分析的次数更是成倍增长。为了保证优化迭代的有效性，结构分析的精确度是非常重要的。对于复杂的结构情况来说，采用有限元分析是目前最好的选择。因此，采用 ANSYS 进行结构优化设计，其过程中的结构分析部分，无论是出现在目标函数还是约束函数部分，均可调用 ANSYS 中的有限元分析功能来完成，这也是采用 ANSYS 软件进行结构优化的最大优势。但是，对于不需要进行有限元分析的简单的结构优化，或其他优化设计问题，ANSYS 中也提供了执行优化的途径。因此，本节对两种情况均做简要的介绍。

1. 基本概念

在 ANSYS 中，目标函数的定义与一般的优化设计是相同的。例如使结构的自重最轻、结构的强度最大、结构内部的应力最小、频率最小等。但需要注意的是，在 ANSYS 中的最优化指的是极小化。因此，如果所要解决的问题需要最大化时，要转换为极小化的形式。

设计变量的定义与一般的优化设计是相同的，例如结构的几何尺寸如高度、宽度等，结构上开孔的数量等。但是，对于所有的设计变量，一般都应设定其上下边界。

与前面几节提到的约束条件不同的是，在 ANSYS 中将结构性能参数称为状态变量，如最大应力、最大变形、第一阶频率、最高温度等。状态变量的上下界限制与设计变量的上下界限制一起构成了优化设计的约束条件。

由于在优化过程中，目标函数、状态变量和设计变量在每一次迭代分析后，都要进行修正，并将当前值提供给优化运算模块。因此，目标函数、状态变量和设计变量实际上都是变化的量。

2. 步骤

ANSYS 的结构优化过程可以分为以下两个阶段：

（1）生成分析文件（相当于分析子程序）　生成分析文件时，可以用纯文本编辑器（如写字板或记事本）编写所有的数值输入和结构所需的有限元分析的操作过程，语句要符合 ANSYS 中的语法规定。也可通过交互的方式，先完成结构初始值的有限元分析，再以 ANSYS 生成的 LOG 文件为基础，删除多余的命令形成优化迭代所需要的分析文件。

（2）进入优化设计阶段　本阶段主要是为优化指定分析文件，告诉软件哪些参数是目标函数，哪些是状态变量，哪些是设计变量；选择优化方法；进行优化分析。

下面以一个例子来说明结构优化的求解是如何在 ANSYS 中完成的。

[**例 3-12**]　梁截面优化。

一个截面为矩形的钢梁上垂直作用有两个 1000N 的集中载荷，作用点分别在梁中点处的顶面和侧面的中点，梁的一端为铰支，另一端为滑动支撑。梁的受力情况及截面尺寸如图 3-38 所示。要求设计这个梁的截面尺寸，使其自重最轻，但最大应力不能超过 200MPa，弹性模量 $E = 200000\,\text{MPa}$。

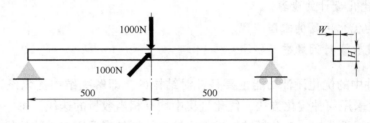

图 3-38　梁受力情况与截面尺寸图

根据问题所给条件和要求分析，在这个优化设计中，显然梁截面的高和宽应设定为设计变量，梁的体积为目标函数，而梁的最大应力应为状态变量。

第 1 阶段，通过交互方式形成分析文件

第 1 步：初始化设计变量参数。

在 ANSYS 输入窗口输入下列语句：

$W = 20$

$H = 30$

即对梁矩形截面的宽和高赋初始值。

第 2 步：定义单元类型。

本问题是三维弹性梁的静力分析，因此，选择 ANSYS 中的 BEAM4 梁单元，该单元每个节点有 6 个自由度，分别是 3 个移动自由度和 3 个转动自由度。

第 3 步：定义单元几何属性。

对于选择的 BEAM4 类型的单元，在实常数输入中，应该输入其所需的几何参数，即面积 $= W \times H$，截面二次矩 $J_{zz} = W \times H \times H \times H/12$，$J_{yy} = H \times W \times W \times W/12$，沿 y 和 z 方向的厚度分别为 W 和 H。

第 4 步：定义材料属性。

在材料模式中，输入材料的弹性模量数值，$E = 200000$。注意，所有的参数值的单位要统一。

第 5 步：建立有限元模型。

由于该问题中结构非常简单，可直接定义节点和单元来生成有限元模型。如可定义为 3 个节点、2 个单元。

第 6 步：施加位移约束和载荷。

根据梁的支撑条件，可将左端点的 x、y、z 方向施加位移约束；将右端点的 y 和 z 方向施加位移约束；在梁的中间节点的顶面和侧面两个方向分别施加 1000N 的集中力。

第 7 步：求解。

第 8 步：提取信息。

这一步是非常关键的，因为在后面的优化中，要用到每次分析特定的结果。本问题中，已经将最大应力作为状态变量，梁的体积作为目标函数，所以，应该将这两个参数提取出来作为变量使用。待每次结构分析完成后，这两个变量的值均作为当前结构的最大应力和当前体积，提供给优化迭代使用。

在 ANSYS 输入窗口，输入：

ETABLE, EVOL, VOLU	提取单元体积
SSUM	求所有单元体积之和
*GET, VSUM, SSUM, , ITEM, EVOL	令 VSUM 代表总体积，并赋值
ETABLE, STRESS, NMISC, 1	获取单元应力
ESORT, ETAB, STRESS, 0, 0	排序
*GET, STR, SORT, , MAX	令 STR 为最大应力，并赋值

第 2 阶段，优化设计

第 1 步：建立命令流文件。

在应用菜单中选择 Utility Menu/File/Write DB Log File... 命令，将数据库中保存的命令流写入特定的文件中，生成命令流文件，文件名可以自定。如果打开这个文件，应该出现以下的命令流：

```
/PREP7
w = 20
h = 30
ET, 1, BEAM4
R, 1, w*h, w*h*h*h/12, h*w*w*w/12, w, h, ,
UIMP, 1, EX, , , 200000
N, 1, 0, 0, 0
N, 2, 500, 0, 0
N, 3, 1000, 0, 0
E, 1, 2
E, 2, 3
```

>>>>>>>>>>

```
/SOLU
D, 1, UX, 0
D, 1, UY, 0
D, 1, UZ, 0
D, 3, UY, 0
D, 3, UZ, 0
F, 2, FY, -1000
F, 2, FZ, 1000
SOLVE
/POST1
ETABLE, EVOL, VOLU
SSUM
*GET, VSUM, SSUM, , ITEM, EVOL
ETABLE, STRESS, NMISC, 1
ESORT, ETAB, STRESS, 0, 0
*GET, STR, SORT,, MAX
FINISH
```

第2步：指定分析文件。

在主菜单中选择 Design Opt/Analysis File/Assign，指定上一步保存的文件名作为本问题的结构分析命令流文件。如果不执行第1阶段的步骤，而是直接编辑好分析文件，存于硬盘目录中，则必须在进入可靠性分析指定分析文件前，先在应用菜单栏的 "File" 下拉菜单中选择 "Read Input From" 项，将分析文件读入到 ANSYS 中。

第3步：定义设计变量（DV）。

选择 Design Opt/Design Variables... 命令。

在设计变量窗口选择 W 和 H 作为设计变量，并设定上下界限值，这里最大值是必需的，而且要求必须大于0。如果不指定，最小值为默认值：$0.001 * MAX$。公差（TOLER）是在收敛过程中两次循环间 DV 可接受的改变量，默认值 $= 0.01 * DV$ 当前值。

第4步：定义状态变量（SV）。

选择 Design Opt/State variables... 命令。

在状态变量窗口选择 STR 作为状态变量，对最大应力进行设计约束，SV 可以是单边的，也可以是双边的。只有 MAX 或 MIN，或 MAX 和 MIN 都有均可。TOLER 是可行域的允差，默认值为 $0.01 \times MAX$ 或 MIN 或 $0.01 \times (MAX - MIN)$。

第5步：定义目标函数（OBJ）。

选择 Design Opt/Objective... 命令，选择 VSUM 作为目标函数。

这里注意，ANSYS 中定义的最优化为极小化。

第6步：选择优化方法。

选择 Design Opt/Method/Tool... 命令。

ANSYS 中提供两种优化方法：0 阶方法（SUB-PROBLEM）和 1 阶方法（FIRST OR-

DER）。

如选择 1 阶方法后，定义优化选项，如最大迭代次数，设定为 40 次。

第 7 步：保存优化数据库。

选择 Design Opt/OPT Database/Save... 命令。

选择一个非默认的文件名，如 beam. opt。

第 8 步：启动优化过程。

选择 Design Opt/Run... 命令。

核对前面的设定，然后开始优化。

第 9 步：查看结果。

列出设计参数值：选择 Design Opt/Design Sets/List... 命令，列出所有迭代记录，可以找到最优值为：设计变量 Width = 24.5mm，Height = 24.8mm，目标函数 Volume = 608453mm^3，状态变量 Stress = 199.9MPa。

创建图形：选择 Design Opt/Graphs/Tables... 命令，设定 x 轴为迭代次数，y 轴为 W 和 H，可以画出曲线图，如图 3-39 所示。

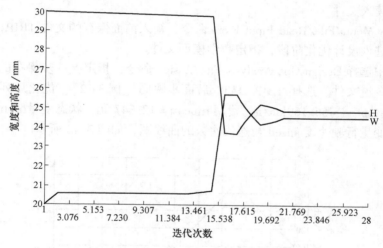

图 3-39 设计变量与迭代次数的关系图

3. 一般优化问题求解

对于一般的优化设计问题，求解过程与上面的步骤相似。所不同的是在第 1 阶段要人工编辑分析文件。可以用纯文本编辑器（如写字板或记事本）编写所有的数值输入和问题的数学模型，语句同样要符合 ANSYS 中的语法规定。与上例所不同的是，由于不需要进行有限元分析，分析过程仅由这些人工编辑的语句执行。

下面以一个例子来说明一般的优化问题是如何在 ANSYS 中完成的。

［例 3-13］ 旅行费用最小化。

假定旅行者的时间价值为 10 元/h，每升汽油所能行驶的距离与速度的平方成反比（50000/速度的平方），汽油费为 3.66 元/L，求在 50km 的旅程中最优的驾车旅行速度，使旅行者的旅行费用最小。该旅行限定在 1h 的时间内。

按照一般的优化步骤，先建立数学模型。

设计变量：行驶速度，SPEED（初始值可设为100km/h）

状态变量：旅行时间，TRIPTIME = 50/SPEED

目标函数：旅行费用，COST = (TRIPTIME × 10) + (50/MP) × 3.66

每升汽油行驶的距离：MP = 50000/SPEED^2

下面说明求解这个问题的过程。

第1步：建立数学模型文件。

可用 NOTEPAD 编辑，文件名为 *. DAT，如 TRIP. DAT，语法应符合 ANSYS 规定。内容包括：设计变量的初始值、状态变量的计算公式、目标函数的计算公式和存入特定的目录。

如：

speed = 100

triptime = 50/speed

mp = 50000/speed * * 2

tripcost = (triptime * 10) + (50/mp) * 3.66

第2步：读入文件。

选择 Utility Menu/File/Read Input From 命令，输入前面保存的文件 TRIP. DAT。

第3步：进入设计优化阶段，指定数学模型文件。

在主菜单中选择 Design Opt/Analysis File/Assign 命令，指定上一步保存的文件名作为本问题的分析命令流文件。选择 TRIP. DAT，后面步骤同［例3-12］。优化后列出优化迭代数据，最优值为：speed = 55.169km/h，费用 tripcost = 12.347 元，状态变量triptime = 0.906h。

画出设计变量行驶速度 speed 与迭代次数的曲线图，如图3-40所示。

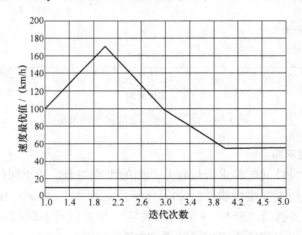

图 3-40　设计变量行驶速度与迭代次数的曲线图

思 考 题

3-1　论述优化设计的主要目的，并比较传统设计与优化设计。

3-2　写出优化设计数学模型的一般形式。

3-3 叙述一维搜索的概念、步骤和主要的一维搜索方法。

3-4 叙述无约束优化设计的主要方法。

3-5 叙述约束优化设计的主要方法。

3-6 试说明 ANSYS 中的状态变量是如何定义的。

3-7 说明采用 ANSYS 进行结构优化设计的步骤。

习 题

3-1 设计一容积为 V 的平底、无盖圆柱形容器，要求消耗原材料最少，试建立其优化设计的数学模型，并指出属于哪一类优化问题。

3-2 设计一大型卡尺的截面尺寸（图 3-41），要求自重挠度不超过 0.05mm，使其自重最轻，建立优化设计数学模型。

3-3 设计一个二级展开式渐开线标准直齿圆柱齿轮减速器，已知总传动比 $i_\alpha = 20$，高速级齿轮模数 $m_{1,2} = 2.5$mm，低速级齿轮模数 $m_{3,4} = 3$mm，要求减速器高速轴与低速轴间中心距 a 最小，试建立其优化设计的数学模型，并指出属于哪一类优化问题。

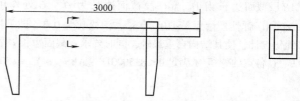

图 3-41 卡尺截面尺寸图

3-4 试画出下列约束条件下 $X = (X_1, X_2)^T$ 的可行域：

（1） $g_1(X) = X_1^2 + (X_2 - 1)^2 - 1 \leqslant 0$

$g_2(X) = (X_1 - 1)^2 + X_2^2 - 1 \leqslant 0$

$g_3(X) = X_1 + X_2 - 1 \leqslant 0$

（2） $g_1(X) = 2X_1 + 6 - 1 \leqslant 0$

$g_2(X) = -X_1 \leqslant 0$ $g_3(X) - X_2 \leqslant 0$

$g_4(X) = X_1^2 + X_2^2 - 16 \leqslant 0$

3-5 试将优化问题

$$使 \quad f(X) = X_1^2 + X_2^2 - 4X_2 + 4 \text{ 最小}$$

$$受约束于 \quad g_1(X) = X_1^2 - X_1 + 1 \leqslant 0$$

$$g_2(X) = X_1 - 3 \leqslant 0$$

$$g_3(X) = -X_2 \leqslant 0$$

的目标函数等值线和约束边界曲线勾画出来，并回答下列问题：①$X^{(1)} = (1, 1)^T$ 是否为可行点；②$X^{(2)} = \left[\dfrac{5}{2}, \dfrac{1}{2}\right]$ 是否为可行点；③可行域是否为凸集，并用阴影线描绘出可行域的范围。

3-6 试求函数 $f(X) = 100(X_2^2 - X_1^2)^2 + (1 - X_1)^2$ 的无约束极值点和在 $X^{(0)} = (-1, 1)^T$ 点的负梯度方向，并画出函数的等值线和点 $X^{(0)}$ 处的负梯度方向。

3-7 用 0.618 法求一元函数 $f(X) = X^2 - 10X + 36$ 的极小点，初始搜索区间 $[a, b]^T = [-10, 10]^T$，试给出经两次迭代后的新区间。

3-8 用梯度法对函数 $f(X) = x_1^2 + 2x_2^2$ 作三次迭代，初始点 $x^{(0)} = (4, 4)^T$，并验证相邻两次迭代的搜索方向是互相垂直的。

3-9 用梯度法求 $f(X) = 2x_1^2 + 2x_2^2 + 2x_3^2$ 的最优解，初始点 $x^{(0)} = (1, 1, 1)^T$，迭代精度 $\varepsilon = 0.05$。

3-10 已知汽车行驶速度 x（单位为 km/min）与每公里耗油量间的函数关系为 $f(x) = x + \dfrac{20}{x}$。试用

0.618 法求速度 x 在 0.2~1km/min 范围内的最经济速度 x^*，给定 $\varepsilon = 0.1$。

3-11 已知目标函数 $f(\boldsymbol{X}) = \dfrac{3}{2}x_1^2 + \dfrac{1}{2}x_2^2 - x_1 x_2 - 2x_1$，求点 $x = (2, 2)^{\mathrm{T}}$ 沿方向 $s^{(k)} = (4, 2)^{\mathrm{T}}$ 的最优步长因子 α^*。

3-12 已知不等式约束优化问题

$$\text{使} \quad f(\boldsymbol{X}) = x_1 + x_2 \text{ 最小}$$
$$\text{受约束于} \quad g_1(\boldsymbol{X}) = x_1^2 - x_2^2 \leqslant 0$$
$$g_2(\boldsymbol{X}) = -x_1 \leqslant 0$$

试写出求解该问题的内点惩罚函数和外点惩罚函数，并分别给出内点法和外点法的初始迭代点。

3-13 已知框架结构（图 3-42），$AB = 2.5\text{m}$，$BC = 2\text{m}$，框架截面为正方形，AB 段截面边长为 D_1，BC 段截面边长为 D_2。C 处作用有垂直向下的集中力 1500N。弹性模量为 $3 \times 10^9 \text{ N/m}^2$，泊松比为 0.3。试采用 ANSYS 对该结构进行优化设计，使其结构自重最轻，同时要求：截面边长 D 在 0.05~0.5m 之间，A、B、C 各点的弯矩 M 满足 $0 \leqslant 825000D^3 - \text{ABS}(M) \leqslant 1500$。

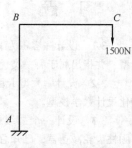

图 3-42 框架结构

第4章 可靠性工程

本章学习目标和要点 ▶

通过学习本章内容，读者应掌握可靠性工程的基本概念和基本理论，初步掌握零件机械强度的可靠性、机械和电子系统的可靠性及故障分析、疲劳强度可靠性设计方法。学习要点是：可靠性的概念及产品失效率的计算；针对不同系统的可靠性预测方法及计算。

4.1 概述

可靠性理论对于工程来说是一门新的学科，在第二次世界大战前还不被人们所认知。可靠性工程的发现应归功于电子真空管，第二次世界大战时，美国在远东军事基地，军事飞机60%的子系统不能正常地工作，经过检查其结果是由于电子管的失效所造成的。这一结果使科学家们很困惑，因为这些真空管在出厂时都是合格产品。源于此事件，科学家们推论在真空管内必定存在一种超出当时制造技术和监测能力的特性，如果认识和发现了这种特性，这些不正常故障就不会再发生。后来正式定义这种特性为产品的可靠性。从此，可靠性成为在产品的设计、制造和检测中的重要项目，且发挥了很好的作用。现在可靠性工程发展迅速并且获得了广泛的应用。

但是，什么是产品的可靠性呢？科学家们已经做出了定义：可靠性是在特定环境下，在规定的时间内，产品或系统无故障地完成其设计要求及功能的可能性。如今，可靠性是评价一个产品质量的重要指标，并成为一门独立的学科。它分为两个子学科：①相关的基础理论，例如统计学理论、产品的失效物理学、设计技术、数据处理技术和基础试验等；②与可靠性相关的应用技术，如现场数据的收集和分析、产品的故障分析、可靠性评估和认证，还有相应的规格和标准等。可靠性设计是一门非常综合的工程技术，包含有概率论和数理统计，失效物理学和机械学。机械可靠性设计的主要特征就是把所有的设计变量如材料强度、载荷、应力等作为随机变量来考虑，它们在常规的设计中经常被作为常量。因此通过将数理统计应用于常规的设计中，机械设计就变得更加精准和科学。若在产品的设计中没有应用可靠性设计，即使特别注重产品的制造加工以及使用，产品的寿命也很难达到预期的时间。

一般的机械和电子产品的可靠性设计过程如下：

1. 方案论证阶段

在这个阶段确定产品的可靠性指标，评估和分析相应的成本。

2. 调查和批准阶段

在这个阶段，估计可靠性和相应的测试要求。

3. 设计和研究阶段

在这个阶段，预计和分配产品的可靠性，分析产品的失效模型，开始结构设计。

4. 制造和测试阶段

在这个阶段，根据相关的规范规定产品的寿命测试，分析产品的失效原因并反馈到设计部门。

5. 使用阶段

在这个阶段，收集产品的可靠性信息，并根据这些信息对产品进行修改或重新设计。

对于可靠性工程，相关的统计数据是基础，常通过长时间的调查、研究，广泛地收集和深入地测试获取。对于某个系统工程，在可靠性设计中常要涉及两项工作。一项是产品的可靠性预计；另一项是产品的可靠性分配。前者是预计产品的可靠性是多少；而后者是将预计的可靠性指标分配给所有组成产品的部件。

4.2　可靠性工程的基础理论

本节学习要点

1. 可靠度和故障率的基本概念。
2. 产品失效模型类型及平均寿命计算公式。

以前，可靠性被认为是一种想象和定性的东西，例如，非常可靠、可靠、不那么可靠或不可靠。现在，可靠性的概念已经有明确清晰的科学定义。即可靠性是在规定的使用条件下，规定的时间内，元器件、产品或系统在不会失效的情况下完成设计功能的能力。在这个定义中，包含了数学方法，如概率、设计功能、特定环境、特殊条件下的有效周期，所有这些都使可靠性应用于实际工程中。

当一个产品不能完成其功能时，我们说产品失效。产品的失效率是评判可靠性的一种途径。为了保证产品的功能或在失效后恢复它，有时需要进行产品维修，产品的维修可能性也叫产品的可维护性。

下面是一些可靠性工程中常用的概念，它们从不同的方面描述产品的可靠性特征，其具体的含义将在后面进行讨论。

1）可靠度。

2）故障率。

3）平均寿命。

4）使用寿命。

5）可维护性。

4.2.1　可靠度和故障率

为了定量地描述产品的可靠度，把 N 作为寿命测试的部件数，$R(t)$ 和 $Q(t)$ 分别是可靠度和故障率。当时间超过 t 时，有 $N_{Q(t)}$ 个产品失效和有 $N_{R(t)}$ 个产品正常工作，则产品的可靠度和故障率可被定义为

$$R(t) = \frac{N_{R(t)}}{N} \tag{4-1}$$

$$Q(t) = \frac{N_{Q(t)}}{N} \tag{4-2}$$

因 $N_{R(t)} + N_{Q(t)} = N$ ，有

$$R(t) + Q(t) = 1 \tag{4-3a}$$

或　　　　$R(t) = 1 - Q(t)$　　　(4-3b)

从上面的方程中，可看出产品的可靠度与时间有关。这样，根据不同时段内产品的故障数可绘制出图形，如图 4-1 所示。

在图 4-1 中横坐标表示时间，纵坐标表示某一段时间内出现故障的产品数，图形表示产品的故障概率的分布情况。若该图中的时间段越来越小，纵坐标值形成一条连续的曲线叫失效概率密度函数，这里用 $f(t)$ 表

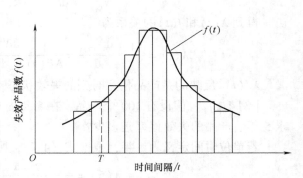

图　4-1　不同时间失效产品数

示。它定义为 t 时间附近单位时间内失效的产品数与产品总数之比，即

$$f(t) = \frac{1}{N}\frac{\mathrm{d}N_{Q(t)}}{\mathrm{d}t} \tag{4-4a}$$

$$f(t) = \frac{\mathrm{d}}{\mathrm{d}t}\left[\frac{N_{Q(t)}}{N}\right] = \frac{\mathrm{d}}{\mathrm{d}t}Q(t) \tag{4-4b}$$

其包含

$$Q(t) = \int_0^t f(t)\,\mathrm{d}t \tag{4-5}$$

将式（4-5）代入式（4-3b），得

$$R(t) = 1 - Q(t) = 1 - \int_0^t f(t) = \int_t^\infty f(t)\,\mathrm{d}t \tag{4-6}$$

如果间隔时间足够小，图 4-1 中函数曲线将变为图 4-2，AA 线左边的区域和右边的区域分别与 $Q(t)$ 和 $R(t)$ 的值相对应。

从上面的讨论中可知：$N_{Q(t)} = NQ(t)$，$N_{R(t)} = NR(t)$。

若图 4-2 中纵坐标随 N（所有的被测试零部件）增加而增加，$Q(t)$ 的区域代表出现故障的零部件数 $N_{Q(t)}$，阴影部分代表没有失效的零部件数 $N_{R(t)}$，而曲线 $f(t)$ 代表 $\mathrm{d}Q(t)$ 与 $\mathrm{d}t$ 的比。

从上面的讨论中可知，在 t 时刻的产品可靠度或失效概率可以根据故障概率密

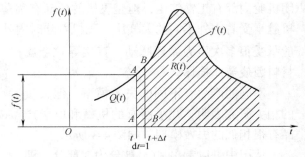

图 4-2　产品失效概率密度函数

度函数 $f(t)$ 进行预计，但仍有一问题，就是如何知道当前正常工作而在下一个单位时间 Δt 内失效产品的概率呢？为了回答这个问题，引进与产品的可靠度有关的另一个重要概念，称

之为产品的失效率，用 $\lambda(t)$ 即

$$\lambda(t) = \frac{\text{从 } t \text{ 到}(t+\Delta t)\text{内每单位时间失效的产品数}}{\text{在 } t \text{ 时刻正常工作的产品数}} = \frac{1}{N_{R(t)}}\frac{\mathrm{d}N_{Q(t)}}{\mathrm{d}t} \tag{4-7}$$

比较式（4-4a）和式（4-7），可以看出 $\lambda(t)$ 和 $f(t)$ 有一不同处：方程右侧的分母不相同。

因 $$\lambda(t) = \frac{1}{N_{R(t)}}\frac{\mathrm{d}N_{Q(t)}}{\mathrm{d}t} = \frac{1}{NR(t)}\frac{\mathrm{d}N_{Q(t)}}{\mathrm{d}t}, \quad N_{R(t)} = NR(t)$$

得到 $\lambda(t)$ 和 $f(t)$ 的关系为

$$\lambda(t) = \frac{1}{N_{R(t)}}\frac{\mathrm{d}N_{Q(t)}}{\mathrm{d}t} = \frac{1}{NR(t)}\frac{\mathrm{d}N_{Q(t)}}{\mathrm{d}t} = \frac{1}{R(t)}\left[\frac{1}{N}\frac{\mathrm{d}N_{Q(t)}}{\mathrm{d}t}\right] = \frac{f(t)}{R(t)} \tag{4-8}$$

$\lambda(t)$ 反映的是产品任意时刻的失效状态，对可靠性工程有非常实际的意义。

[**例4-1**]　假设有 100 个产品，在 5 年内有 4 个产品失效，在 6 年中有 7 个产品失效，求 5 年后产品的失效概率是多少？

若单位时间定义为 1 年，根据式（4-7），则有

$$\lambda(5) = \frac{7-4}{(100-4)\times 1 \text{ 年}} = 0.03125/\text{年}$$

若单位时间定义为 1000h，则有

$$\Delta t = 1 \text{ 年} = 8.76\times 10^3 \text{h}$$

$$\lambda(5) = \frac{7-4}{(100-4)\times 8.76\times 10^3 \text{h}} = 3.6\times 10^{-6}/\text{h}$$

4.2.2　产品失效模型

在机械和电子产品的可靠性工程中，所有的产品都有失效的可能性，研究表明产品的失效率会遵循一些需要花很高的费用却很难发现的特定规律。例如，在 1952 年，英国彗星号引擎飞机投入使用，但从那时起到 1954 年，共发生 4 次坠机事件，且超过 80% 的乘客死于事故。令人惊奇的是在对损坏的飞机检查时发现飞机的结构材料没有任何缺陷。然而，当发生第 5 次空中爆炸时，专家们发现飞机毁坏的形式和第 4 次很相似。经过一系列的调查和模拟测试，最终发现了原因，即因为材料的疲劳导致了事故的发生。当飞机在高空飞行时，封闭机舱内部有正常气压，但是飞机的外部有稀薄的大气，也就是说，当飞机在高空飞行时，机舱承受着内外不同的大气压，飞机着陆时内外大气压是平衡的。经过多次的飞行之后，机舱承受很多次压力循环脉动，直接导致金属材料因疲劳而损坏。

不同的产品有不同的失效模型，但大量的相关研究表明，几乎所有的机械和电子产品有很相似的失效模型，如图 4-3 所示。

从图中可以看出 $\lambda(t)$ 被分为 3 部分，即早期失效期、正常工作期和功能失效期。在早期失效期时，产品有较高的失效率，但是下降得很快；在正常工作期时，故障率很低

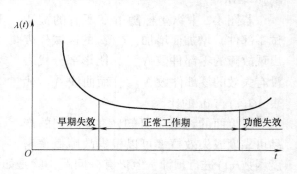

图 4-3　机电产品典型失效模型曲线

且与时间变化的关系很小；在功能失效期时，由于寿命或疲劳的原因不能发挥其作用，故障率上升得很快。

故障率曲线的 3 部分反映产品的 3 类失效模型，这些都有助于人们研究产品可靠性的性质。下面讨论与以上 3 部分相对应的 3 类失效模型的故障概率分布。

1. 指数分布

如果产品的失效率 $\lambda(t)$ 是常数，如图 4-3 的中间部分，即

$$\lambda(t) = \lambda$$

可求得在 t 时刻产品的可靠度为

$$R(t) = \mathrm{e}^{-\int_0^t \lambda(t)\,\mathrm{d}t} = \mathrm{e}^{-\lambda \int_0^t \mathrm{d}t} = \mathrm{e}^{-\lambda t} \tag{4-9}$$

$$f(t) = \lambda(t)R(t) = \lambda R(t) = \lambda R(t) = \lambda \mathrm{e}^{-\lambda t} \tag{4-10}$$

一般来说，产品的随机故障率为常数时，则产品的故障模型服从指数分布，这已经被大量的事实所证明。

尽管故障概率分布可以使用随机变量的统计学规律进行描述，但是不能够反映某些重要的特性。为此，一般用两个特征值——期望 μ 和标准差 σ 来反映一些分布特性。对于指数分布，两个特征值是 $\mu = \dfrac{1}{\lambda}$ 和 $\sigma^2 = \left(\dfrac{1}{\lambda}\right)^2$。

2. 正态分布

正态分布现象在实际的生活中是非常普通的。例如产品的性能参数，如零部件的应变、应力或零件的寿命通常服从正态分布的特征，因而多在数理统计中使用，其概率密度函数为

$$f(t) = \frac{1}{\sigma\sqrt{2\pi}}\mathrm{e}^{-\frac{1}{2}\left(\frac{t-\mu}{\sigma}\right)^2} \tag{4-11}$$

其中，μ 和 σ 分别是随机变量 t 的均值和标准差，则有

$$\mu = \int_{-\infty}^{\infty} tf(t)\,\mathrm{d}t$$

$$\sigma = \left[\int_{-\infty}^{\infty}(t-\mu)^2 f(t)\,\mathrm{d}t\right]^{\frac{1}{2}}$$

众所周知，μ 和 σ 是正态分布的两个关键参数，μ 决定集中的趋势或曲线对称轴的分布位置，而 σ 决定曲线的形状和分布的离散度，如图 4-4 所示。

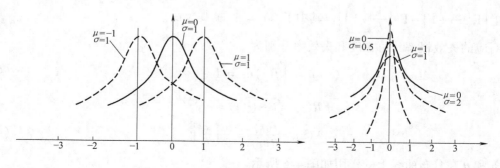

图 4-4 μ 和 σ 对正态分布曲线形状的作用

当 $\mu = 0$、$\sigma = 1$ 时，则分布是标准正态分布，相应的曲线如图 4-5 所示。

对正态分布，失效概率可以表达为

$$Q(t) = \int_{-\infty}^{t} \frac{1}{\sigma \sqrt{2\pi}} e^{-\frac{1}{2}(\frac{t-\mu}{\sigma})^2} dt \quad (4\text{-}12)$$

因 $Q(t) + R(t) = 1$，所以

$$R(t) = 1 - Q(t) = \int_{t}^{\infty} \frac{1}{\sigma \sqrt{2\pi}} e^{-\frac{1}{2}(\frac{t-\mu}{\sigma})^2} dt$$

$$(4\text{-}13)$$

故障率是

$$\lambda(t) = \frac{f(t)}{R(t)} = \frac{e^{-\frac{1}{2}(\frac{t-\mu}{\sigma})^2}}{\int_{t}^{\infty} e^{-\frac{1}{2}(\frac{t-\mu}{\sigma})^2} dt} \quad (4\text{-}14)$$

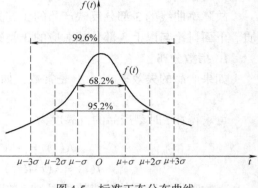

图 4-5　标准正态分布曲线

若在上面的方程中使 $\frac{t-\mu}{\sigma} = z$，则分布就

会变为标准正态分布，其中 z 为相应的随机变量或标准变量。

3. 威布尔（Weibull）**分布**

威布尔分布最早是一个叫威布尔的瑞士人在研究钢球寿命时提出来的。如今威布尔分布已经被广泛应用于工程实际中。一般来说，零部件的疲劳寿命和强度可用威布尔分布描述，前面提到的正态分布和指数分布是威布尔分布的特殊形式。

对威布尔分布失效概率密度函数是

$$f(t) = \frac{b}{\theta} \left(\frac{t-\gamma}{\theta} \right)^{b-1} e^{-(\frac{t-\gamma}{\theta})^b} \quad (4\text{-}15)$$

其中，b、θ、γ 分别是曲线的形状参数、尺度参数和位置参数，而上面的方程也称三参数的产品故障概率密度函数。三个参数中 γ 影响函数曲线的起始点位置，若 $\gamma = 0$，则函数曲线从坐标系的原点开始；若 $\gamma < 0$，则函数曲线的起始点位置在 y 轴的左侧，反之亦然。

因产品失效概率密度函数的形状，使 $\gamma = 0$，则方程（4-15）变为

$$f(t) = \frac{b}{\theta} \left(\frac{t}{\theta} \right)^{b-1} e^{-(\frac{t}{\theta})^b} \quad (4\text{-}16)$$

上式称为两参数威布尔分布的产品故障概率密度函数，均值 $\mu = \theta\Gamma\left[\frac{1}{b} + 1\right]$ 和均方差

$\sigma^2 = \theta^2 \left[\Gamma\left(\frac{2}{b} + 1\right) - \Gamma^2\left(\frac{1}{b} + 1\right) \right]$。其中 $\Gamma(s) = \int_{0}^{\infty} x^{s-1} e^{-x} dx$。

对应的失效概率、可靠度和失效率分别为

$$Q(t) = \int_{0}^{t} f(t) dt = 1 - e^{-(\frac{t}{\theta})^b} \quad (4\text{-}17)$$

$$R(t) = 1 - Q(t) = e^{-(\frac{t}{\theta})^b} \quad (4\text{-}18)$$

$$\lambda(t) = \frac{f(t)}{R(t)} = \frac{b}{\theta} \left[\frac{t}{\theta} \right]^{b-1} \quad (4\text{-}19)$$

参数 b 和 θ 在分布曲线上的作用如图 4-6 所示。

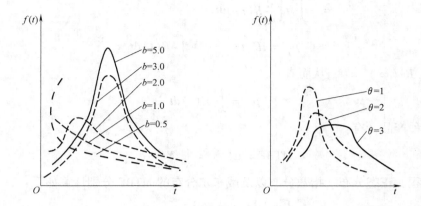

图 4-6 参数 b 和 θ 对失效概率曲线的影响

参数 b 和 θ 也对产品的故障率 $\lambda(t)$ 有较大的影响，如图 4-7 所示（$\theta=1$），从图中可以看出：当 $b<1$ 时，曲线的形状和早期故障部分很相似；当 $b=1$ 时，曲线的形状和图 4-3 的中间部分很相似；当 $b>1$ 时 $\lambda(t)$ 曲线的形状图 4-3 中的最后一部分相似。

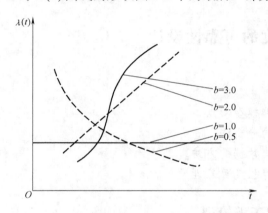

图 4-7 参数 b 对故障率 $\lambda(t)$ 曲线的影响

正是由于上面的特性，威布尔分布被广泛地应用在这些经验分布中。

4.2.3 产品的平均寿命

产品的平均寿命即故障间隔时间 MTBF（Mean time between failure），是另一个评判产品可靠性的非常有用的定量指标。换句话说，产品的平均寿命即产品无故障的工作时间。

在概率学中，随机变量 t 的平均值定义为

$$\mu_t = \int_0^\infty tf(t)\,\mathrm{d}t \tag{4-20}$$

将 $f(t) = \dfrac{\mathrm{d}}{\mathrm{d}t}Q(t)$ 代入方程，得到

$$\mu_t = \int_0^\infty t\left[\frac{\mathrm{d}}{\mathrm{d}t}Q(t)\right]\mathrm{d}t = \int_0^\infty \left\{\frac{\mathrm{d}}{\mathrm{d}t}[1-R(t)]\right\}\mathrm{d}t$$

$$= -\int_0^\infty t\left[\frac{\mathrm{d}}{\mathrm{d}t}R(t)\right]\mathrm{d}t$$

或

$$\mu_t = tR(t)\Big|_{t=0}^{t=\infty} + \int_0^\infty R(t)\mathrm{d}t$$

当 $t\rightarrow\infty$ 时，$R(\infty)=0$，从而有

$$\mu_t = \int_0^\infty R(t)\mathrm{d}t \tag{4-21}$$

显然对于一种产品，有

$$\mathrm{MTBF} = \mu(t) = \int_0^\infty R(t)\mathrm{d}t \tag{4-22}$$

根据这个方程，正态分布、指数分布以及威布尔分布的 MTBF 分别计算如下：

正态分布：
$$\mathrm{MTBF} = \mu_t = \int_0^\infty \int_0^\infty \frac{1}{\sigma\sqrt{2\pi}}\mathrm{e}^{-\frac{1}{2}\left(\frac{t-\mu}{\sigma}\right)^2}\mathrm{d}t\mathrm{d}t \tag{4-23}$$

指数分布：
$$\mathrm{MTBF} = \mu_t = \int_0^\infty R(t)\mathrm{d}t = \int_0^\infty \mathrm{e}^{-\lambda t}\mathrm{d}t = \frac{1}{\lambda} \tag{4-24}$$

威布尔分布：
$$\mathrm{MTBF} = \mu_t = \int_0^\infty R(t)\mathrm{d}t = \int_0^\infty tf(t)\mathrm{d}t = \theta\Gamma\left(\frac{1}{b}+1\right) \tag{4-25}$$

4.3 零件机械强度的可靠性设计

本节学习要点

1. 应力和强度的干涉模型特点。
2. 进行可靠性预计的分析法。
3. 可靠性工程中搜集数据的方法。
4. 受拉零件和梁的静强度可靠性设计。

4.3.1 应力和强度的干涉模型

对于机械产品，导致产品失效的一些物理载荷如应力、压力、冲击等统称为应力，为与标准差符号区别，本章用 S 表示应力；阻止失效发生的力称为强度，用 δ 表示。设应力和强度的概率密度函数分别是 $f(S)$ 和 $g(\delta)$，两条曲线有一部分相交，如图4-8所示。

从图4-8中可以看出阴影部分是导致产品失效的区域，即应力和强度的干涉区域，从图中可知：

1）即使在设计安全系数大于1的情况下，仍然存在产品失效的可能性。

2）若材料的强度和工作应力的分布变得越来越离散，干涉区域将会不断地加大且产

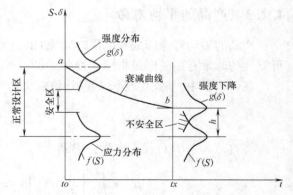

图4-8　应力和强度的动态变化

品的可靠性就会下降。

3）若材料的力学性能足够好，工作应力也相对稳定，干涉区域就会减少，产品的可靠性就增加。

应力和强度的干涉模型反映了基于概率论科学的设计本质，即任何设计都存在失效概率或者说产品的可靠性都小于1。然而，这一点在一般的常规设计中反映不出来。因为在常规设计中，只要人为给定一个安全系数，产品就被认为不会发生失效。可靠性设计能反映事实，所以得到了快速的发展和广泛的应用。

4.3.2 用分析法进行可靠性预计

由上面的讨论中可知，产品的可靠度主要依据应力和强度的干涉程度。若已知产品应力和强度的概率可靠性分布，就可根据干涉模型获得产品的可靠度。若产品的应力小于强度，故障就不会发生，反之亦然。因此，产品的可靠度就是应力小于强度的可能性，即

$$R = P(S < \delta) = P\big[(\delta - S) > 0\big] \tag{4-26}$$

其中，S 和 δ 分别表示应力和强度。

由于相同的原因，产品的失效概率就是应力大于强度的可能性，即

$$F = P(S > \delta) = P\big[(\delta - S) < 0\big] \tag{4-27}$$

为了根据 $f(S)$ 和 $g(\delta)$ 评估产品的可靠度，放大图4-8中 $f(S)$ 和 $g(\delta)$ 的部分干涉区域，如图4-9所示。

假设在 x 轴上 S_1 处有一小单元 $\mathrm{d}S$，S_1 落在 $\left[S_1 - \dfrac{\mathrm{d}S}{2}, S_1 + \dfrac{\mathrm{d}S}{2}\right]$ 的概率等于 A_1 的面积值，即

$$P\left\{\left[S_1 - \frac{\mathrm{d}S}{2}\right] \leqslant S \leqslant \left[S_1 + \frac{\mathrm{d}S}{2}\right]\right\} = f(S_1)\mathrm{d}S = A_1 \tag{4-28}$$

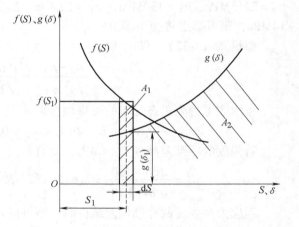

图4-9 应力和强度的相互干扰

强度 δ 大于应力 S_1 的概率是

$$P(\delta > S_1) = \int_{S_1}^{\infty} g(\delta)\mathrm{d}\delta = A_2 \tag{4-29}$$

由于两个随机变量 S 和 δ 是相互独立的，所以 S_1 落在区间 $\left[S_1 - \dfrac{\mathrm{d}S}{2}, S_1 + \dfrac{\mathrm{d}S}{2}\right]$ 和强度 δ 大于应力 S_1 的概率是

$$\mathrm{d}R = f(S_1)\mathrm{d}S\int_{S_1}^{\infty} g(\delta)\mathrm{d}\delta$$

上述方程 S_1 是随机量，对任意应力，产品的可靠度和失效率为

$$R = P(\delta > S) = \int_{-\infty}^{\infty} f(S)\left[\int_{S_1}^{\infty} g(\delta)\mathrm{d}\delta\right]\mathrm{d}S$$

$$F = P(\delta \leqslant S) = \int_{-\infty}^{\infty} f(S)\left[\int_{S}^{\infty} g(\delta)\mathrm{d}\delta\right]\mathrm{d}S \tag{4-30}$$

从上面的讨论中，可以总结为：如分别已知应力和强度的概率密度函数，就可预计出产品的可靠度和失效概率。例如，若应力和强度服从正态分布，概率密度函数可分别表示为

$$f(S) = \frac{1}{\sigma_S \sqrt{2\pi}} e^{-\frac{(S-\mu_S)^2}{2\sigma_S^2}}$$

$$g(\delta) = \frac{1}{\sigma_\delta \sqrt{2\pi}} e^{-\frac{(\delta-\mu_S)^2}{2\sigma_S^2}}$$

式中，μ_S、μ_δ 和 σ_S、σ_δ 分别为应力 S 和强度 δ 的平均值和标准差。

产品的可靠度经推导有如下关系：

$$R = \frac{1}{\sqrt{2\pi}} \int_{-\infty}^{R} e^{-\frac{Z^2}{2}} dZ = \Phi(Z_R) \tag{4-31}$$

式中，Z_R 为一个可靠度指标，可通过下式获得。

$$Z_R = \frac{\mu_\delta - \mu_S}{\sqrt{\sigma_\delta^2 + \sigma_S^2}} \tag{4-32}$$

[例 4-2]　零件的强度 δ 和应力 S 服从正态分布，均值和标准差分别是：$\mu_\delta = 180\text{MPa}$，$\sigma_\delta = 22.5\text{MPa}$，$\mu_S = 130\text{MPa}$，$\sigma_S = 13\text{MPa}$，试预计零件的可靠度。若强度的标准差减少到 14MPa，则可靠度将变为多少？

根据式（4-32），有

$$Z_R = \frac{\mu_\delta - \mu_S}{\sqrt{\sigma_\delta^2 + \sigma_S^2}} = \frac{180 - 130}{\sqrt{22.5^2 + 13^2}} = 1.924$$

查附表 1 得到正态分布的可靠度指标：

$$R = \Phi(1.924) = 0.9726 = 97.26\%$$

若强度的标准差减少为 14MPa，则有

$$Z_R = \frac{180 - 130}{\sqrt{14^2 + 13^2}} = 2.618 \quad \text{和} \quad R = \Phi(2.618) = 0.9956 = 99.56\%$$

当应力和强度的标准偏差减少时，零件的可靠度就会增加，这个特性在常规的安全系数法中无法反映出来。

4.3.3　可靠性工程中搜集数据的方法

在机械可靠性设计中，所有的设计变量，如载荷、材料参数、几何尺寸等都被认为是随机变量，这些是可靠性工程设计的基础。一般来说变量越精确，方案就会越可靠，但是如何获取数据对于可靠性工程来说是一个重要问题。目前用来收集数据的方法主要有：

1. 产品实物的测量和检测

这是一种获取精确数据的方法，但是成本昂贵且会耗费大量的时间。

2. 仿真测试

通过这种途径获取的数据不如通过第一种方法获得的精确，但是比较经济。

3. 标准样本的特殊检测

通过这种途径获取的数据，不能反映产品的真实情况，但是它们很接近。

4. 从相关的手册中查取

这种途径相对简单、花费少，但是获取的数据经常不准确。

4.3.4 受拉零件的静强度可靠性设计

在机械设计中受拉零件较多。作用在零件上的拉伸载荷 $P(\overline{P}, \sigma_P)$、零件的计算截面积 $A(\overline{A}, \sigma_A)$、零件材料的抗拉强度 $\delta(\overline{\delta}, \sigma_\delta)$ 均为随机变量，且一般呈正态分布。若载荷的波动很小，则可按静强度问题处理，失效模式为拉断，其静强度可靠性设计步骤如下：

1）选定可靠度 R。

2）计算零件发生强度破坏的概率 F：$F = 1 - R$。

3）由 F 值查附表 1 取 z 值后，得 $z_R = -z$。

4）确定零件强度的分布参数 μ_δ、σ_δ。在进行正态函数分布的代数运算时，可按相关公式计算，见表 4-1。

5）列出应力 S 的表达式。

6）计算工作应力。

由于截面积尺寸 A 是要求的未知量，因此工作应力可表达为 A 的函数。

7）将应力、强度、z_R 均代入联结方程，得

$$z_R = \frac{\mu_\delta - \mu_S}{\sqrt{\sigma_\delta^2 + \sigma_S^2}}$$

求得截面积参数的均值。

表 4-1 独立随机变量的代数运算公式

代数函数	均值 μ_z	标准差 σ_z
$z = a$	a	0
$z = ax$	$a\mu_x$	$a\sigma_x$
$z = x + a$	$\mu_x + a$	σ_x
$z = x \pm y$	$\mu_x \pm \mu_y$	$\sqrt{\sigma_x^2 + \sigma_y^2}$
$z = xy$	$\mu_x\mu_y$	$\approx \sqrt{\mu_x^2\sigma_y^2 + \mu_y^2\sigma_x^2}$
$z = x/y$	μ_x/μ_y	$\approx \sqrt{\mu_y^2\sigma_x^2 + \mu_x^2\sigma_y^2/\mu_y^2}$
$z = x^2$	$\mu_x^2 + \sigma_x^2 \approx \mu_x^2$	$\sqrt{4\mu_x^2\sigma_x^2 + 2\sigma_x^4} \approx 2\mu_x\sigma_x$
$z = x^3$	$\mu_x^3 + 3\mu_x\sigma_x^2 \approx \mu_x^3$	$3\mu_x^2\sigma_x$
$z = 1/x$	$1/\mu_x$	$\approx \sigma_x/\mu_x^2$

[例 4-3] 设计一拉杆，承受拉力 $P \sim N(\mu_P, \sigma_P^2)$，其中 $\mu_P = 40000\text{N}$，$\sigma_P = 1200\text{N}$，取 45 钢为制造材料，求拉杆的截面尺寸。

设拉杆取圆截面，其半径为 r，求 μ_r，σ_r。查表知 45 钢的抗拉强度数据为 $\mu_\delta = 667\text{MPa}$，$\sigma_\delta = 25.3\text{MPa}$，服从正态分布。

解题步骤如下：

1）选定可靠度为 $R = 0.999$。

2）计算零件发生强度破坏的概率。

$$F = 1 - R = 1 - 0.999 = 0.001$$

>>>>>>>>>

3）查附表 1，得 $z_R = -z = 3.09$。

4）查得强度的分布参数为

$$\mu_\delta = 667\text{MPa}, \quad \sigma_\delta = 25.3\text{MPa}$$

5）列出应力表达式为

$$S = \frac{P}{A} = \frac{P}{\pi r^2}$$

$$\mu_A = \pi\mu_r^2, \quad \sigma_A = 2\pi\mu_r\sigma_r$$

取拉杆圆截面半径的公差为 $\pm\Delta_r = \pm0.015\mu_r$，则可求得

$$\sigma_r = \frac{\Delta_r}{3} = \frac{0.015}{3}\mu_r = 0.005\mu_r$$

$$\sigma_A = 2\pi\mu_r\sigma_r = 0.01\pi\mu_r^2$$

$$\mu_s = \frac{\mu_P}{\mu_A} = \frac{\mu_P}{\pi\mu_r^2} = \frac{40000}{\pi\mu_r^2}$$

$$\sigma_S = \frac{1}{\mu_A^2}\sqrt{\mu_P^2\sigma_A^2 + \mu_A^2\sigma_P^2} = \frac{1}{(\pi\mu_r^2)^2}\sqrt{(0.01\pi\mu_r^2)^2\mu_P^2 + (\pi\mu_r^2)^2\sigma_P^2}$$

$$= \frac{1}{\pi\mu_r^2}\sqrt{0.01^2\mu_P^2 + \sigma_P^2}$$

6）计算工作应力，得

$$\mu_S = \frac{40000}{\pi\mu_r^2} = 12732.406\frac{1}{\mu_r^2}$$

$$\sigma_S = \frac{1}{\pi\mu_r^2}\sqrt{0.01^2 \times 40000^2 + 1200^2} = 402.634\frac{1}{\mu_r^2}$$

7）将应力、强度及 z_R 代入联结方程，得

$$z_R = \frac{\mu_\delta - \mu_S}{\sqrt{\sigma_\sigma^2 + \sigma_S^2}} = \frac{667 - 12732.406/\mu_r^2}{\sqrt{25.3^2 + 402.634^2/\mu_r^4}} = 3.09$$

或

$$\frac{667\mu_r^2 - 12732.406}{\sqrt{25.3^2\mu_r^4 + 402.634^2}} = 3.09$$

化简后得

$$\mu_r^4 - 38.710\mu_r^2 + 365.940 = 0$$

解得 　　　　　　　　$\mu_r^2 = 22.301$　和　$\mu_r^2 = 16.410$

或 　　　　　　　　　$\mu_r = 4.722\text{mm}$　和　$\mu_r = 4.050\text{mm}$

代入联结方程验算，取　$\mu_r = 4.722\text{mm}$，舍去 $\mu_r = 4.050\text{mm}$。

$$\sigma_r = 0.005\mu_r = 0.005 \times 4.722\text{mm} = 0.0236\text{mm}$$

$$r = \mu_r \pm \Delta_r = 4.722\text{mm} \pm 3\sigma_r = (4.722 \pm 0.0708)\text{mm}$$

因此，为保证拉杆的可靠度为 0.999，其半径应为 (4.722 ± 0.071) mm。

　　为进一步分析设计计算结果，可把它与常规设计做一比较。

8）与常规设计作比较。为了便于比较，拉杆的材料不变，且仍用圆截面，取安全系数 $n = 3$，则有

$$S = \frac{P}{\pi r^2} \leqslant [S] = \frac{\mu_\delta}{n} = \frac{667}{3} \text{MPa} = 222.333 \text{MPa}$$

即有

$$\frac{40000}{\pi r^2} \leqslant 222.333, \quad r^2 \geqslant \frac{40000}{\pi \times 222.333} = 57.267$$

得拉杆圆截面的半径为 $r \geqslant 7.568 \text{mm}$

显然，常规设计结果比可靠性设计结果大了许多。如果在常规设计中采用拉杆半径为 $r = 4.722 \text{mm}$，即可靠性设计结果，则其安全系数变为

$$n \leqslant \frac{\mu_\delta \pi r^2}{F} = \frac{667 \times \pi \times (4.722)^2}{40000} = 1.168$$

这从常规设计来看是不敢采用的，而可靠性设计采用这一结果，其可靠度竟达到 0.999，即拉杆破坏的概率仅有 0.1%。但从联结方程可以看出，要保证这一高的可靠度必须使 μ_δ、σ_δ、μ_S、σ_S 值保持稳定不变。即可靠性设计的先进性是要以材料制造工艺的稳定性及对载荷测定的准确性为前提条件。

9）敏感度分析。如果本例题的其他条件不变，而载荷及强度的标准差即 σ_S、σ_δ 值均增大，通过具体计算就可以明显看出，由于载荷和强度值分散性的增加，可靠度将迅速下降。因此，当载荷及强度的均值不变时，只有严格控制载荷和强度的分散性才能保证可靠性设计结果能更好地应用。

4.3.5 梁的静强度可靠性设计

受集中载荷力 P 作用的简支梁，如图 4-10 所示。力 P、跨度 l、力作用点位置 a 均为随机变量。它们的均值及标准差分别为：载荷 P（μ_P，σ_P），梁的跨度 l（μ_l，σ_l），力作用点位置 a（μ_a，σ_a）。

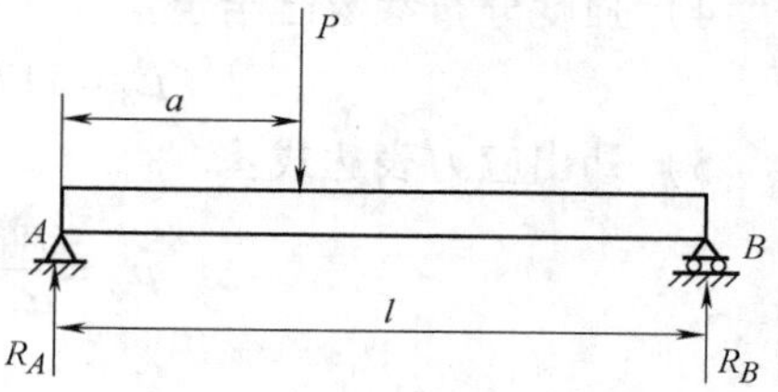

梁的静强度可靠性设计步骤与上面介绍的拉杆的设计步骤类似。

1）选定可靠度 R。

2）计算 $F = 1 - R$。

3）按 F 值查附表 1，取值后得 z 值后得 $z_R = -z$。

4）确定强度分布参数 μ_S、σ_δ。

5）列出应力 S 的表达式。梁的最大弯矩发生在载荷力 P 的作用点处，其值为

图 4-10 受集中载荷的简支梁

$$M = \frac{Pa(l-a)}{l} \tag{4-33}$$

式中，P、l、a 如图 4-10 所示。

最大弯曲应力则发生在该截面的底面和顶面，其值为

$$S = \frac{MC}{I}$$

式中，S 为应力（MPa）；M 为弯矩（N·mm）；C 为截面中性轴至梁的底面或顶面的距离（mm）；I 为梁截面对中心轴的截面二次矩（mm⁴）。

6）计算工作应力。将已知量代入上述应力公式，其中包括待求的梁截面的尺寸参数，例如梁截面的高度。

7）将应力、强度的分布参数代入联结方程，求未知量。

[**例4-4**] 设计一工字钢简支梁，已知参数如下：

跨距：$l = (3048 \pm 3.175)\text{mm}$，$\mu_l = 3048\text{mm}$，$\sigma_l = 1.058\text{mm}$；

梁上受力点至梁一端支承的距离：

$$a = (1828.8 \pm 3.175)\text{mm}, \mu_a = 1828.8\text{mm}, \sigma_a = 1.058\text{mm};$$

载荷：$\mu_P = 27011.5\text{N}$，$\sigma_P = 890\text{N}$；

工字钢强度：$\mu_\delta = 1171.2\text{MPa}$，$\sigma_\delta = 32.794\text{MPa}$。试用可靠性设计方法，在保证 $R = 0.999$ 条件下确定工字钢的尺寸。

工字钢的尺寸符号如图4-11所示。

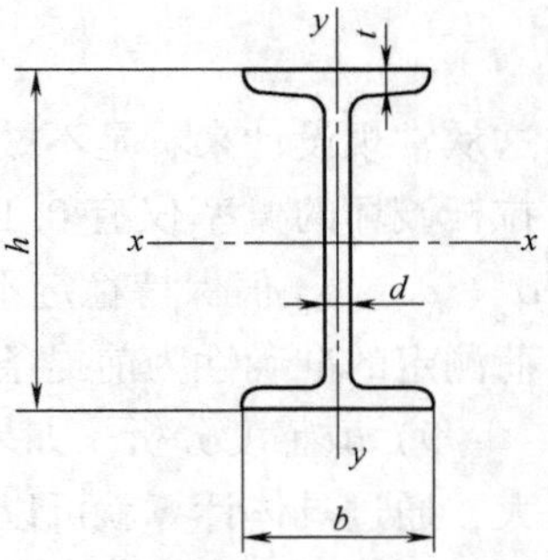

给定其尺寸关系有

$$\frac{b}{t} = 8.88, \quad \frac{h}{d} = 15.7, \quad \frac{b}{h} = 0.92$$

因此

$$\frac{I}{C} = \frac{bh^3 - (b-d)(h-2t)^3}{6h} = 0.0822h^3$$

令 $\sigma_h = 0.01\mu_h$，则 $\mu_{I/C} = 0.0822\mu_h$ 和 $\sigma_{(I/C)} = 0.002466\mu_h$。

图4-11 工字梁截面

按以下步骤进行：

1）给定 $R = 0.999$。

2）求 $F = 1 - R = 0.001$。

3）按 F 值查附表求得 $Z_R = -z = 3.09$。

4）强度分布参数已给定：

$$\mu_\delta = 1171.2\text{MPa}, \quad \sigma_\delta = 32.794\text{MPa}$$

5）列出应力表达式：

$$\left.\begin{array}{l} \mu_S = \dfrac{\mu_M}{\mu_{I/C}} \\[3mm] \sigma_S = \left\{ \left[\dfrac{2}{\mu_{I/C}}\right]^2 \sigma_M^2 + \left[\dfrac{-\mu_M}{\mu_{I/C}^2}\right]^2 \sigma_{I/C}^2 \right\}^{\frac{1}{2}} \end{array}\right\} \quad (4\text{-}34)$$

6）计算工作应力：

$$\mu_M = \mu_P \mu_a \left(1 - \frac{\mu_a}{\mu_l}\right) = 19759452.48\text{N}\cdot\text{mm}$$

因而

$$\mu_S = \frac{19759452.48}{0.0822\mu_h^3} = \frac{240382633.6}{\mu_h^3}$$

求 σ_M^2：

$$\sigma_M^2 = \left(\frac{\partial M}{\partial P}\right)^2 \sigma_P^2 + \left(\frac{\partial M}{\partial a}\right)^2 \sigma_a^2 + \left(\frac{\partial M}{\partial l}\right)^2 \sigma_l^2$$

$$= \left[\frac{a(l-a)}{l}\right]^2 \sigma_P^2 + \left(P - \frac{2Pa}{l}\right)^2 \sigma_a^2 + \left(\frac{Pa^2}{l^2}\right)^2 \sigma_l^2$$

$$= \left[\frac{1828.8 \times (3048 - 1828.8)}{3048}\right]^2 \times 890^2 (\text{N}\cdot\text{mm})^2 + \left[27011.5 - \frac{2 \times 27011.5 \times 1828.8}{3048}\right]^2 \times$$

$$1.058^2 (\text{N} \cdot \text{mm})^2 + \left[\frac{27011.5 \times 1828.8^2}{3048^2} \right]^2 \times 1.058^2 (\text{N} \cdot \text{mm})^2$$

$$\approx 4.240 \times 10^{11} (\text{N} \cdot \text{mm})^2$$

故 $\sigma_M = 651160 \text{N} \cdot \text{mm}$

将以上有关值代入式（4-34），得

$$\sigma_S = \left\{ \left[\frac{1}{0.0822\mu_h^3} \right]^2 \times 4.240 \times 10^{11} + \left[\frac{-19759452.48}{\left(0.0822\mu_h^3 \right)^2} \right]^2 \times \left(0.002466\mu_h^3 \right)^2 \right\}^{\frac{1}{2}}$$

$$= \frac{10712453.33}{\mu_h^3}$$

7）将应力、强度分布参数代入联结方程，求未知量 $\bar{h}$，有

$$z_R = \frac{\mu_\delta - \mu_S}{\sqrt{\sigma_\delta^2 + \sigma_S^2}}$$

即

$$3.09 = \frac{1171.2 - 240382633.6 / \mu_h^3}{\sqrt{32.794^2 + \left(10712453.33 / \mu_h^3 \right)^2}}$$

解上式可求得 $\mu_h = 62.154\text{mm}$，这时可靠度满足 $R = 0.999$。

4.4 机械和电子系统的可靠性工程

本节学习要点

1. 机械和电子系统可靠性模型的特点。
2. 机械和电子系统可靠性预计与分配方法。

通常一个产品是由许多零件的或子系统组成的复杂的系统，每个零件或子系统也可能由很多的单元组成。因此，一个产品或一个系统可靠性依靠每个单元或零件的可靠性；为了使系统有效地完成它的功能，系统的可靠度应该认真地设计。

对于系统的可靠性设计，有两种含义：系统的可靠性预计和系统的可靠性指标分配。前者是根据事先已知的每个单元或子系统的可靠度预计系统的可靠性；后者是已知总体可靠性，然后合理地分配到每个单元或子系统，这可称为配置法。

应该注意，一个系统的可靠度不仅仅依靠于每个单元的可靠度，也依靠于所有单元组成的形式。因而，为了指导产品的可靠性设计，零件组成形式应该首先知道，通常使用可靠性模型描述。

4.4.1 系统的可靠性模型

1. 串联系统模型

如果一个产品和系统有很多单元组成，每个单元的可靠性彼此间是相互独立的，当其中有一个单元失效时，这个产品或系统就会失效，这样的系统就叫串联系统，它的可靠性模型如图4-12所示。

图 4-12 串联系统的可靠性模型

应当指出产品的结构模型与产品的可靠性模型有时是不相同的，例如，一个收音机的结构模型（图 4-13a）和可靠性模型（图 4-13b）之间很明显是不相同的。

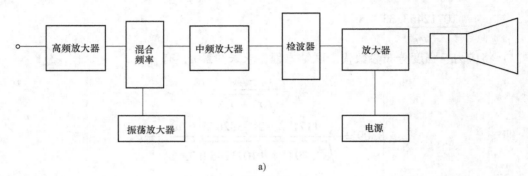

a）

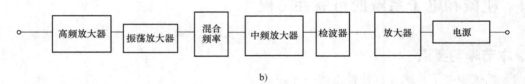

b）

图 4-13 产品的结构模型与可靠性模型比较

a）结构模型 b）可靠性模型

2. 并联系统模型

若一个系统由若干单元组成，其中只要有一个单元正常工作，产品和系统就能继续发挥它的作用。换句话说，只有所有的单元都失效了，产品才会失效，这样的系统称为并联系统，它的可靠性模型如图 4-14 所示。

如今并联系统得到了广泛的应用，例如，一个现代的空中客机现在都是由 3 台或 4 台发动机驱动的，只要有一台发动机工作，飞机就不会坠落。飞机驱动系统就是一种可靠性的并联系统。

3. 混合系统模型

混合系统是由一系列子系统串联和并联组成，可以分为两类：一是串-并联系统，另一种是并-串联系统。前者是串联子系统并联在一起；后者为并联子系统串联在一起。混合系统的可靠性模型如图 4-15 所示。

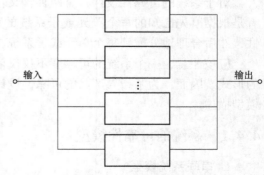

图 4-14 并联系统的可靠性模型

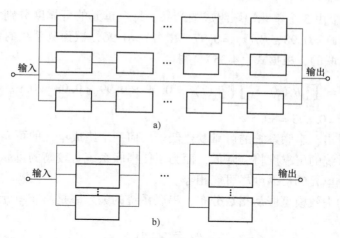

图 4-15　混合系统的可靠性模型

a）串-并联系统　b）并-串联系统

4. 复杂系统模型

若一个系统是由桥接型的零件组成的，这种系统被称为复杂系统，相应的可靠性模型叫作复杂系统模型，如图 4-16 所示。

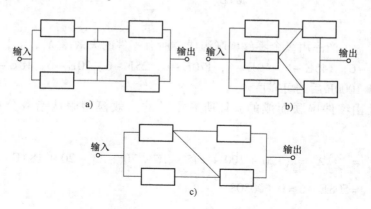

图 4-16　复杂系统的可靠性模型

除上面所讨论的可靠性模型外，还有很多其他的类型，如节约系统模型、表决系统模型等，这里对这些模型就不再讨论。

4.4.2　系统的可靠性预计

若所有的单元可靠度和系统的可靠性模型已知，系统的可靠度就能预测出来。

1. 串联系统的可靠度

串联系统的特征是仅当所有单元都正常工作，系统才能完成它的功能，而根据概率乘法规则，串联系统的可靠度为

$$R_s(t) = \prod_{i=1}^{n} R_i(t) \quad (i = 1, 2, \cdots, n) \tag{4-35}$$

其中，$R_s(t)$ 是系统的可靠度；$R_i(t)$ 即是第 i 个单元的可靠度，$i = 1, 2, \cdots, n$。

>>>>>>>>>

[例4-5] 一个由5个单元串联组成的产品，每个单元的可靠度分别为：$R_1(t) = 0.99$，$R_2(t) = 0.99$，$R_3(t) = 0.98$，$R_4(t) = 0.97$，$R_5(t) = 0.96$，试预测系统的可靠度。

因为系统是串联的，根据式（4-35），得

$$R_s(t) = \prod_{i=1}^{n} R_i(t) = \prod_{i=1}^{5} R_i(t) = 0.99 \times 0.99 \times 0.98 \times 0.97 \times 0.96$$
$$= 0.895 = 89.5\%$$

从这个例子看出，串联系统的可靠度要低于任何一个组成单元的可靠度。此外，随着单元数目的增加，系统的可靠度将会降低，而为了使串联系统有较高的可靠度，单元数应该尽量少些，而且各个单元的可靠度尽可能相等。

若所有单元的失效模型服从指数分布，串联系统的失效率是所有单元失效率的总和，即

$$\lambda_s = \sum_{i=1}^{n} \lambda_i \tag{4-36}$$

根据式（4-9）有

$$R(t) = e^{-\lambda_s t} = e^{-\sum_{i=1}^{n} \lambda_i t}$$

系统的平均寿命（MTBF）为

$$\text{MTBF} = \frac{1}{\lambda_s} = \frac{1}{\sum_{i=1}^{n} \lambda_i}$$

[例4-6] 一个产品由8个零件串联组成，所有零件的失效率 λ_1，λ_2，$\cdots$，λ_8 分别为：120E–6，100E–6，145E–6，10E–6，170E–6，25E–6，20E–6，18E–6，试分别预测产品的10h后和1000h后的可靠度。

由于产品是由零件串联而成的，且所有零件的失效模型服从指数分布，根据式（4-36），得

$$\lambda_s = \sum_{i=1}^{n} \lambda_i = (120 + 100 + 145 + 10 + 70 + 25 + 20 + 18)\text{E} - 6$$
$$= 508\text{E} - 6 = 0.000508$$

10h后

$$R_s(10) = e^{-\lambda_s \times 10} = e^{-0.000508 \times 10} = 0.994 = 99.4\%$$

1000h后

$$R_s(10) = e^{-\lambda_s \times 1000} = e^{-0.000508 \times 1000} = 0.601 = 60.1\%$$

2. 并联系统的可靠度

并联系统只有在所有的零件失效时才失效，根据概率的乘法规则，系统的失效概率为

$$Q_s(t) = \prod_{i=1}^{n} Q_i(t) \tag{4-37}$$

式中，$Q_s(t)$ 为系统的失效概率；$Q_i(t)$ 为每个零件的失效概率。

从式（4-3b）可得到并联系统的可靠度为

$$R_s(t) = 1 - Q_s(t) = 1 - \prod_{i=1}^{n} [1 - R_i(t)] \tag{4-38}$$

从上面方程中可以看出，并联系统的可靠性要高于任何一个零件的可靠性。除此之外，

零件越多，并联系统的可靠性就会越高。若所有的零件都是指数分布的失效模型，并联系统的可靠度是

$$R_s(t) = 1 - \prod_{i=1}^{n}\left(1 - e^{-\lambda_i t}\right) \tag{4-39}$$

[**例4-7**] 一架由3台发动机驱动的飞机，只要有一台发动机运行，飞机就不会坠落。3台发动机失效率分别是：0.0001/h，0.0002/h 和 0.0003/h，若一次飞行10h，试预测飞机的可靠度。

飞机的驱动系统是一个并联系统，发动机的失效模型属于指数分布，每台发动机10h后的可靠度为

$$R_1(10) = e^{-0.0001 \times 10} = 0.999, \; R_2(10) = e^{-0.0002 \times 10} = 0.998, \; R_3(10) = e^{-0.0003 \times 10} = 0.997$$

根据式（4-38），飞机不会坠落的可靠度为

$$R_s(t) = 1 - \prod_{i=1}^{n}\left[1 - R_i(10)\right]$$
$$= 1 - (1 - 0.999) \times (1 - 0.998) \times (1 - 0.997)$$
$$= 0.99999994$$

3. 混合系统的可靠度

混合系统由串联和并联子系统组成，其可靠度可根据相应的串联和并联的相关方程进行预测。例如，对于图 4-15a 中的系统，假设每个子系统的可靠度是 $R_i(t)$，则系统的可靠度是

$$R_s(t) = 1 - \prod_{j=1}^{m}\left[1 - \prod_{i=1}^{n} R_i(t)\right] \tag{4-40}$$

式中，m 是整个系统中并联的子系统个数；n 是并联子系统中串联的个数；$R_i(t)$ 是每个零件的可靠度。

对于图 4-15b 中的系统，假设每个子系统的可靠度是 $R_i(t)$，系统的可靠度是

$$R_s(t) = \prod_{j=1}^{m}\left[1 - \prod_{i=1}^{n}\left(1 - R_i(t)\right)\right] \tag{4-41}$$

式中，m 为整个系统中串联的子系统个数；n 为每个串联子系统中并联的个数。

4.4.3 系统的可靠性分配

由上面讨论可知，一个系统通常由零件组成。在可靠性方案的进程中首先要决定系统可靠度指数，然后以某种方式将指标分配给每个零件。下面介绍两种分配方法。

1. 平均分配法

这种方法是所有的零件都分配相同的可靠度指标，对于串联系统，因 $R_s(t) = \left[R_i(t)\right]^n$，则有

$$R_i(t) = \left[R_s(t)\right]^{\frac{1}{n}} \tag{4-42}$$

若要分配失效率，因 $\lambda_s = \sum_{i=1}^{n} \lambda_i(t) = n\lambda_i(t)$，则有

$$\lambda_i(t) = \frac{\lambda_s(t)}{n} \tag{4-43}$$

对于并联系统，因 $R_s(t) = 1 - [1 - R_i(t)]^n$，则每个零件分布的可靠度为

$$R_i(t) = 1 - [1 - R_s(t)]^{\frac{1}{n}} \qquad (4\text{-}44)$$

[例 4-8] 一个产品由 3 个相同的零件串联组成。如果产品希望能够达到 0.98 的可靠度指标，那么每个零件应该分多大的可靠度？还有当这个产品的失效率是 0.0001/h，零件的最大失效率是多少？

根据式（4-42）有

$$R_i(t) = 0.98^{\frac{1}{n}} = 0.9933 = 99.33\% \qquad (i = 1, 2, 3)$$

根据式（4-43）有

$$\lambda_i(t) = \frac{0.0001}{3} = 3.3 \times 10^{-5}/h \qquad (i = 1, 2, 3)$$

2. 根据零件失效率的比例分配

在这种方法中，按照所预计零件失效率的比例分配每个零件的失效率，即预计零件的失效率越大，那么零件就会分配到比较大的失效率，具体的分配方法如下：

如一个零件 i 被分配的失效率是 $\lambda_i(t)$，对于串联系统，有

$$e^{-\lambda_s(t)} = e^{-\lambda_1(t)} e^{-\lambda_2(t)} \cdots e^{-\lambda_n(t)}$$

从上式中，可得

$$\lambda_s(t) = \sum_{i=1}^{n} \lambda_i(t)$$

现在为分配给每个零件的失效率来定义加权系数为

$$\omega_i = \frac{\lambda_i(t)}{\lambda_s(t)} = \frac{\lambda_i(t)}{\sum\limits_{i=1}^{n} \lambda_i(t)} \qquad (4\text{-}45)$$

根据上式，有

$$\sum_{i=1}^{n} \omega_i = 1 \quad 或 \quad \sum_{i=1}^{n} \lambda_i = \omega_1 \lambda_s + \omega_2 \lambda_s + \cdots + \omega_n \lambda_s$$

因为 $\lambda_s(t)$ 可根据 $R_s(t) = e^{-\int_0^t \lambda_s(t)dt}$ 求得，将 $\lambda_s(t)$ 代入式（4-45）中，可求得 $\lambda_i(t)$，那么每个零件的可靠度 $R_i(t)$ 根据公式 $R_i(t) = e^{-\lambda_i(t)}$ 即可求出。

[例 4-9] 一个由 3 个子系统串联组成的系统，预计 3 个子系统的失效率分别是：0.003/h，0.002/h，0.001/h，假设 40h 后，系统应该有 0.96 的可靠度，那么每个子系统的可靠度是多少？

由条件知：$\lambda_1 = 0.003/h$，$\lambda_2 = 0.002/h$，$\lambda_3 = 0.001/h$。然后应用式（4-45）得

$$\omega_1 = \frac{\lambda_1}{\sum\limits_{i=1}^{3} \lambda_i(t)} = \frac{0.003}{0.006} = 0.5$$

$$\omega_2 = \frac{\lambda_2}{\sum\limits_{i=1}^{3} \lambda_i(t)} = \frac{0.002}{0.006} = 0.3333$$

$$\omega_3 = \frac{0.001}{0.006} = 0.1667$$

由 $R_s(40) = \mathrm{e}^{-\int_0^t \lambda_i(t)\,\mathrm{d}t} = \mathrm{e}^{\lambda_s(40)} = 0.96$ 得到 $\lambda_s(t) = 0.00102/\mathrm{h}$，则每个子系统的失效率和可靠度分别为

$$\lambda_1 = \omega_1 \lambda_s(40) = 0.5 \times 0.00102/\mathrm{h} = 0.00051/\mathrm{h}$$

$$\lambda_2 = \omega_2 \lambda_s(40) = 0.00034/\mathrm{h}, \quad \lambda_3 = \omega_3 \lambda_s(40) = 0.00017/\mathrm{h}$$

$$R_1(40) = \mathrm{e}^{-\lambda_1 t} = \mathrm{e}^{-0.00051 \times 40} = 0.9798, \quad R_2(40) = \mathrm{e}^{-0.00034 \times 40} = 0.9865$$

$$R_3(40) = \mathrm{e}^{-0.00017 \times 40} = 0.9932$$

得
$$R_s = R_1 R_2 R_3 = 0.96$$

4.5　机械和电子系统故障分析法

📝 **本节学习要点**

1. 建立故障树的基本步骤。
2. 故障树定性和定量分析。

4.5.1　故障树的基本概念

故障树（Fault tree analysis，FTA）分析是一种系统可靠性和安全性的分析工具。故障树用事件和逻辑符号来描述系统各事件之间的因果关系，如表4-2所示。一般在故障树分析法中所有的故障情况都称为故障事件，而正常状态称为成功事件，故障事件和成功事件都叫事件。

表4-2　故障树分析中用的符号

符　　号		定　　义
事件符号	底事件	底事件是导致其他事件发生的原因事件
	◯ 基本事件	基本事件是一种不需要知道发生原因的底事件
	◇ 未知事件	未知事件也是一种需要找出原因的底事件
	▭ 因果事件	因果事件是导致其他事件发生的事件
	顶事件	顶事件是在故障树中最终原因事件

（续）

符 号	定 义
事件符号 中间事件	中间事件是处在顶事件和底事件中间的事件
开关事件	开关事件是一种必需发生或正常情况下不会发生的特殊事件
条件事件	条件事件是在一些逻辑运作条件作用下发生的特殊事件
逻辑符号 与门	仅当所有的事件同时发生，输出事件才能发生
或门	输入事件的任意一个事件发生，则输出事件就会发生
非门	非门意思是输出与输入事件彼此是相反的
非或门	仅当任意一个输入事件发生，输出事件才发生

  故障树分析可以分为定性分析和定量分析。定性分析的目的是找出导致发生不可预测事件的原因，而定量分析可以得到顶事件或所有中间事件的失效概率。在系统可靠性设计中，故障树有助于查明潜在的故障从而改善产品的设计。

  为了分析一个系统的故障概率，首先要创建一个故障树。从顶事件到底事件建立故障树的步骤如下：

  1）定义顶事件。顶事件是系统中最不希望发生的事情。

  2）把顶事件作为输出事件，把所有的直接原因作为输入事件，然后根据它们的逻辑关系连接所有的事件。

  3）分析上述的输入事件，若它们由别的原因所致，就将其作为下级别的输出事件，而那些原因则作为相应的输入事件。

4）重复上面的步骤，直到所有的底事件都被找出。

4.5.2 故障树定性分析

定性分析是找出引起故障树顶事件发生的所有底事件的最小割集。可根据如下规则定义最小割集：若所有的底事件同时发生，顶事件才发生，如有一个底事件不发生，则顶事件就不会发生。这种类型的割集就叫最小割集，如图 4-17 所示的故障树。

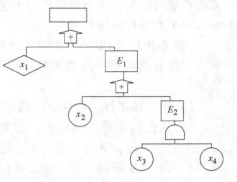

若底事件分别用序列 x_1，x_2，x_3 和 x_4 表示，割集包括有：

$\{x_1\}$，$\{x_2\}$，$\{x_3, x_4\}$，$\{x_1, x_2\}$，$\{x_1, x_2, x_3\}$，…，$\{x_1, x_2, x_3, x_4\}$ 等，然而其中只有 3 个是最小割集 $\{x_1\}$，$\{x_2\}$ 和 $\{x_3, x_4\}$，表示会导致故障的 3 种可能模式。

图 4-17 故障树定性分析实例

4.5.3 故障树的定量分析

定量分析是在已知底事件发生概率的条件下，求顶事件的发生概率，这种方法多用于定量分析，也是直接的概率方法。在直接的概率方法中逻辑或被认为是串联模型，而逻辑与被认为是并联模型，如图 4-18 所示。

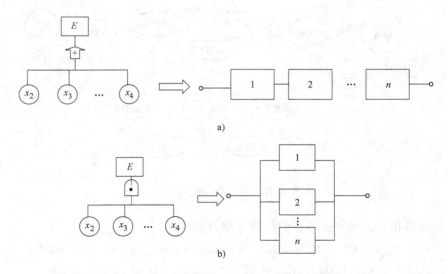

图 4-18 逻辑"或""与"及其对应可靠性模型
a）逻辑或关系图 b）逻辑与关系图

因而在图 4-18a 中或门事件 E 发生的故障概率是

$$P(E) = Q_E = 1 - \prod_{i=1}^{n} (1 - Q_i) \tag{4-46}$$

>>>>>>>

因而在图 4-18b 与门事件 E 发生的故障概率是

$$P(E) = Q_E = \prod_{i=1}^{n} Q_i \tag{4-47}$$

式中，Q_i 为底事件 x_i 的故障概率。

对于一个复杂的故障树，除底事件外，中间事件和顶事件可通过以上的方法逐步对其故障概率进行预测。应当注意，使用这种方法时，不仅所有的底事件彼此间都是相互独立的，而且每个底事件应该只发生一次。

[**例 4-10**] 一发动机使用汽油和气体的混合燃料，最大功率为 3kW，油箱位于油缸的上方，没有燃油泵，发动机可以采用电动机或拉绳起动，要求用故障树分析发动机的可靠度。

1）定义顶事件，对这个问题把发动机不能起动作为顶事件。

2）从顶到底建立故障树，首先分析导致发动机不能正常起动的直接原因。①缺油；②较低的空气压；③没有电火花。把这些原因作为事件，找出相应的原因，继续这样做，直到找出所有的底事件，建立的故障树如图 4-19 所示。

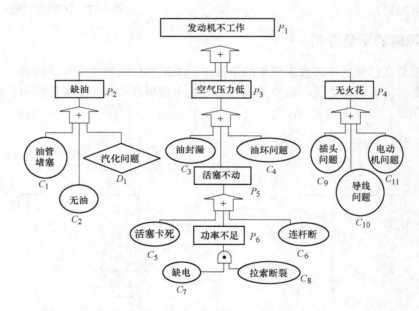

图 4-19　发动机故障树

3）定量分析。若所有底事件的故障概率分别为

$$C_1 = 0.01, \quad C_2 = 0.02, \quad C_3 = C_4 = C_5 = C_6 = 0.01, \quad C_7 = 0.04$$
$$C_8 = 0.03, \quad C_9 = 0.02, \quad C_{10} = C_{11} = 0.01, \quad D_1 = 0.02$$

根据式（4-46）和式（4-47）可得

$$P_6 = C_7 C_8 = 0.001$$

$$P_2 = 1 - \prod_{i=1}^{n} [1 - P(x_i)] = 1 - (1 - C_1)(1 - D_1)(1 - C_2) = 0.0314$$

$$P_5 = 1 - (1 - C_5)(1 - P_6)(1 - C_6) = 0.0042$$

$$P_3 = 1 - (1 - C_3)(1 - P_5)(1 - C_4) = 0.0062$$
$$P_4 = 1 - (1 - C_9)(1 - P_{10})(1 - C_{11}) = 0.0395$$

而顶事件的失效概率是

$$P = 1 - (1 - P_2)(1 - P_3)(1 - P_4) = 0.0754$$

从而可以得到发动机的可靠度为

$$R_s = 1 - P_1 = 0.9246$$

4.6 疲劳强度可靠性分析

本节学习要点

机械零件的疲劳强度、疲劳寿命及其可靠性预测。

4.6.1 疲劳曲线（S-N 曲线与 P-S-N 曲线）

1. S-N 曲线

机械零件疲劳寿命的传统计算，是以试样由试验确定的疲劳曲线 [S-N 曲线，其中，S 为应力，N 为疲劳循环次数（寿命）] 为依据的。图 4-20 所示为 S-N 曲线的一般形式，图中示出了有限疲劳寿命与无限疲劳寿命的划分范围。对于一般钢材，循环次数达 N_0 起开始呈水平线段，N_0 称为疲劳循环基数，其相应的应力即为疲劳极限（S_e）。

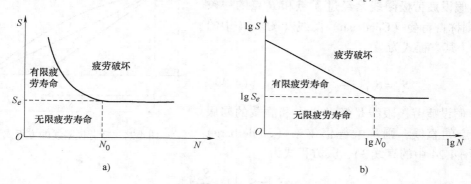

图 4-20 曲线的一般形式

常规的疲劳试验一般是在对称循环变应力条件下进行的，所得到的 S-N 曲线对零件设计和材料疲劳强度的研究都有重要的实用价值。但实际上有很多零件是在非对称循环的变应力条件下工作的，这时必须考虑其应力循环特性 $r = \dfrac{S_{\min}}{S_{\max}}$ 对疲劳失效的影响。图 4-21 所示为不同 r 时相应的 S-N 曲线。由材料力学强度理论可知，它们之间存在着一定关系，利用疲劳极限线图可以近似地加以转换。

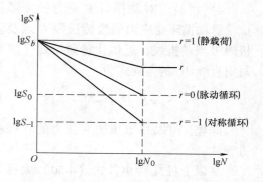

图 4-21 不同应力循环特性时的 S-N 曲线

常用的疲劳极限线图有两种：第一种以平均应力 S_m 为横坐标，最大应力 S_{max} 及最小应力 S_{min} 为纵坐标，画出疲劳极限线图（图4-22）；第二种以平均应力 S_m 为横坐标，应力幅 S_a 为纵坐标，画出疲劳极限线图（图4-23）。

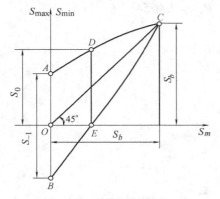

图 4-22 疲劳极限线图一

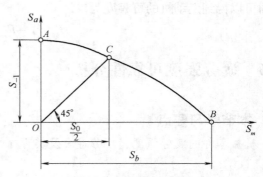

图 4-23 疲劳极限线图二

用方程式来描述材料的疲劳极限线，不同的观点有不同的假设：

1）假设疲劳极限线是经过对称循环变应力的疲劳极限 A 点和静强度极限 B 点的抛物线，则称戈倍尔（Gerber）图线（图4-24中的曲线1），其方程为

$$S_a = S_{-1}\left[1 - \left(\frac{S_m}{S_b}\right)^2\right] \qquad (4\text{-}48)$$

2）假设疲劳极限线是经过 A 点和 B 点的一条直线，则称古特曼（Goodman）图线（图4-24中的直线2），其方程为

$$S_a = S_{-1}\left(1 - \frac{S_m}{S_a}\right) \qquad (4\text{-}49)$$

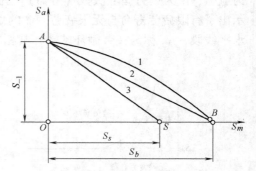

图 4-24 疲劳极限线的方程式图

3）假设疲劳极限线是经过 A 点和静载的屈服极限 S 点的直线，则称索德倍尔格（So-derberg）图线（图4-24中的直线3），其方程为

$$S_a = S_{-1}\left(1 - \frac{S_m}{S_s}\right) \qquad (4\text{-}50)$$

4）用经过对称循环变应力的疲劳极限 A 点，脉动循环变应力的疲劳极限 C 点及静强度极限 B 点的折线，近似代替抛物线（图4-25），写出直线 AC 的方程式为

$$S_a = S_{-1} - \left(\frac{2S_{-1} - S_a}{S_0}\right)S_m \qquad (4\text{-}51)$$

同理，可以写出扭转变应力的各种相应的方程式。

从以上各式看出，式（4-50）太保守，式（4-48）太复杂。在疲劳强度设计中，常用

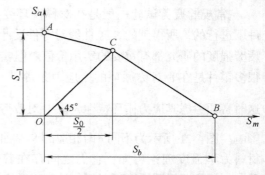

图 4-25 疲劳极限线的折线方程式图

式（4-49）及式（4-51）。

研究机械零件的疲劳寿命，特别是有限疲劳寿命，必须解决两个基本问题：

1）变应力 S 与在此应力作用下达到损坏时的应力循环次数 N 之间的关系，也就是要明确疲劳曲线的数学表达式。

2）零件的疲劳失效概率及其分布类型。

对于前者，按照强度理论，疲劳曲线在其有限寿命范围内（即 S-N 曲线有斜率部分）的曲线方程通常为幂函数。即

$$S^m N = C \tag{4-52}$$

式中，指数 m 根据应力的性质及材料的不同大致为 $3 \leqslant m \leqslant 16$；$C$ 为由已知条件确定的常数。因此，将式（4-52）取对数后为一直线方程，故 S-N 曲线在对数坐标系中可画成一条具有斜率为 m 的直线与另一条相当于疲劳极限的水平线两者的连线（图4-21）。

对于不同的应力水平，由式（4-52）可建立下列关系式

$$N_i = N_j \left(\frac{S_j}{S_i} \right)^m \tag{4-53}$$

式中，S_j，N_j 表示 S-N 曲线上的已知点；N_i 为已知应力 S_i 条件下待求的应力循环次数。

如果 S-N 曲线上有两点已知，则由式（4-53）得斜率 m 值为

$$m = \frac{\lg N_i - \lg N_j}{\lg S_j - \lg S_i}$$

[例4-11] 有一轴类零件，受脉动循环应力的作用，已知其应力水平 $S_1 = 12 \text{kN/cm}^2$ 作用下的失效循次数 $N_1 = 1.4 \times 10^5$ 次，在应力水平 $S_2 = 20 \text{kN/cm}^2$ 作用下的失效循环次数 $N_2 = 0.66 \times 10^4$ 次。设该零件是在应力水平为 $S = 15 \text{kN/cm}^2$ 条件下工作，试求它的疲劳寿命。

先由式（4-53）求出该零件疲劳曲线的指数 m 值为

$$m = \frac{\lg 1.4 \times 10^5 - \lg 0.66 \times 10^4}{\lg 20 - \lg 12} \approx 6$$

得该零件在 $S_1 = 15 \text{kN/cm}^2$ 应力作用下的应力循环次数为

$$N_S = N_1 \left(\frac{S_1}{S} \right)^m = 1.4 \times 10^5 \left(\frac{12}{15} \right)^6 = 3.67 \times 10^4$$

2. P-S-N 曲线

前面提到，研究机械零件疲劳寿命时，需要解决的另一个问题是要明确零件的疲劳破坏概率及其分布类型。实践表明，S-N 曲线的试验数据，由于受作用载荷的性质，试件几何形状及表面精度，材料均匀性等多种因素的影响，存在着相当大的离散性。同一组试件，在一个固定的应力 S 下，即使其他条件都基本相同，它们的疲劳寿命值 N 也并不相等，但具有一定的分布规律性，可以根据一定的概率，通常称为存活率 P（相当于可靠度 R）来确定 N 值。

图4-26 所示为多种应力下 N 的分布形式。可以看出，低应力下 N 的离散度比高应力下的大。由此可知，在固定的应力 S 下疲劳寿命 N 与概率 P 有关，而在 S 变化的情况下，N 将同时与 S 和 P 有关，即 N 为 S 和 P 的二元函数：$N = \phi(S、P)$，它们是一个三维空间中的曲面。为方便计算，习惯上可以把它画在原来的 S-N 二维平面上，而以 P 作为参数，S 为自变量。变化 P 就可得到不同的 S-N 曲线。这种在 S-N 平面上作出的一簇曲线，如图4-27

所示，称为 $P\text{-}S\text{-}N$ 曲线（在双对数坐标系中为一簇直线）。工程上沿用的单纯 $S\text{-}N$ 曲线，如无特别说明，则只是其中 $P = 50\%$ 的一条 $S\text{-}N$ 曲线。

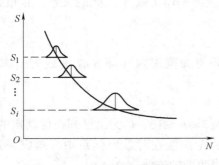

图 4-26　$S\text{-}N$ 曲线的离散性图

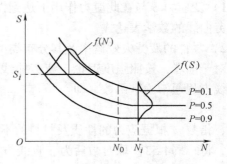

图 4-27　$P\text{-}S\text{-}N$ 曲线的基本形式

值得指出的是，零件在一定的疲劳寿命 N 条件下，其疲劳强度 S 也为随机变量，具有相应的概率分布 $f(S)$。

4.6.2　$P\text{-}S\text{-}N$ 曲线的制作原理和方法

机械零件疲劳寿命的概率分布 $f(N)$，即 N 与 P 之间的关系，多数可以利用对数正态分布或威布尔分布描述。由于 $P\text{-}S\text{-}N$ 曲线是表示在一定概率 P 条件下的 $S\text{-}N$ 曲线，它不但能估计出零件在一定应力量值下达到疲劳破坏的循环次数，而且也同时给出了该应力量值下的破坏概率（或存活率）。

因此，$P\text{-}S\text{-}N$ 曲线的制作可分成两个步骤，即先由试验数据确定 $P\text{-}N$ 曲线，再结合 $S\text{-}N$ 曲线求出 $P\text{-}S\text{-}N$ 曲线。

1. 疲劳寿命服从对数正态分布的 $P\text{-}N$ 曲线

（1）分布函数与存活率　疲劳寿命 N 服从对数正态分布，则其分布函数为

$$P(x \leqslant \lg N) = F(\lg N) = \frac{1}{\sqrt{2\pi}\sigma}\int_{-\infty}^{\lg N} e^{-\frac{1}{2}\left(\frac{\lg N - \mu}{\sigma}\right)} d\lg N \tag{4-54}$$

式中，μ、σ 分别为对数疲劳寿命 $t = \lg N$ 的数学期望和标准差。

式（4-54）表示零件的某一应力 S 下，寿命（循环次数）的对数 $X \leqslant t = \lg N$ 而破坏的概率。

引入标准变量

$$Z = \frac{\lg N - \mu}{\sigma} \tag{4-55}$$

代入式（4-54），即得标准正态分布函数为

$$\Phi(Z_P) = \frac{1}{\sqrt{2\pi}}\int_{-\infty}^{Z_P} e^{-\frac{Z^2}{2}} dZ \tag{4-56}$$

存活率 P 为

$$P = 1 - \Phi(Z_P) = \frac{1}{\sqrt{2\pi}}\int_{Z_P}^{\infty} e^{-\frac{Z^2}{2}} dZ \tag{4-57}$$

以上两式的积分限 Z_P 为与一定存活率 P 相对应标准参量，见表 4-3（更详尽数值，可

查正态分布单侧分位数值表)。

表4-3 存活率 P 与 Z_P 的对应数值

P	50%	60%	70%	80%	84.1%	90%	95%	99%	99.5%	99.99%
Z_P	0	-0.253	-0.524	-0.842	-1	-1.282	-1.645	-2.326	-3.090	-3.219

（2）疲劳寿命与存活率关系 对于一定的存活率 P，可查得相应的 Z_P 值，则可由式（4-55）估算其对数疲劳寿命

$$t_P = \lg N_P = \mu + Z_P \sigma \tag{4-58}$$

从而求得零件在存活率 P 条件下的安全寿命（可靠度为 P 值时的可靠寿命）

$$N_P = \lg^{-1} t_P$$

对于 $P = 90\%$ 存活率的疲劳寿命 N_{90}，常称为额定寿命 N_n；对于 $P = 50\%$ 存活率的疲劳寿命 N_{50}，又常称为中位寿命。

（3）对数正态分布疲劳寿命的参数估计

1）统计计算法。根据 n 个试件疲劳寿命试验结果得 N_1，N_2，$\cdots$，N_n，求出对数疲劳寿命的数学期望 μ 和标准差 σ 的无偏估计值：

$$\mu = \bar{t} = \frac{1}{n} \sum_{i=1}^{n} \lg N_i$$

$$\sigma = \sqrt{\frac{1}{n-1} \sum_{i=1}^{n} (\lg N_i - \bar{t})^2}$$

$$= \sqrt{\frac{1}{n-1} \left[\sum_{i=1}^{n} (\lg N_i)^2 - n\bar{t}^2 \right]}$$

将已求得的 μ 和 σ 值代入式（4-58），即可求得零件在存活率 P 条件下的对数疲劳寿命 t_P 值，同时可求得可靠度为 P 值时的可靠寿命（安全寿命）N_P 值。

[例4-12] 在 $S_{\max} = 166 \text{N/mm}^2$ 和应力比 $r = \frac{S_{\min}}{S_{\max}} = 0.1$ 的交变应力条件下，测得一组 $n = 10$ 个试件的疲劳寿命，如表4-4所示。试估计其存活率 P 为 99.9%、90% 和 50% 时的总体安全寿命 $N_{99.9}$、N_{90} 和 N_{50}。

测定试件的疲劳寿命数据见表4-4中的第一行，单位以千周（每1000次应力循环称1千周）计。

表4-4 试件疲劳寿命试验数据

疲劳寿命 N_i/千周	124	134	135	138	140	147	154	160	166	181	$\sum_{i=1}^{10} t_i$
对数疲劳寿命 $t_i = \lg N_i$	2.093	2.127	2.130	2.140	2.146	2.167	2.188	2.204	2.220	2.285	21.673

① 求对数疲劳寿命数学期望 μ 的无偏估计值为

$$\mu = \bar{t} = \frac{1}{10}\sum_{i=1}^{10} t_i = \frac{1}{10} \times 21.673 = 2.1673$$

② 求对数疲劳寿命标准差 σ 的无偏估计值为

$$\sigma = \sqrt{\frac{1}{n-1}\left[\sum_{i=1}^{n}(\lg N_i)^2 - n\,\bar{t}^2\right]} = \sqrt{\frac{1}{10-1}\left[\sum_{i=1}^{10} t_i^2\, 10\,\bar{t}^2\right]} = 0.05$$

③ 估计安全寿命。当 $P = 99.9\%$ 时，查表得 $Z_P = -3.09$，则

$$t_{99.9} = \mu + Z_P\sigma = 2.1673 - 3.09 \times 0.05 = 2.013$$

故 $P = 99.9\%$ 时的安全寿命 $N_{99.9} = \lg^{-1} t_{99.9} = 103$ 千周。

当 $P = 90\%$ 时，$Z_P = -1.282$，则

$$t_{90} = \mu + Z_P\sigma = 2.1673 - 1.282 \times 0.05 = 2.013$$

即额定疲劳寿命 $\qquad N_{90} = \lg^{-1} t_{80} = 127$ 千周

当 $P = 50\%$ 时，$Z_P = 0$，故 $t_{50} = \mu = 2.1673$，得中位疲劳寿命

$$N_{50} = \lg^{-1} t_{50} = 147$$ 千周

按上述各存活率 P_i，可求得对应的 t_P 或 N_P。按已求得的数据点组 $(P_i, t_P = \lg N_P)$ 描点得拟合直线即为所求的 $P\text{-}N$ 曲线。

2）图解法。由式（4-58）知随机变量 t_P 与 N_P 呈线性关系，而 N_P 与存活率 $P = 1 - \Phi(Z_P)$ 之间又存在着对应关系，因此，在一种以横坐标轴作成等间距代表 t_P（等间距）相对应的 P 值（不等间距）的正态概率纸上，则该线性函数式表示为一直线。利用这个性质，既可以检验疲劳寿命的试验数据是否符合正态分布，又可以用来估计疲劳寿命的各项参数。其具体做法是：

① 先将 n 个试件在同一应力 S 下的失效循环次数，按由小到大的顺序，排列成顺序统计量：

$$N_1 < N_2 < \cdots < N_i < \cdots < N_n$$

② 计算各 N_i 的失效概率 $F(Z_i)$

$$F(N_i) = \frac{i}{n+1}（平均秩）$$

或 $\quad F(N_i) = \frac{i-0.3}{n+0.4}（中位秩）$

③ 计算各存活率 P_i

$$P_i = 1 - F(N_i)$$

④ 作 $P\text{-}N$ 曲线。以 $t_i = \lg N_i$ 为横坐标，存活率 P_i 为纵坐标，将各数据点 $(t_i = \lg N_i, P_i)$ 标到正态概率纸上。如果疲劳寿命是符合对数正态分布的假设，则这些点应位于一条拟合直线的附近，这条直线也就是习惯上所称的 $P\text{-}N$ 曲线（图4-28）。

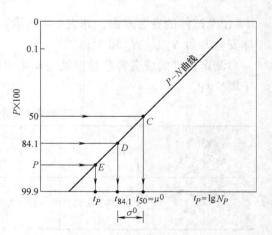

图 4-28　图解法参数估计

根据这条 $P\text{-}N$ 曲线，就可以估计出对数疲劳寿命的均值 μ、标准 σ，以对应于任一存活率的对数疲劳寿命 t_p。

① 估计对数疲劳寿命的均值 μ。当 $P = 50\%$ 时，$Z_P = 0$，由式（4-58）知

$$t_{50} = \lg N_{50} = \mu$$

由图上存活率 $P = 50\%$ 的点的水平线与 $P\text{-}N$ 曲线的交点 C，得其对应的横坐标值即为 μ 的估计值 μ^0。

② 估计对数疲劳寿命的标准差 σ。当 $P = 84.1\%$ 时，$Z_P = -1$，由式（4-58）可知

$$t_{84.1} = \mu - \sigma, \text{ 所以 } \sigma = \mu - t_{84.1}$$

由图上存活率 $P = 50\%$ 及 $P = 84.1\%$ 的水平线与 $P\text{-}N$ 曲线的交点 C 和 D，得其对应的横坐标值之差即为 σ 的估计值 σ^0。

③ 估计安全寿命（可靠寿命）N_P。由图上按预定存活率 P 值的水平线与 $P\text{-}N$ 曲线的交点 E，得其对应的横坐标值即为对数疲劳寿命 t_p 的估计值，从而可求得安全寿命 N_P 值，$N_P = \lg^{-1} t_p$。

2. 对数正态分布 $P\text{-}S\text{-}N$ 曲线的做法

上述 $P\text{-}N$ 曲线是以一组试样在同一应力 S 下的试验数据来反映其总体的 P 与 N 之间的关系。如果 n 组同样的试件在不同应力 S_i 下进行试验，则对于每一个应力都可以得出一条与之相对应的 $P\text{-}N$ 曲线，再把它们综合起来，就可以求出在任一给定的存活率 P 条件下，总体的 S 与 N 之间的关系。这种以不同的 P 作为参数的 $S\text{-}N$ 曲线即称为 $P\text{-}S\text{-}N$ 曲线。以下举例说明其作法。

[例 4-13] 有 4 组，每组 $n = 10$ 个同样的试件，分别以不同的最大应力：$S_1 = 199\text{N/mm}^2$，$S_2 = 166\text{N/mm}^2$，$S_3 = 141\text{N/mm}^2$，$S_4 = 120\text{N/mm}^2$ 进行交变应力疲劳试验，$r = \dfrac{\sigma_{\min}}{\sigma_{\max}} = 0.1$，试验结果见表 4-5。如已知其疲劳寿命服从对数正态分布，试求出在此 4 个不同应力下的 4 条 $P\text{-}N$ 曲线，并作 P 等于 99.9%、90% 及 50% 的 3 种存活率 $P\text{-}S\text{-}N$ 曲线。

（1）作 $P\text{-}N$ 曲线 按前述 $P\text{-}N$ 曲线的做法，将表 4-5 中 4 个应力下的对数疲劳寿命及其对应的存活率分别标到正态概率纸上，得到如图 4-29 所示的 4 条直线 ① ~ ④，分别代表 S_1、S_2、S_3、S_4 4 个应力下的 $P\text{-}N$ 曲线。

（2）求不同 P 值时每一个应力的对数疲劳寿命 如图 4-29 所示，通过 $P = 99.9\%$、90%、50% 三种存活率分别作水平线与 4 个应力的 $P\text{-}N$ 曲线相交，交点 $S_i (i = 1, 2, 3, 4)$ 及其相应的 t_p 值，见表 4-6。

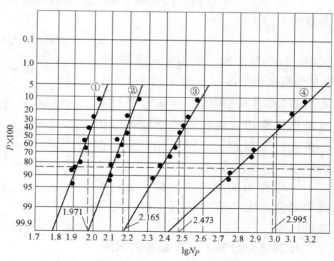

图 4-29 对数正态分布的 $P\text{-}N$ 曲线

表 4-5　4 个不同应力下疲劳寿命试验数据

序号	对数疲劳寿命 $t_i = \lg N_i$（N 的单位为千周）				存活率 P
	$S_1 = 199\,\text{N/mm}^2$	$S_2 = 166\,\text{N/mm}^2$	$S_3 = 141\,\text{N/mm}^2$	$S_4 = 120\,\text{N/mm}^2$	
1	1.914	2.093	2.325	2.721	90.91%
2	1.914	2.127	2.360	2.851	81.82%
3	1.929	2.130	2.435	2.859	72.73%
4	1.964	2.140	2.441	2.938	63.64%
5	1.964	2.146	2.470	3.012	54.55%
6	1.982	2.167	2.471	3.015	45.45%
7	1.982	2.183	2.501	3.082	36.36%
8	1.996	2.204	2.549	3.136	27.27%
9	2.029	2.220	2.582	3.138	18.18%
10	2.060	2.258	2.612	3.165	9.09%

表 4-6　4 个不同应力下的 t_P 值

应　　力		$t_P = \lg N_P$（N 的单位为千周）		
$S_i/\text{N} \cdot \text{mm}^{-2}$	$\lg S_i$	$t_{99.9}$	t_{90}	t_{50}
$S_1 = 199$	2.299	1.790	1.984	1.971
$S_2 = 166$	2.220	1.982	2.083	2.165
$S_3 = 141$	2.149	2.170	3.346	2.473
$S_4 = 120$	2.079	2.420	2.753	2.995

（3）作 $P\text{-}S\text{-}N$ 曲线　由于疲劳曲线的幂函数方程 $S^m N = C$，可改写为双对数坐标系中的直线方程：

$$\lg N = -m\lg S + \lg C \tag{4-59}$$

式中，$\lg C$ 为常数。以 $\lg S$ 为纵坐标，$\lg N$ 为横坐标，按一定的 P 将表 4-5 中不同的 $\lg S$ 及其相应的 $t_P = \lg N_P$ 值标到这种坐标系中，则各点位置就可以用一条直线来拟合，如图 4-30 所示，即为所求的 $P\text{-}S\text{-}N$ 曲线。

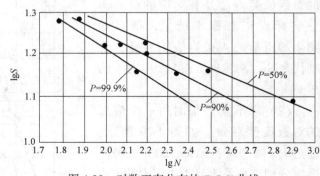

图 4-30　对数正态分布的 $P\text{-}S\text{-}N$ 曲线

这样作出的 $P\text{-}S\text{-}N$ 曲线，无论在疲劳研究或安全寿命估算中都起着重要的作用。

3. 威布尔分布 $P\text{-}S\text{-}N$ 曲线的做法

对于疲劳寿命服从威布尔分布的 $P\text{-}S\text{-}N$ 曲线作法，与对数正态分布基本相同。

（1）作多个应力下的多条 *P-N* 曲线 一般取 4 组同样试件，在 4 个不同应力 S_1、S_2、S_3、S_4 下做疲劳试验，得 4 组寿命数据。根据试验数据，在威布尔概率纸上，作出 4 条不同应力下的 *P-N* 曲线，如图 4-31 所示。

（2）求不同 *P* 值时各 S_i 的疲劳应力循环次数 N_i 值 根据 *P-N* 曲线图，对各不同 *P* 值作水平线与各 S_i 的 *P-N* 曲线相交，其交点所对应的横坐标值为 $N'_i = N_i - N_{oi}$。

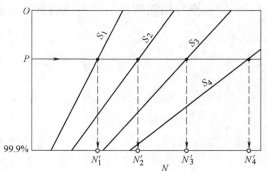

图 4-31 威布尔分布的 *P-N* 曲线

（3）作 *P-S-N* 曲线 以不同的存活率 *P* 作为参数，将各数据组（$\lg S_i$，$\lg N_i$）标在对数坐标纸上，作出拟合直线，如图 4-32 所示，即为所求的 *P-S-N* 曲线。从 *P-S-N* 曲线图可以看出，疲劳寿命的离散度随应力水平的降低而有所增加。

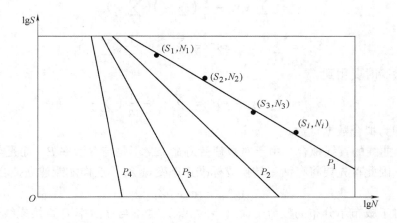

图 4-32 威布尔分布的 *P-S-N* 曲线

4. 试验数据的回归分析——最小二乘法的应用

无论用对数正态概率纸或威布尔概率纸作 *P-N* 曲线或 *P-S-N* 曲线时，都会遇到一个直线拟合的问题。由于根据试验数据得来的坐标点不完全，甚至不一定呈直线关系，因此也就不可能找出一条直线通过所有各点，而只能近似地画出拟合这些点的直线。

根据数理统计中的回归分析，可以利用最小二乘法来拟合直线，从而可以提高图解法的精确性。

（1）最小二乘法与回归系数 设直线方程 $y = a + bx$，式中 a、b 为待定常数。按照最小二乘法原理，可以估计出合适的回归系数 a 和 b。现设自变量的取值 x，与其对应的测定值为 y_i。则按假定的直线方程求得计算值 $y_{ob} = a + bx_i$，与该测定值之间有一定的误差 ε_i 存在。其值为

$$\varepsilon_i = y_i - (a + bx_i)$$

为估计出最佳的回归系数 a 和 b，以使误差 ε_i 的平方和：$E^2 = \sum_{i=1}^{n} \varepsilon_i^2$ 达到最小，可根据求极

值方法，令偏微分

$$\frac{\partial E^2}{\partial a} = 0 \quad 及 \quad \frac{\partial E^2}{\partial b} = 0$$

即可推导出能满足上述条件的常数 a 和 b 分别为

$$a = \bar{y} - b\bar{x} \tag{4-60}$$

$$b = \frac{S_{xy}}{S_{xx}} \tag{4-61}$$

$$\bar{x} = \frac{1}{n}\sum_{i=1}^{n} x_i \tag{4-62}$$

$$\bar{y} = \frac{1}{n}\sum_{i=1}^{n} y_i \tag{4-63}$$

$$S_{xy} = \sum_{i=1}^{n}(x_i - \bar{x})(y_i - \bar{y})$$

$$= \sum_{i=1}^{n} x_i y_i - \frac{1}{n}\left(\sum_{i=1}^{n} x_i\right)\left(\sum_{i=1}^{n} y_i\right) \tag{4-64}$$

$$S_{xx} = \sum_{i=1}^{n}(x_i - \bar{x})^2 = \sum_{i=1}^{n} x_i^2 - \frac{1}{n}\left(\sum_{i=1}^{n} x_i\right)^2 \tag{4-65}$$

又在做相关检验时要用到

$$S_{yy} = \sum_{i=1}^{n}(y_i - \bar{y})^2 = \sum_{i=1}^{n} y_i^2 - \frac{1}{n}\left(\sum_{i=1}^{n} y_i\right)^2 \tag{4-66}$$

以上各式中均为拟合数据点数。

（2）$P\text{-}N$ 曲线的直线拟合　由于对数疲劳寿命 $\lg N$ 不是与存活率 P，而是与其对应的 Z_P 呈线性关系，因此首先要将存活率转换成标准正态变量 Z_P，这样才能建立拟合直线方程。

$$\lg N_P = a + b Z_P \tag{4-67}$$

同样，对于威布尔分布的疲劳寿命（$N - N_0$）也不与存活率 P 直接成线性关系，而需换成拟合直线方程。换算原理如下：

设疲劳寿命 N 服从三参数威布尔分布，其分布函数可写成下列形式，即

$$F(N) = 1 - e^{-\left(\frac{N-N_0}{N_T-N_0}\right)^b} \tag{4-68}$$

式中，N_0 为最小寿命（位置参数）；N_T 为特征寿命；b 为形状参数。而存活率为

$$P = 1 - F(N) = -\left(\frac{N-N_0}{N_T-N_0}\right)^b \tag{4-69}$$

上式两侧取双重对数后得

$$\ln\ln\frac{1}{P} = b\left[\ln(N - N_0) - \ln(N_T - N_0)\right] \tag{4-70}$$

按式（4-70）换算成拟合直线方程，即

$$\ln\left[(N_P - N_0)\right] = a + \beta\ln\ln\frac{1}{P} \tag{4-71}$$

式中，$a = \ln(N_T - N_0)$ 及 $\beta = \frac{1}{b}$ 均为待定常数。然后，按回归分析公式分别求出其回归系数 a、b 或 α、β。

（3）P-S-N 曲线的直线拟合　　由式（4-59）可知，疲劳曲线的幂函数在 lg$S$-lg$N$ 的双对数坐标系中为一直线方程，即 lg$N$ = lg$C$ – $m$lg$S$。若取 lg$S$ 为自变量，则一定存活率 P-S-N 曲线的拟合直线方程为

$$\lg N_P = a + b\lg S \tag{4-72}$$

式中，a 和 b 为待定常数。

例如，已知 4 组试件在 4 个不同应力下，其存活率 P = 90% 时的 P-S-N 曲线的直线拟合数据如表 4-7 所示。利用线性回归方法，按式（4-60）～式（4-65）可求得其拟合直线方程为

$$\lg N_{90} = 10.018 - 3.532\lg S_i$$

（4）相关性检验　　在采用上述方法拟合直线时，必须明确这个两变量之间的是否具有某种线性关系。首先要靠了解对各类材料疲劳性能的实践经验来做判断，而在数理统计中，同时也可以用相关系数来检验两个变量之间的相关程度，或者用来衡量所列直线方程与试验数据的拟合程度。

按样本相关数 r 的定义，经简化得

表 4-7　P-S-N 曲线的直线拟合数据

序号	应　力		对数疲劳寿命（N 的单位为千周）$t_i = \lg N_{90}$	t_i^2	$(\lg S_i)^2$	$\lg S_i \times t_i$
	S_i/N·mm^{-2}	lgS_i				
1	199	2.299	1.984	3.936	5.285	4.561
2	166	2.220	2.220	4.360	4.929	4.635
3	141	2.149	2.346	5.504	4.618	5.042
4	120	2.079	2.758	7.607	4.322	5.734
	Σ	8.747	9.176	21.407	19.154	19.972

$$r = \frac{S_{xy}}{S_{xx}S_{yy}} \tag{4-73}$$

式中，S_{xy}、S_{xx}、S_{yy} 分别按式（4-64）～式（4-66）计算。

r 与回归系数 b 的关系为

$$r = b\sqrt{\frac{S_{xx}}{S_{yy}}} \tag{4-74}$$

如果计算得出 r 的绝对值接近于 1，这说明两个变量，例如 lg$S$ 与 lg$N$ 之间有密切关系。如果 r 接近于 0，就可以认为两者之间不是线性相关。在多数情况下，计算出 r 的绝对值是在 0～1 之间的某个中间值，这时可查相关系数检验表，表中列有对应于（n – 2）的相关系数的起码值。只有在 r 大于表中的起码值时，才能考虑用直线来描绘变量之间的关系。

4.6.3　给定寿命条件下的疲劳强度及其可靠度

1. 可靠性设计的疲劳极限线图

由 P-S-N 曲线可知，在给定应力下，零件达到破坏的循环次数（寿命）服从一定的概率分布。同样，在给定寿命（循环次数）下，导致零件破坏的应力，即疲劳强度也具有一定的概率分布，而且实践证明，其多数是服从正态分布或对数正态分布的。因此，在可靠性

设计中，要计算零件的疲劳强度及其可靠度，首先要确定零件在一定循环次数时的疲劳强度或疲劳极限的概率分布及其特征值。

对于不同的应力循环特性 $r = \dfrac{S_{\min}}{S_{\max}}$，根据试验数据，都可得到其在给定寿命下疲劳强度，或疲劳极限的概率分布，如图 4-33 所示，称为可靠性设计的疲劳极限线图。

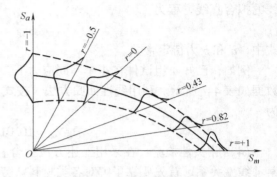

图 4-33　不同 r 值时疲劳极限分布

疲劳极限线图是 S_m（平均应力）-S_a（应力幅）坐标系中所作的等寿命曲线，也即在等寿命（$N = 10^5$ 次、10^6 次、10^7 次等）下，把各种力循环特性 r 下的疲劳极限的概率分布画在 S_m-S_a 坐标中所连成的曲线。在常规疲劳强度设计中，所用的疲劳极限线图是由各种应力循环特性 r 下的均值画出的，是一条曲线。而在可靠性设计中疲劳极限线图是一条曲线分布带（图 4-34），它的制作原理和方法如下：

设 $r = \dfrac{S_{\min}}{S_{\max}}$ 的直线与疲劳极限的均值图线相交 A 点，其平均应力为 $(\mu_{S_m}, \sigma_{S_m})$，应力幅为 $(\mu_{S_a}, \sigma_{S_a})$，于是合成应力的均值为

$$\overline{\mu_{S_r}} = \sqrt{\mu_{S_a}^2 + \mu_{S_m}^2}$$

合成应力的标准差 σ_{S_r} 可由下法求得：

过 B 点作 $BC \perp OA$ 和 CA 分别是 μ_{S_m} 和 μ_{S_a} 在 μ_{S_r} 上的投影，即 $OA = OC + CA = \mu_{S_m} \cos\theta + \mu_{S_a} \sin\theta$，根据两正态分

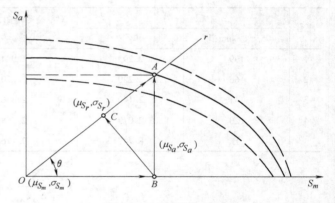

图 4-34　疲劳极限线图

布函数之和的标准差公式，可求得合成应力的标准差为

$$\begin{aligned}
\sigma_{S_r} &= \left[(\sigma_{S_m} \cos\theta)^2 + (\sigma_{S_a} \sin\theta)^2 \right]^{\frac{1}{2}} \\
&= \left[\sigma_{S_m}^2 \cos^2\theta + \sigma_{S_a}^2 (1 - \cos^2\theta) \right]^{\frac{1}{2}} \\
&= \left[\sigma_{S_a}^2 + (\sigma_{S_m}^2 - \sigma_{S_a}^2) \cos^2\theta \right]^{\frac{1}{2}} \\
&= \left[\sigma_{S_a}^2 + (\sigma_{S_m}^2 - \sigma_{S_a}^2) \frac{\mu_{S_m}^2}{\mu_{S_m}^2 + \mu_{S_a}^2} \right]^{\frac{1}{2}}
\end{aligned}$$

化简后得

$$\sigma_{S_r} = \left[\frac{\mu_{S_a}^2 \sigma_{S_a}^2 + \mu_{S_m}^2 \sigma_{S_m}^2}{\mu_{S_a}^2 + \mu_{S_m}^2} \right]^{\frac{1}{2}}$$

因此，知道（μ_{S_a}，σ_{S_a}）和（μ_{S_m}，σ_{S_m}）后便可求得（μ_{S_r}，σ_{S_r}）。而（μ_{S_a}，σ_{S_a}）和（μ_{S_m}，σ_{S_m}），则可从下面公式求出：

$$\left. \begin{aligned} \mu_{S_m} &= \frac{1}{2}(S_{\max} + S_{\min}) = \left(\frac{1+r}{2}\right)S_{\max} \\ \mu_{S_a} &= \frac{1}{2}(S_{\max} - S_{\min}) = \left(\frac{1-r}{2}\right)S_{\max} \\ \sigma_{S_m} &= \left(\frac{1+r}{2}\right)\sigma_{S_{\max}} \\ \sigma_{S_a} &= \left(\frac{1-r}{2}\right)\sigma_{S_{\max}} \end{aligned} \right\}$$

其中，$\sigma_{S_{\max}}$ 是最大应力 $S_{\max}$ 的标准差（而 $S_{\max}$ 即为在各种 r 下的疲劳强度或疲劳极限），因此，如果知道了疲劳极限的标准差 $\sigma_{\max}$，则 σ_{S_m} 和 σ_{S_a} 就可由上式求得，这样可求得合成应力的标准差 σ_{S_r} 值。代入标准正态变量公式，即可求出沿 r 方向存活率为 P（即可靠度 $R = P$）的疲劳极限 $S_{r(P)}$ 值。

$$S_{r(P)} = \mu_{S_r} + z_P \sigma_{S_r} \tag{4-75}$$

式中，z_P 为标准正态变量，可根据给定的 P 值查正态分布数值表求得。同理可得其他 r 值的相应点，这样就作出了可靠度 $R = P$ 值的疲劳极限线图。利用这些曲线，即可得出在 N 和 r 下的 P-S 分布。

在实际设计中，由于一般只能得到 $r = -1$（对称循环）时疲劳极限的试验数据。在这种情况下，可用图 4-35 所示，按以下方法近似确定 r 值的疲劳限（μ_{S_r}，σ_{S_r}）。

1）先按试验数据或按 P-S-N 曲线得出在规定寿命 N 下，$r = -1$ 时的疲劳极限（$\mu_{\sigma_{-1}}$，$\sigma_{\sigma_{-1}}$）。

2）作可靠性设计的疲劳极限线图（图 4-35）。

将所得的对称循环疲劳极限的均值 $\mu_{\sigma_{-1}}$ 画于图 4-35 的纵轴上，横轴为平均应力 S_m，为使图线清楚，纵轴的比例为横轴的两倍，对于应力循环特性 $r = \dfrac{S_{\min}}{S_{\max}} = 0$（脉动循环）这条线，与横坐标轴的夹角 θ 由 $\tan\theta = 2$，得 $\theta = 63.5°$。在纵轴上自 $S_a = \mu_{\sigma_{-1}}$ 的点作与横轴平行的直线，与 $r = 0$ 的线交于一点，再将这交点与横轴上的点 $S_m = \mu_{\sigma_{-1}}$（材料的强度极限）用实直线相连，则即得靠性设计的疲

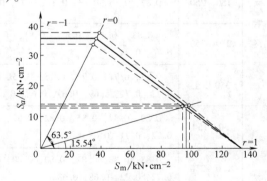

图 4-35　疲劳极限线图

劳极限线图。图中实线是代表其平均值，再在其两侧用虚线表示出其标准差。

3）若要求得实际工作应力 μ_{S_a} 和 μ_{S_m}，可按下式求代表 r 值的直线与横轴的夹角 θ 值。

$$\tan\theta = \frac{2\mu_{S_a}}{\mu_{S_m}}$$

例如，按上式求得某 r 值的 $\theta = 15.54°$，这样，就可以从原点起作一条相应的 r 线，它与疲劳极限线图在三点相交，由这三点坐标分别确定出应力幅 S_a 的均值和标准差为（μ_{S_a}, σ_{S_a}）；平均应力 S_m 的均值和标准差为（μ_{S_m}, σ_{S_m}）。

4）计算出两种合成的沿 r 线的疲劳极限的均值 μ_{S_r} 和标准差 σ_{S_r}。

通过上述方法，可以求得零件在一定循环次数 N 时沿 r 线的疲劳极限（μ_{S_r}, σ_{S_r}）。

2. 零件的疲劳极限

在疲劳试验中，最好用零件做试验，得出数据，这样得到的强度分布，不需要进行修正，可以直接应用于该零件的可靠性设计。但是用零件做疲劳试验，不仅试验费用高，而且需要大型设备，有时甚至不可能。所以，很多试验数据都是用标准试样做试验得到材料的名义强度，在实际设计中，一般用强度修正系数，将该名义强度转化成零件的实际几何形状及工作环境下的强度。

设零件的疲劳极限为（μ_{S_r}, σ_{S_r}），它可以用标准试样得到材料的疲劳极限（$\mu'_{S_r}, \sigma'_{S_r}$），考虑有效应力集中系数 K、尺寸系数 ε 及表面加工系数 β，计算式为

$$(\mu_{S_r}, \sigma_{S_r}) = \frac{(\mu_\varepsilon, \sigma_\varepsilon)(\mu_\beta, \sigma_\beta)}{(\mu_K, \sigma_K)}(\mu'_{S_r}, \sigma'_{S_r}) \tag{4-76}$$

式中，（$\mu_\varepsilon, \sigma_\varepsilon$）为尺寸系数的分布。尺寸系数是考虑零件的尺寸比试样尺寸大，从而使疲劳强度降低的系数。结构钢的尺寸系数 ε 见表4-8。

表 4-8　结构钢的尺寸系数 ε

钢种	尺寸 d/mm	尺寸系数的数据 ε	均值 μ_ε 及标准离差 σ_ε
碳素钢	30 ~ 150	1.04, 0.92, 0.86, 0.85, 0.83, 0.80, 0.79, 0.76	$n = 8$, $\mu_\varepsilon = 0.85625$ $\sigma_\varepsilon = 0.08897$
	150 ~ 250	0.87, 0.86, 0.83, 0.81, 0.78, 0.77, 0.76, 0.74	$n = 8$, $\mu_\varepsilon = 0.8025$ $\sigma_\varepsilon = 0.047734$
	250 ~ 350	0.83, 0.83, 0.83, 0.81, 0.78, 0.77, 0.77, 0.76, 0.74	$n = 9$, $\mu_\varepsilon = 0.7911$ $\sigma_\varepsilon = 0.03444$
	350 以上	0.83, 0.77, 0.77, 0.75, 0.75, 0.73, 0.73, 0.72, 0.72, 0.71, 0.69, 0.69, 0.68, 0.68	$n = 14$, $\mu_\varepsilon = 0.73$ $\sigma_\varepsilon = 0.04188$
合金钢	30 ~ 150	0.89, 0.87, 0.85, 0.82, 0.82, 0.81, 0.77, 0.75, 0.72, 0.71, 0.68	$n = 11$, $\mu_\varepsilon = 0.79$ $\sigma_\varepsilon = 0.0690$
	150 ~ 250	0.88, 0.88, 0.82, 0.80, 0.80, 0.76, 0.76, 0.75, 0.72, 0.72, 0.68, 0.63	$n = 12$, $\mu_\varepsilon = 0.7667$ $\sigma_\varepsilon = 0.07487$
	250 ~ 350	0.78, 0.69, 0.69, 0.62, 0.61	$n = 5$, $\mu_\varepsilon = 0.678$ $\sigma_\varepsilon = 0.06834$
	350 以上	0.78, 0.77, 0.75, 0.75, 0.75, 0.74, 0.72, 0.72, 0.71, 0.71, 0.70, 0.67, 0.64, 0.63, 0.63, 0.61, 0.60, 0.60, 0.58, 0.58, 0.57, 0.57	$n = 22$, $\mu_\varepsilon = 0.6718$ $\sigma_\varepsilon = 0.07202$

（μ_β, σ_β）为表面加工系数的分布。表面加工系数 β 是考虑零件的表面粗糙度不同于磨光试样使疲劳强度降低而引入的系数。对于强度极限≤150kN/cm² 的钢，其表面加工系数的均值 μ_β 及标准差 σ_β 的数据见表4-9。

表 4-9　表面加工系数

表面情况		抛　光	车　削	热　轧	锻　造
弯曲	β 数据	1.142, 1.119, 1.109, 1.122, 1.093, 1.093, 1.120, 1.078, 1.092, 1.134, 1.126, 1.148, 1.192, 1.172, 1.243	0.886, 0.834, 0.833, 0.814, 0.806, 0.785, 0.775, 0.777, 0.784, 0.780, 0.774, 0.756, 0.776, 0.750, 0.769	0.715, 0.668, 0.597, 0.591, 0.577, 0.547, 0.534, 0.517, 0.507, 0.515, 0.492, 0.456, 0.450, 0.410, 0.407	0.516, 0.475, 0.448, 0.406, 0.423, 0.419, 0.397, 0.372, 0.369, 0.368, 0.352, 0.326, 0.313, 0.293, 0.291
	n μ_β σ_β	$n=15$ $\mu_\beta = 1.1322$ $\sigma_\beta = 0.04344$	$n=15$ $\mu_\beta = 0.7933$ $\sigma_\beta = 0.03573$	$n=15$ $\mu_\beta = 0.5322$ $\sigma_\beta = 0.08771$	$n=15$ $\mu_\beta = 0.3845$ $\sigma_\beta = 0.06556$
拉压	β 数据	1.166, 1.111, 1.099, 1.129, 1.082, 1.088, 1.101, 1.072, 1.106, 1.086, 1.117, 1.153, 1.142, 1.210, 1.186	0.867, 0.834, 0.848, 0.834, 0.793, 0.782, 0.817, 0.772, 0.801, 0.777, 0.787, 0.766, 0.758, 0.760, 0.726	0.701, 0.668, 0.624, 0.597, 0.574, 0.555, 0.530, 0.491, 0.491, 0.517, 0.493, 0.461, 0.429, 0.422, 0.383	0.536, 0.474, 0.426, 0.431, 0.439, 0.406, 0.406, 0.375, 0.362, 0.343, 0.327, 0.306, 0.285, 0.280, 0.263
	n μ_β σ_β	$n=15$ $\mu_\beta = 1.1232$ $\sigma_\beta = 0.04061$	$n=15$ $\mu_\beta = 0.7948$ $\sigma_\beta = 0.03858$	$n=15$ $\mu_\beta = 0.5291$ $\sigma_\beta = 0.09141$	$n=15$ $\mu_\beta = 0.3773$ $\sigma_\beta = 0.07807$
扭转	β 数据	1.099, 1.130, 1.153, 1.071, 1.166, 1.128, 1.116, 1.087, 1.049, 1.027, 1.098, 1.114, 1.176, 1.203, 1.239	0.901, 0.870, 0.847, 0.822, 0.834, 0.839, 0.815, 0.779, 0.761, 0.767, 0.763, 0.778, 0.762, 0.754, 0.759	0.752, 0.654, 0.579, 0.609, 0.569, 0.583, 0.545, 0.530, 0.500, 0.513, 0.478, 0.446, 0.437, 0.409, 0.401	0.499, 0.434, 0.422, 0.392, 0.400, 0.386, 0.361, 0.333, 0.340, 0.358, 0.358, 0.334, 0.305, 0.306, 0.259
	n μ_β σ_β	$n=15$ $\mu_\beta = 1.12373$ $\sigma_\beta = 0.05701$	$n=15$ $\mu_\beta = 0.8034$ $\sigma_\beta = 0.04680$	$n=15$ $\mu_\beta = 0.5337$ $\sigma_\beta = 0.09582$	$n=15$ $\mu_\beta = 0.3658$ $\sigma_\beta = 0.05940$

（μ_K, σ_K）为有效应力集中系数的分布。有效应力集中系数 K 是考虑零件的几何形状不同于试样而产生的应力集中现象和材料对应力集中的敏感系数，使疲劳强度降低而引入的系数。具体取值可参阅机械零件或专业书。

3. 零件的疲劳强度及其可靠度

计算给定寿命下零件的疲劳强度及其可靠度，首先要绘制应力循环次数等于给定值 N 时，材料（试样）的疲劳极限线图的分布，或称等寿命曲线的分布（如图 4-36 中上面一组曲线）。如果以三维的图形来表示，这个分布是一个正态分布曲面。然后考虑所设计零件的有效应力集中系数、尺寸系数和表面加工系数，将材料的疲劳极限线图分布转化成零件的疲劳极限线图分布（如图 4-36 中下面一组曲线）。这个分布也是一个正态分布曲面。当应力循

▶▶▶▶▶▶▶▶

环特性 r 是常数的情况，这时，在已求得的零件疲劳极限线图上从原点 O 作一条给定 r 值的直线，在这条直线上画出强度分布和工作应力分布（图4-37）。

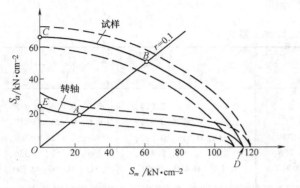

图4-36　转轴与光滑试样的疲劳极限线图　　图4-37　r 为常数时零件的强度-应力关系

因此，当 r 等于常数时的疲劳强度可靠性设计原理，与静强度可靠性设计原理是一样的。所不同的是，首先要按上述方法求出零件在给定寿命 N 时，r 为给定值下的疲劳强度 C 的分布参数 μ_C（均值）和 σ_C（标准差）。这里 $\mu_e = \mu_{S_r}$，$\sigma_e = \sigma_{S_r}$。

然后按零件的实际载荷和尺寸，按有关材料力学公式及有关正态分布函数的代数运算公式（见表4-1），求出零件危险截面工作应力 S 的分布参数 μ_S（均值）和 σ_S（标准差）。

按强度和应力均为正态分布时耦合方程为

$$z = -\frac{\mu_C - \mu_S}{\sqrt{\sigma_C^2 + \sigma_S^2}}$$

求得 Z 值。

算出零件的疲劳失效概率为

$$P(y = C - S \leq 0) = \frac{1}{\sqrt{2\pi}} \int_{-\infty}^{-\frac{\mu_C - \mu_S}{\sqrt{\sigma_C^2 + \sigma_S^2}}} e^{-\frac{z^2}{2}} dZ = \Phi\left(-\frac{\mu_C - \mu_S}{\sigma_C^2 + \sigma_S^2}\right)$$

从而可求得零件的疲劳强度可靠度

$$R = P(y > 0) = 1 - \Phi\left(-\frac{\mu_C - \mu_S}{\sigma_C^2 + \sigma_S^2}\right) \tag{4-77}$$

4.6.4　有限寿命脉动条件下零件的疲劳寿命及其可靠度

许多机械产品及设备，特别是各种重型机械、矿山机械、工程机械、起重运输机械以及海洋石油勘探设备中，有不少零件，它们所承受的载荷大而工作循环次数少，在整个使用期内也达不到其材料疲劳极限的循环基数（约为 10^7 次循环）。此外有些零件，在整个使用期内的工作循环次数，虽然有可能达到这个基数以上，但为了改变设计，如减小结构尺寸、减轻自重等原因，仍可按有限寿命设计，而通过采取合理的计划维修或更换的方法来确保使用这些零件产品的可靠性。例如，机械零件中应用最广泛的滚动轴承，就是根据在 10^6 次循环，可靠度为90%条件下的承载能力（动载荷系数）而进行设计和选用的。

1. 等幅变应力作用下零件的疲劳寿命及可靠度

机械零件中，如轴类及其他传动零件，它们多半承受对称或不对称循环等幅变应力的作用，根据对这些零件或试件所得到的试验数据进行统计分析，其分布函数常为对数正态分布或威布尔分布。现分布讨论它们的疲劳寿命及可靠度。

（1）疲劳寿命服从对数正态分布　对于在对称循环等幅变应力作用下的试件或零件，其疲劳寿命即达到破坏的循环次数一般符合对数正态分布，其概率密度函数为

$$f(N) = \frac{1}{N\sigma_{N'}\sqrt{2\pi}}\exp\left[-\frac{1}{2}\left(\frac{\ln N - \mu_{N'}}{\sigma_{N'}}\right)^2\right] \tag{4-78}$$

式中，$N' = \ln N$。

因此，零件在使用寿命即工作循环次数达 N_1 时的失效概率为

$$P(N \leqslant N_1) = P(N' \leqslant N'_1) = \int_{-\infty}^{N'_1}\frac{1}{\sqrt{2\pi}\sigma_{N'}}\exp\left[-\frac{1}{2}\left(\frac{N'-\mu_{N'}}{\sigma_{N'}}\right)^2\right]\mathrm{d}N' \tag{4-79}$$

$$= \int_{-\infty}^{z_1}f(z)\,\mathrm{d}z = \Phi(z_1)$$

式中，z 为标准正态变量；$Z_1 = \dfrac{N'_1 - \mu_{N'}}{\sigma_{N'}} = \dfrac{\ln N_1 - \mu_{\ln N}}{\sigma_{\ln N}}$。由此得可靠度为

$$R(N_1) = 1 - \Phi(z_1)$$

[例4-14]　某零件在对称循环等幅变应力 $S_a = 600\text{N/mm}^2$ 条件下工作。根据零件的疲劳实验数据，知其达到破坏的循环次数服从对数正态分布，其对数均值和对数标准差分别为：$\mu_{N'} = 10.647$，$\sigma_{N'} = 0.292$。求该零件工作到 15800 次循环时的可靠度。

解：按题意，$N_1 = 15800$ 次，故 $N'_1 = \ln N_1 = \ln 15800 = 9.668$。

已知：$\mu_{N'} = 10.647$，$\sigma_{N'} = 0.292$，故标准正态变量为

$$Z_1 = \frac{N'_1 - \mu_{N'}}{\sigma_{N'}} = \frac{9.668 - 10.647}{0.292} = -3.35$$

由此得可靠度为

$$R(N_1 = 15800) = 1 - \Phi(-3.35) = 1 - 0.0004 = 0.9996$$

（2）疲劳寿命服从威布尔分布　零件的疲劳寿命用威布尔分布来拟合更符合实际的失效规律，对于受高应力的接触疲劳尤为适用。常用的是三参数威布尔分布，其概率密度函数为

$$f(N) = \frac{b}{N_T - N_0}\left(\frac{N - N_0}{N_T - N_0}\right)^{b-1}\mathrm{e}^{-\left(\frac{N-N_0}{N_T-N_0}\right)^b} \tag{4-80}$$

式中，N_0 为最小寿命（位置参数）；N_T 为特征寿命（$R = \mathrm{e}^{-1} = 36.8\%$ 时的寿命）；b 为形状参数。

其分布函数为

$$F(N) = \begin{cases} 1 - \mathrm{e}^{-\left(\frac{N-N_0}{N_T-N_0}\right)^b}, & N \geqslant N_0 \\ 0, & N < N_0 \end{cases} \tag{4-81}$$

上式就是零件在使用寿命，即工作循环次数达 N 时的失效率。

$$R(N) = \begin{cases} \mathrm{e}^{-\left(\frac{N-N_0}{N_T-N_0}\right)^b}, & N \geqslant N_0 \\ 1, & N < N_0 \end{cases} \tag{4-82}$$

由式（4-82）可以求得零件在使用寿命即工作循环次数达 N 时的可靠度 $R(N)$ 值。

根据上述各式，可推导出求威布尔分布的平均寿命 μ_N、寿命均方差 σ_N 和可靠度寿命 N_R 的计算公式如下（推导过程从略）

$$\mu_N = N_0 + (N_T - N_0)\Gamma\left(1 + \frac{1}{b}\right) \tag{4-83}$$

$$\sigma_N = (N_T - N_0)\left[\Gamma\left(1 + \frac{2}{b}\right) - \Gamma^2\left(1 + \frac{1}{b}\right)\right]^{\frac{1}{2}} \tag{4-84}$$

$$N_R = N_0 + (N_T - N_0)\left[\ln\frac{1}{R}\right]^{\frac{1}{b}} \tag{4-85}$$

应用上述各式进行计算时，必须首先求出威布尔分布三个分布参数 N_0、N_T、b 的估计值。在工程上一般应用威布尔概率纸用图解法来估计，可以达到一定精度，满足工程计算的要求；也可以用分析法来估计，能达到较高的精确性，但计算较复杂。

2. 不稳定变应力作用下零件的疲劳寿命

（1）载荷（应力）累积频数分布图　在各种机械设备中，有不少零部件而且大多是主要零部件，是在不稳定变应力条件下工作的。要预测这些零件的疲劳寿命，首先要通过实例，取得这些零件在实际工况下的载荷（应力）谱。对于承受随机载荷的零件，在进行疲劳计算时，必须要搞清楚零件上危险点的位置，以及在随机载荷作用下危险点上的应力随时间变化的历程，一般可以用实测法得到。然后通过适当的计数方法，将应力-时间历程作为子样，估计出母体的应力变化规律。目前出现的计数法有十几种。主要的有穿级计数法、峰值计数法、振程计数法和雨流法等。其中以雨流法应用最广，精度高，可以编成计算机程序，用电子计算机进行计数。在选用某种计数法之前，应对实测得到的应力-时间历程（图4-38）进行分析研究。如果它属于各态历经的随机过程，则各分段子样的均值能很好地与母体的均值相符合，也就是说，对于各态历经的随机过程，只要分析一个子样就行了。将实测所得的应力-时间历程，经计数法统计后，可以绘出实测应力累积频数分布图（图4-39）。这种载荷（应力）谱不仅是用来估计零件疲劳寿命的原始资料，而且也是作为进一步在实验室中进行模拟加载试验的基本依据。在绘实测应力累积频数分布图时，忽略了应力的先后次序对疲劳的影响。但如果增加应力级数，则应力先后次序的影响会减小，这样在不同的程序加载下，疲劳寿命就不会有很大的差别。现在大都采用八个应力级的试验程序，认为这就足以代表连续应力-时间历程了。

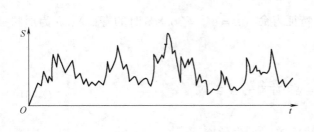

图 4-38　应力-时间历程

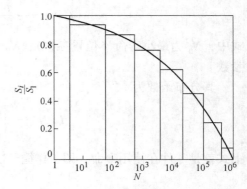

图 4-39　实测应力累积频数分布图

（2）按疲劳损伤累积理论预测疲劳寿命

1）迈纳（Miner）法。当零件承受不稳定变应力时，在设计中常采用迈纳的疲劳损伤累积理论来估计零件的疲劳寿命（图4-40）。这是一种线性损伤累积理论，其要点是：每一载荷量都损耗试件一定的有效寿命分量；疲劳损伤与试件吸收的功成正比；这个功与应力的作用循环次数和在该应力值下达到破坏的循环次数之比成比例；试件达到破坏时的总损伤量（总功）是一个常数；低于疲劳极限 S_e 以下的应力，认为不再造成损伤；损伤与载荷的作用次序无关；各循环应力产生的所有损伤分量之和等于1时，试件就发生破坏。

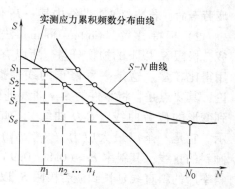

图4-40 损伤累积理论示意图

因此，归纳起来可得出如下的基本关系式

$$d_1 + d_2 + \cdots + d_k = \sum_{i=1}^{k} d_i = D$$

$$\frac{d_i}{D} = \frac{n_i}{N_i}, \quad \text{或} \quad d_i = \frac{n_i}{N_i} D$$

$$\frac{n_1}{N_1} D + \frac{n_2}{N_2} D + \cdots + \frac{n_k}{N_k} D = D$$

所以

$$\sum_{i=1}^{k} \frac{n_i}{N_i} = 1 \tag{4-86a}$$

式中，D 为总损伤量；d_i 为损伤分量或损耗的疲劳寿命分量；n_i 为在应力级 S_i 作用下的工作循环次数；N_i 为 S-N 曲线上对应于应力级 S_i 的破坏循环次数。

式（4-86a）称为迈纳（Miner）定理。由于上述的迈纳理论没有考虑应力级间的相互影响和低于疲劳极限 S_e 以下应力的损伤分量，因而有一定的局限性。但由于该公式简单，已广泛应用于有限寿命设计中。

设 N_L 为所要估计的零件在不稳定变应力作用下的疲劳寿命，令 a_i 为第 i 个应力级 S_i 作用下的工作循环次数 n_i 与各级应力总循环次数之比，则

$$a_i = \frac{n_i}{\sum_{i=1}^{k} n_i} = \frac{n_i}{N_L}, \quad \text{即} \quad n_i = a_i N_L$$

代入式（4-86a）得

$$N_L \sum_{i=1}^{k} \frac{a_i}{N_i} = 1 \tag{4-86b}$$

又设 N_1 代表最大应力级 S_1 作用下的破坏循环次数，则根据材料疲劳曲线 S-N 函数关系并

$$\frac{N_1}{N_i} = \left(\frac{S_i}{S_1} \right)^m$$

代入式（4-86b），得估计疲劳寿命的计算式为

$$N_L = \frac{1}{\sum_{i=1}^{k} \frac{a_i}{N_i}} = \frac{N_1}{\sum_{i=1}^{k} a_i \left(\frac{S_i}{S_1} \right)^m} \tag{4-87}$$

在用上式计算时，若 S_i 与 N_i 的对应值是按 $S\text{-}N$ 曲线得出的，则 N_L 为可靠度 $R = 50\%$ 时的疲劳寿命；若按 $P\text{-}S\text{-}N$ 曲线中某一 P_i 值的曲线得出，则 N_L 为可靠度 $R = P_i$ 时的疲劳寿命。

2）柯特-多兰（Corten-Dolan）法。由于迈纳理论没有考虑应力级间的相互影响和低于疲劳极限 S_e 以下的损伤分量，所以有不少学者对此提出了修正。其中以柯特－多兰理论应用得比较多。这是一种修正的线性损伤累积理论，其要点是：将零件的 $S\text{-}N$ 曲线进行修正，得到变形的疲劳曲线（$C\text{-}D$ 曲线），如图 4-41 所示。它是一条以最大应力（S_1，N_1）点起向下倾斜的直线，其斜率 $d = (0.8 \sim 0.9)m$；将修正斜率后的斜直线延长到疲劳极限 S_e 以下。

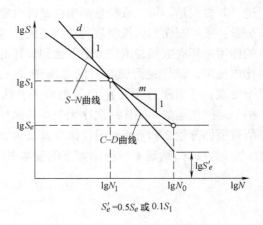

凡 $S_i \leqslant 0.5 S_e$ 或 $S_i \leqslant 0.1 S_1$（S_1 是最大一级应力）的应力均不考虑。这样柯特-多兰公式可在迈纳公式的基础上修改为以下形式，即

$$N_L = \frac{N_1}{\displaystyle\sum_{i=1}^{k} a_i \left(\frac{S_i}{S_1}\right)^d} \qquad (4\text{-}88)$$

因此，对于低应力损伤分量占比较大的场

图 4-41　$C\text{-}D$ 变形疲劳曲线

合，用柯特-多兰法估计的疲劳寿命，将比用迈纳法估计的疲劳寿命为短，且较符合实际。

[**例 4-15**] 某零件受不稳定变应力作用，对其应力谱进行统计分析，结果见表 4-10。其中所划分的 9 级应力中最大的一级为 $S_1 = 20\mathrm{kN/cm^2}$，其在相应的疲劳曲线上达到破坏的循环次数为 $N_1 = 5.9 \times 10^4$ 次。设已知零件疲劳曲线的斜率为 $m = 6$，疲劳极限为 $S_e = 10\mathrm{kN/cm^2}$。试分别按迈纳法和柯特-多兰法估计出该零件的疲劳寿命，并进行比较。

根据表 4-10 的统计分析数据。

表 4-10　不稳定变应力谱进行统计分析数据

实测及统计分析数据					迈纳法	柯特-多兰法
级别 i	应力 $S_i/\mathrm{kN \cdot cm^{-2}}$	频数 n_i	相对频率 a_i	应力比 S_i/S_1	$a_i \left(\dfrac{S_i}{S_1}\right)^6$	$a_i \left(\dfrac{S_i}{S_1}\right)^{5.1}$
1	20.00	1	0.0004	1.000	0.00040	0.00040
2	17.65	4	0.0016	0.883	0.00076	0.00085
3	15.30	15	0.0060	0.765	0.00120	0.00153
4	12.95	50	0.0200	0.648	0.00148	0.00219
5	10.60	130	0.0520	0.530	0.00115	0.00204
6	8.25	260	0.1040	0.413	—	0.00114
7	5.90	490	0.1960	0.295	—	0.00039
8	3.55	750	0.3000	0.178	—	0.00005
9	1.20	850	0.3200	0.060	—	0.00000
Σ		2500	1.0000	—	0.00499	0.00859
$N_1 = 5.9 \times 10^4$ 次循环；疲劳极限 $S_1 = 10\mathrm{kN/cm^2}$						

（1）用迈纳法估计零件的疲劳寿命 按 $m=6$，计算得：$\sum\limits_{i=1}^{5} a_i\left(\dfrac{S_i}{S_1}\right)^6 = 0.00499$，而第6级以下应力的损伤分量，因低于疲劳极限 $S_e = 10\text{kN/cm}^2$，故均不予计入，由式（4-87）得疲劳寿命的估计值为

$$N_L = \frac{N_1}{\sum\limits_{i=1}^{5} a_i\left(\dfrac{S_i}{S_1}\right)^6} = \frac{5.9 \times 10^4}{0.00499} = 1.182 \times 10^7$$

（2）用柯特-多兰法估计零件的疲劳寿命 取变形疲劳曲线的斜率 $d = 0.85m = 5.1$。计算得：$\sum\limits_{i=1}^{9} a_i\left(\dfrac{S_i}{S_1}\right)^{5.1} = 0.00859$；即考虑了全部9级应力的损伤积累。代入式（4-88）得疲劳寿命的估计值为

$$N_L = \frac{N_1}{\sum\limits_{i=1}^{9} a_i\left(\dfrac{S_i}{S_1}\right)^{5.1}} = \frac{5.9 \times 10^4}{0.00859} = 6.87 \times 10^6$$

可见，按柯特-多兰法与迈纳法相比，由于 $\dfrac{0.00859}{0.00499} = 1.72$，即用它所估计的疲劳寿命值比用迈纳小 1.72 倍，较为安全，更接近实际。

3. 承受多级变应力作用的零件在给定寿命时的可靠度

设某零件承受如图 4-42 所示的三级等幅变应力（S_a 为应力幅，S_m 为平均应力）：（S_{a_1}, S_{m_1}）、（S_{a_2}, S_{m_2}）、（S_{a_3}, S_{m_3}）的作用。其相应的工件循环次数为：n_1、n_2、n_3。若疲劳寿命的分布形式为已知，例如常假设为对数正态分布，以 $\mu_{N_1'}$、$\mu_{N_2'}$、$\mu_{N_3'}$ 表示应力（S_{a_1}, S_{m_1}）、（S_{a_2}, S_{m_2}）、（S_{a_3}, S_{m_3}）时的对数寿命均值；$\sigma_{N_1'}$、$\sigma_{N_2'}$、$\sigma_{N_3'}$ 表示对数寿命标准差，则就可逐级通过标准正态变量 Z_1、Z_2、Z_3 的换算，得出 $n = n_1 + n_2 + n_3$ 工作循环时的可靠度。

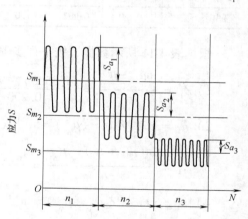

图 4-42 多级等幅变应力谱

具体步骤如下：

1）计算 Z_1。

$$Z_1 = \frac{\ln n_1 - \mu_{N_1'}}{\sigma_{N_1'}} \tag{4-89}$$

2）计算第 1 级折合到第 2 级的当量工作循环次数 n_{1e}。

$$n_{1e} = \ln^{-1}\left(Z_1 \sigma_{N_2'} + \mu_{N_2'}\right) \tag{4-90}$$

3）计算 Z_2。

$$Z_2 = \frac{\ln(n_{1e} + n_2) - \mu_{N_2'}}{\sigma_{N_2'}} \tag{4-91}$$

4）计算第 1、2 级折合到第 3 级的当量工作循环次数 $n_{1,2e}$。

$$n_{1,2e} = \ln^{-1}\left(Z_2 \sigma_{N_3'} + \mu_{N_3'}\right) \tag{4-92}$$

5）计算 Z_3。

$$Z_3 = \frac{\ln(n_{1,2e} + n_3) - \mu_{N_3'}}{\sigma_{N_3'}} \tag{4-93}$$

6）计算可靠度 R。

$$R = \int_{Z_3}^{\infty} f(Z)\mathrm{d}Z = 1 - \int_{-\infty}^{Z_3} f(Z)\mathrm{d}Z = 1 - \Phi(Z_3)$$

由已求得的 Z_3 值，查正态分布数值表得 $\Phi(Z_3)$ 值，从而可求得可靠度 R 值。

上述方法，按同样步骤，可推广应用于求任意多级等幅变应力或不稳定变应力作用时零件的可靠度。

[例 4-16] 某转轴受三级等幅变力：$S_{a_1} = 690\mathrm{N/mm}^2$，$S_{a_2} = 550\mathrm{N/mm}^2$，$S_{a_3} = 480\mathrm{N/mm}^2$ 的作用（S_{m_1}、S_{m_2}、S_{m_3} 均为 0），其工作循环次数分别为：$n_1 = 3500$ 次，$n_2 = 6000$ 次，$n_3 = 10000$ 次。已知该轴的疲劳试验数据见表 4-11，求该轴在这三级变应力作用下总工作循环次数达 $n = 3500$ 次 $+ 6000$ 次 $+ 10000$ 次 $= 19500$ 次时的可靠度。

表 4-11 转轴疲劳破坏循环次数的分布参数

$R(N)$	80%	85%	90%	92%	95%	96%	97%	98%	99%
L_R	L_{20}	L_{15}	L_{10}	L_8	L_5	L_4	L_3	L_2	L_1
球轴承	0.798	0.878	1.0	1.073	1.241	1.329	1.451	1.641	2.024
滚子轴承	0.861	0.917	1.0	1.048	1.155	1.209	1.282	1.391	1.600
圆锥滚子轴承	0.845	0.907	1.0	1.054	1.176	1.238	1.322	1.450	1.697

根据表 4-11 所示数据，按下列步骤计算：

1）$Z_1 = \dfrac{\ln n_1 - \mu_{N_1'}}{\sigma_{N_1'}} = \dfrac{\ln(3500) - 9.390}{0.200} = -6.1474$。

2）$n_{1e} = \ln^{-1}(Z_1 \sigma_{N_2'} + \mu_{N_2'}) = \ln^{-1}[(-6.1474) \times 0.205 + 10.640] = 11846$。

3）$Z_2 = \dfrac{\ln(n_{1e} + n_2) - \mu_{N_2'}}{\sigma_{N_2'}} = \dfrac{\ln(11846 + 6000) - 10.640}{0.205} = -4.1486$。

4）$n_{1,2e} = \ln^{-1}(Z_2 \sigma_{N_3'} + \mu_{N_3'}) = \ln^{-1}[(-4.1486) \times 0.210 + 11.390] = 3700$。

5）$Z_3 = \dfrac{\ln(n_{1,2e} + n_3) - \mu_{N_3'}}{\sigma_{N_3'}} = \dfrac{\ln(37000 + 10000) - 11.390}{0.210} = -3.010$。

6）$R = \displaystyle\int_{-3.010}^{\infty} f(Z)\mathrm{d}Z = 1 - \Phi(-3.010) = 1 - 0.0013 = 0.9987 = 99.87\%$。

4.7 ANSYS 可靠性分析介绍

📝 **本节学习要点**

1. ANSYS 中的可靠性数值分析方法。

2. ANSYS 可靠性分析内容和步骤。

在对结构的可靠性进行分析时，只有那些比较简单或经过大量简化后的问题才能采用前面介绍的方法。对于一般的工程结构进行可靠性分析，目前采用最为普遍和有效的方法是数值分析方法。ANSYS 中就设置了可靠性分析的数值求解功能，其中包括了两类数值求解方法：蒙特卡罗法（Monte Carlo Simulation）和响应面法（Response Surface Methods）。蒙特卡罗法是一种对问题中的随机变量进行大量抽样进行试验的数值模拟方法。在 ANSYS 中蒙特卡罗法又分为蒙特卡罗直接法和拉丁超立方法，后者由于避免了重复抽样，效率要比前者高；响应面法是近些年发展起来的一种数值模拟方法，其基本原理是通过一系列的确定性的试验拟合一个响应面（函数）来模拟问题的真实极限状态曲面（函数），然后再通过如蒙特卡罗法这样的方法调用这个模拟函数来计算结构的可靠度。在 ANSYS 中，响应面法依据拟合响应面时抽样的方式又分为中心复合设计法和矩阵设计法。蒙特卡罗法适用面广，只要建模准确，模拟次数足够多，所得结果就是可信的。因此，如果不考虑计算时间，为了得到较为可信的结果，应该首先采用此法。但对于比较复杂的结构可靠性分析，由于变量多，或又如采用有限元分析并考虑可靠性的优化问题，有大量的结构重分析在内，这时，计算时间就是不得不考虑的问题。响应面法的优点是比蒙特卡罗法需要较少的模拟时间，结果又能满足一定的精度要求，但其不足之处在于模拟次数取决于输入变量的个数，并在一些问题中受到限制。

1. 分析类型

ANSYS 可以对结构的可靠性进行分析，分析类型包括：

1）已知随机变量的分布，求解结果的随机分布情况。

2）已知随机变量的分布，求解结构失效概率。

3）已知随机变量的分布和容许失效概率，求解结构性能的许用极限，如最大变形、最大应力等。

4）已知随机变量的分布，求解对输出结果和失效概率影响最大的变量。

5）其他。

2. 步骤

与 ANSYS 的结构优化过程类似，结构的可靠性分析也可分为以下两个阶段：

第 1 阶段 生成分析文件（相当于分析子程序）。可以用纯文本编辑器（如写字板或记事本）编写所有的数值输入和结构所需的有限元分析的操作过程，语句要符合 ANSYS 中的语法规定，并将文件存在预定目录下。也可通过交互的方式，先完成结构均值的有限元分析，再以 ANSYS 生成的 LOG 文件为基础，删除多余的命令形成优化迭代所需的分析文件并保存。

第 2 阶段 进入可靠性分析阶段。本阶段的工作及其顺序为：

1）为可靠性分析指定分析文件，即指定第 1 阶段中已保存的文件名称及路径。

2）选择、定义随机输入变量以及它们之间的相关系数，确定各随机输入变量的分布类型（正态、对数正态、指数、威布尔分布）及其参数。

3）指定输出结果变量。

4）选择分析方法。

5）执行可靠性分析循环。

6）对结果进行分析评估。

[**例4-17**]　板的结构可靠性分析。

单边固定的方板，其悬臂端的一角点处作用有垂直向下的集中力 FORCE（图4-43），服从对数正态分布（ANSYS 中的 LOG1 型），均值 $\mu = 100$N，标准差 $\sigma = 10$N；板的边长 LENGTH 为 100mm，服从均匀分布，允差为 ± 0.1mm；厚度 THICKNESS 为 2mm，服从均匀分布，允差为 ± 0.1mm；弹性模量 YOUNG 服从正态分布 N（200000N/mm^2，10000N/mm^2）；密度 DENGSITY 为 7×10^{-6}kg/mm^3，服从均匀分布，允差为 $\pm 7 \times 10^{-5}$kg/mm^3。

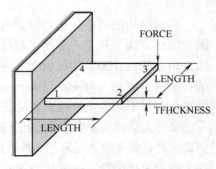

图4-43　板的几何参数和受力情况

设板的最大垂直变形为 DMAX，板内最大的相当应力为 SMAX，要求对 DMAX 和 SMAX 进行可靠性分析，求 DMAX < 3.0mm 的概率，以及失效概率为 10% 时 DMAX 的最大允许取值。

解　根据本题所给条件和要求分析，应将板的边长、厚度、材料弹性模量、密度和集中力作为可靠性分析中的输入设计变量，板的最大变形和相当应力作为结果变量。

第1阶段　通过交互方式形成分析文件。

第1步：初始化设计变量。

采用各个参数的均值对设计变量进行赋值。

在 ANSYS 输入窗口输入下列语句：

LENGTH = 100

YOUNG = 200000

THICKNESS = 2

FORCE = 100

DENGSITY = 7e − 6

第2步：定义材料属性。

在材料模式中，输入材料的弹性模量数值为 YOUNG，泊松比为 0.3（非随机变量），密度为 DENGSITY。注意，所有参数值的单位要统一。

第3步：定义单元类型。

本题要进行三维板的静力分析，因此，选择 ANSYS 中的 SHELL63 板壳单元，该单元每个节点有 6 个自由度，分别是 3 个移动自由度和 3 个转动自由度。

第4步：定义单元几何属性。

对于选择的 SHELL63 类型的单元，在实常数输入中，输入其 4 个角点处的厚度均为 THICKNESS。

第5步：建立有限元模型。

由于本题中的结构非常简单，可通过生成关键点 1、2、3、4，然后形成几何面，自动划分网格来生成有限元模型。

第6步：施加位移约束和载荷。

根据板的支撑条件，可将板的 1 ~ 4 边所有方向的位移约束，在关键点 3 处的 Z 向施加-

100 的集中力。

第 7 步：求解。

第 8 步：提取信息。

在后面的可靠性分析中，要用到每次分析的结果，所以这一步是非常关键的。本题中，已经将最大变形和最大相当应力作为结果变量，所以，应该将这两个参数提取出来，作为变量。待每次结构分析完成后，这两个变量的值均作为当前结构的最大变形和最大相当应力，提供给可靠性分析使用。

在 ANSYS 输入窗口输入：

```
/POST1                              ----进入后处理器
NSORT, U, Z, 1, 1                   ----将节点沿 Z 轴方向的位移按绝对值大小排序
*GET, DMAX, SORT, 0, MAX            ----提取节点沿 Z 轴方向的最大位移
NSORT, S, EQV, 1, 1                 ----将节点相当应力按绝对值大小排序
*GET, SMAX, SORT, 0, MAX            ----提取最大相当应力
```

第 2 阶段 可靠性分析。

第 1 步：建立命令流文件。

在应用菜单中选择 Utility Menu > File > Write DB Log File... 命令，将数据库中保存的命令流写入特定的文件中，生成命令流文件，文件名可以自定。如果打开这个文件，应该出现以下的命令流：

```
/PREP7
LENGTH = 100
YOUNG = 200000
THICKNESS = 2
FORCE = 100
DENGSITY = 7e-6
MP, EX, 1, YOUNG
MP, NUXY, 1, 0.3
MP, DENS, 1, DENGSITY
ET, 1, SHELL63
R, 1, THICKNESS, THICKNESS, THICKNESS, THICKNESS
K, 1
K, 2, LENGTH
K, 3, LENGTH, LENGTH
K, 4, 0, LENGTH
A, 1, 2, 3, 4
LSEL, ALL
LESIZE, ALL,,, 16
AMESH, ALL
NSEL, S, LOC, X, 0.0, 0.0
D, ALL, ALL, 0.0
```

>>>>>>>>>>

```
NSEL, S, LOC, X, LENGTH, LENGTH
NSEL, R, LOC, Y, LENGTH, LENGTH
F, ALL, FZ, -FORCE
FINISH
/SOLU
SOLVE
FINISH
/POST1
NSORT, U, Z, 1, 1
*GET, DMAX, SORT, 0, MAX
NSORT, S, EQV, 1, 1
*GET, SMAX, SORT, 0, MAX
FINISH
```

为减少不必要的计算量，可将打开的文件中多余的语句删除。

第2步：指定分析文件。

在主菜单中选择 Prob Design > Assign > AssignDeterministic Model File，指定上一步保存的文件名作为本题的结构分析命令流文件。如果不执行第1阶段的步骤，而是直接编辑好分析文件，存于硬盘目录中，则必须在进入可靠性分析指定分析文件前，先在应用菜单栏的"文件"下拉菜单中选择"Read Input From"项，将分析文件读入到 ANSYS 中。

第3步：定义输入变量。

选择 Prob Design > Prob definitns...，在随机变量输入窗口选择 LENGTH 作为输入变量，在"Distribution Type"下拉列表框选择"Uniform UNIF"作为分布类型，并在其 Low Boundary 和 Up Boundary 文本框中分别输入 LENGTH-0.1 和 LENGTH+0.1；类似地，输入板厚 THICKNESS 为输入变量，选择 Uniform UNIF 作为分布类型，上下边界值为 THICKNESS+0.1 和 THICKNESS-0.1；密度 DENGSITY 作为输入变量，选择 Uniform UNIF 为分布类型，上下边界值为 DENGSITY$+7*10^{-5}$ 和 DENGSITY$-7*10^{-5}$。YOUNG 作为输入变量，选择正态分布类型，输入其均值200000、标准差10000；FORCE 作为输入变量，选择对数正态 LOG1 分布类型，输入其均值100、标准差10。

第4步：定义输出结果变量。

选择主菜单 Prob Design > Prob definitns...，在随机变量输出窗口，选择参数文本框中再先后选择 DMAX 和 SMAX 作为输出结果变量。

第5步：定义分析方法。

此处选择蒙特卡罗法作为分析方法。选择主菜单 Prob Design > Prob Method，在窗口中选择 Monte Carlo Sims，在其窗口中的 Sampling Method 选项中选中 Latin Hypercube（拉丁超立方法），在其选项窗口的 Number of Simulations 文本框中输入100作为分析次数；在 Random Seed Option（随机种子选项）选项组中选择 Use 123457 init。

第6步：执行可靠性分析。

选择主菜单 Prob Design > Run > Exec serial > Run Serial...，在其窗口输入运行标识，如"DD"，执行可靠性分析。

第7步：查看结果。

1. 显示 Dmax < 3.0 的概率

选择主菜单 Prob Design > Statistics > Probabilities...，在弹出的 Prob Design Variable 窗口中选择 Dmax，在 Limit Value 文本框中输入"3.0"，显示 Dmax < 3.0 的概率。

2. 绘制 DMAX 的分布函数图

选择主菜单 Prob Design > Statistics > CumulativeDF...，在弹出的 Prob Design Variable 窗口中选择 Dmax，绘出 DMAX 的分布函数图。

3. 绘图显示影响 SMAX 取值的因素

选择主菜单 Prob Design > Trends > Sensibilities...，在弹出的 Select Results Set 窗口中选择 SMAX，在 Select Reponse Param 窗口中选择 SMAX 选项，绘出影响 SMAX 取值的因素。

4. 生成可靠性分析报告

选择主菜单 Prob Design > Report > Generate Report...，在弹出的窗口中的 Report file name 文本框中输入分析报告的名称，生成可靠性分析报告。

思 考 题

4-1　何谓机械产品的的可靠性？研究可靠性有何意义？

4-2　何谓可靠度？如何计算可靠度？

4-3　何谓失效率？如何计算失效率？失效率与可靠度有何关系？

4-4　可靠性分布有哪几种常用分布函数？试写出它们的表达式。

4-5　机电系统的可靠性模型有哪些？

4-6　何谓串联系统？何谓并联系统？何谓混联系统？

4-7　试述浴盆曲线的失效规律和失效机理？如果产品的可靠性提高，浴盆曲线将有何变化？

4-8　可靠性工程中搜集数据的方法有哪些？

4-9　强度的可靠性设计与常规静强度设计有何不同？

4-10　可靠性设计的出发点是什么？

4-11　可靠性设计包括哪些部分？

4-12　简述机械和电子产品的可靠性设计过程。

4-13　为什么按静强度设计法分析为安全零件，而按可靠性分析后会出现不安全的情况？试举例说明。

4-14　什么是故障树分析法？其特点是什么？

4-15　如何建立故障树？应注意哪些问题？

4-16　试解释 $P\text{-}S\text{-}N$ 曲线的意义。

4-17　为何要进行疲劳寿命和疲劳强度的可靠性分析？

4-18　机械电子系统的可靠性与哪些因素有关？机械系统可靠性预测的目的是什么？

4-19　机械电子系统的逻辑图与结构图有什么区别？零件间的逻辑关系有几种？

习 题

4-1　假设有 100 个产品，在 5 年内有 10 个产品失效，在 6 年中有 15 个产品失效，求 5 年后产品的失效概率是多少？

4-2　有 1000 个零件，已知其失效为正态分布，均值为 500h，标准差为 40h。求：$t = 400h$ 时，其可靠

>>>>>>>>

度、失效概率为多少？经过多少小时后，会有20%的零件失效？

4-3 零件的强度 δ 和应力 S 服从正态分布，均值和标准差分别为：$\mu_\delta = 200\text{MPa}$，$\sigma_\delta = 25\text{MPa}$，$\mu_S = 140\text{MPa}$，$\sigma_S = 13\text{MPa}$，试预计零件的可靠度。若强度的标准差减少到14MPa，则可靠度将变为多少？

4-4 已知一受拉圆杆承受的载荷为 $P \sim N(\mu_P, \sigma_P)$，其中 $\mu_P = 60000\text{N}$，$\sigma_p = 2000\text{N}$，拉杆的材料为某低合金钢，抗拉强度为 $\delta - N(\mu_\delta, \sigma_\delta)$，其中 $\mu_\delta = 1076$ MPa，$\sigma_\delta = 42.2\text{MPa}$，要求其可靠度达到 $R = 0.999$，试设计此圆杆的半径。

4-5 有一方形截面的拉杆，它承受集中载荷 P 的均值为150kN，标准偏差为1kN。拉杆材料的抗拉强度的均值为800MPa，标准偏差为20MPa，试求保证可靠度为0.999时杆件截面的最小边长（设公差为公称尺寸的1.5%）。

4-6 强度和应力均为任意分布时，如何通过编程计算可靠度？试编写程序。

4-7 一个由5个单元串联组成的产品，每个单元的可靠度分别如下：$R_1(t) = 0.97$，$R_2(t) = 0.97$，$R_3(t) = 0.95$，$R_4(t) = 0.93$，$R_5(t) = 0.92$，试预测系统的可靠度。

4-8 一个产品由5个零件串联组成，所有零件的失效率 λ_1，λ_2，$\cdots$，λ_5 分别为：$100 \times 10^{-6}/\text{h}$，$90 \times 10^{-6}/\text{h}$，$85 \times 10^{-6}/\text{h}$，$20 \times 10^{-6}/\text{h}$，$130 \times 10^{-6}/\text{h}$，试分别预测产品10h后和1000h后的可靠度。

4-9 一架由三台发动机串联驱动的飞机，三台发动机失效率分别是：0.0002/h，0.0003/h 和 0.0004/h，若一次飞行10h，试预测飞机的可靠度。

4-10 一个产品由4个相同的零件串联组成。如果希望产品能够达到0.96的可靠度指标，那么每个零件的可靠度应是多少？当这个产品的失效率是0.0002/h，零件的最大的失效率是多少？

4-11 一个由3个子系统串联组成的系统，预计3个子系统的失效率分别是：0.005/h，0.004/h，0.003/h，假设40h后，系统应该有0.98的可靠度，那么每个子系统的可靠度是多少？

4-12 已知某产品的寿命服从指数分布 $R(t) = e^{-\lambda t}$，求 $R = 0.9$ 时的寿命。

4-13 一个系统由5个元件组成，其联结方式和元件可靠度如图4-44所示，求该系统的可靠度。

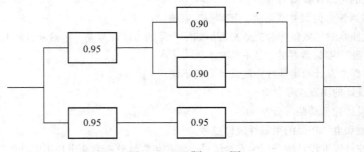

图4-44 习题4-13图

4-14 设由两个子系统组成的并联系统，已知子系统可靠度 $R_1 = R_2 = R$，且失效率 $\lambda_1 = \lambda_2 = \lambda$，服从指数分布，求该系统的可靠度。

4-15 由3个子系统组成的串联系统，设每个子系统分配的可靠度相等，系统的可靠度指标为 $R = 0.84$，求每个子系统的可靠度。

4-16 试建立图4-45所示结构的故障树，并求它的全部割集和最小割集，试用结构函数法求系统的可靠度。

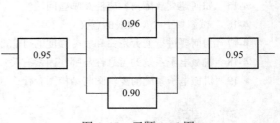

图4-45 习题4-16图

第5章 其他现代设计方法简介

本章学习目标和要点 ▐▐▐

　　本章学习目标是使读者在掌握现代设计方法中经典的方法后，对近年来发展起来的一些其他方法也有所了解，以起到各种方法融会贯通、互相借鉴的作用。同时也有利于读者在今后的实际运用中能够根据工程问题的性质选择适当的方法或联合采用这些方法来协同工作，提高设计分析效果。本章学习要点是各种方法解决问题的基本思想、特点和功能。

　　现代设计方法中除了前面介绍的有限元、优化设计和可靠性方法外，还包括了众多现代发展起来的设计分析技术，为使读者对机械工程中常用的现代设计方法有所了解，下面对这些方法做一简要介绍。

5.1　计算机辅助设计

　　计算机辅助设计（CAD）是现代设计方法中发展最早、技术也最为成熟的现代设计方法之一，也是其他计算机辅助技术的基础和必不可少的组成部分。计算机辅助设计已经开始在我国工程技术界的各个设计领域推广应用。它对提高设计、生产、使用的效益，将设计人员从繁重的设计工作中解放出来，起到了巨大的作用。

　　计算机辅助绘图是CAD中计算机应用最成熟的领域，是计算机辅助设计最主要的部分，以至于经常有人将计算机绘图与计算机辅助设计混为一谈。计算机辅助绘制二维图形常用的方法有四种：第一种是直接利用图形支撑软件提供的各种功能进行绘图；第二种是利用图形支撑系统提供的尺寸驱动方式进行绘图（又称为参数化绘图）；第三种是利用图形支撑系统提供的二次开发工具，将一些常用的图素参数化，并将这些图素存在图库中；第四种方式是采用三维造型系统完成零件的三维模型，然后采用投影和剖切的方式由三维模型生成二维图形，这是最为理想的绘图方法。目前，我国工程技术界已经普及二维计算机辅助绘图，开始采用三维计算机辅助绘图。

　　先进的CAD系统提供如下的功能：产品的方案设计；产品/工程的结构设计与分析；产品的性能分析与仿真；对产品结构的可装配性的检查；自动生成产品的设计文档资料；设计文档的管理及产品数控（NC）加工仿真。

CAD 系统一般由许多功能模块构成，各功能模块相互独立工作，又相互传递信息，形成一个相互协调有序的系统，这些功能模块一般有：图形处理模块；三维几何造型模块；装配模块；计算机辅助工程模块；机构动态仿真模块；数据库模块；用户编程模块。

近年来，在计算机辅助设计的基础上，人们又发展了智能计算机辅助设计（ICAD）。到了更为先进的设计阶段，智能工作由人类和计算机共同完成，这就是所谓的集成化智能 CAD 系统（I_2CAD）。I_2CAD 与 ICAD 的区别有如下几个方面。

1）ICAD 处理的设计仅局限于一个领域，而 I_2CAD 可处理多领域的设计。

2）ICAD 好比一个专家的演绎推理，而 I_2CAD 相当于一群专家的推理与决策活动。

3）ICAD 仍属于一般设计领域，而 I_2CAD 则看作是创新设计。

智能化设计技术的关键在于以下几点。

1）建立一个合理而有效的模型来表达设计知识。

2）实现多方案的并行设计。

3）联合和处理多专家系统。

4）具有再设计与自学习的能力。

5）集成相关设计信息。

5.2　模块化设计

人们在长期的设计实践中发现，开发具有多种功能的不同产品，不必对每种产品进行独立设计，只要设计出多种标准的模块，然后根据产品的不同需要，选取所需的模块，以不同的方式将这些模块组合构成不同的产品，从而解决了产品品种、规格与设计制造周期、成本之间的矛盾，这就是所谓的模块化设计。这里的模块指的是一组具有同一功能和结合要素，但性能或结构不同却能互换的单元。例如对工程中广泛使用的不同规格的减速器实行模块化设计，就是对各种不同规格、品种的减速器进行功能分析、划分，并设计出一系列功能模块，通过对这些功能模块的选择和组合来构成不同的减速器以适应市场的需求。模块化设计的关键技术：一是模块的标准化，即模块结构的标准化以及模块接口的标准化；二是模块的划分，如何科学合理地划分模块，是模块化设计中具有艺术性的一项工作。因此，划分前必须对系统进行详细的功能分析和结构分析，才能合理确定模块的种类和数量。先进的模块系统不但可以采用计算机辅助设计，而且可用计算机进行管理，从而能更好地体现模块化设计的优越性。模块化的特点包括：标准化、系列化、通用化、组合化、集成化、互换性和相容性等。

5.3　并行设计

传统设计是将产品的开发过程划分为一系列串联环节，忽略了各个环节之间的交流和协调。每个工程技术人员或部门只承担局部工作，影响了对产品开发整体过程的综合考虑。在任何一个环节发现问题，都要向上追溯到某一环节中重新循环，导致设计周期长，成本增加。为缩短产品开发周期，提高产品质量，降低设计制造成本，一种以工作群组为组织形式，以计算机应用为技术手段，强调集成和协调的并行设计便应运而生了。并行设计是一种综合工程设计、制造、管理经营的思想、方法和工作模式。其核心是产品的设计阶段就考虑产品生命周期中的所有因素，包括设计、分析、制造、装配、检验、维护、质量、成本、进度与用户需求等。强调多学科小组、各有关部门协同工作，强调对产品设计及其相关过程进行并行地、集成地、一体化地进行设计，使产品开发一次便成功，缩短产品开发周期，提高产品质量。并行设计的技术特征包括产品开发过程的并行重组，支持并行涉及的群组工作方式，统一的产品信息模型，基于时间的决策，分布式软硬件环境等。并行设计的关键技术是建模与仿真技术，信息系统及其管理技术、决策支持及评价系统等。

5.4　模糊设计

在现实的客观世界及工程领域中，既有许多确定性与随机性的现象，还存在着模糊现象。所谓的模糊现象是指边界不清楚，在质上没有确切的含义，在量上没有确切界限的某种事物的一种客观属性，是事物差异之间存在着中间过渡过程的结果。科学家基于这一现象创立了模糊集合论，进而形成了模糊数学。模糊设计是运用模糊数学原理针对工程中的模糊现象，模拟人的经验、思维与创造力，设计模糊化、智能化的软件与硬件产品的综合学科。机械工程中模糊设计的应用包括模糊优化设计和模糊可靠性设计。目前，国内外模糊优化理论及研究已取得较大进展，我国在机械结构的模糊优化设计、抗震结构的模糊优化设计等方面已取得了较多成果。对产品进行模糊可靠性设计是一种新的设计理论与方法，是常规可靠性设计的拓展，也是可靠性设计理论的重要研究方法之一。

5.5　创新设计

创新是任何设计的本质特征，没有创新，世界也不会多姿多彩。现在，产品市场的竞争越来越厉害，创新也是促使企业赢得竞争的重要方式。

在机械生产工业，产品的革新分为两类。一类是产品外在形式的创新，这种创新并不包含重要的技术内容，比如包装上的变化、造型改变或颜色的改变等；另一类包含了重要技术内容的内在创新，如新材料、基因技术、高速率芯片等。

创新的内容很广泛，它可以是一项发明，也可以仅仅是一件电器产品。通过对创新规则的研究发现，人类的创造力是可以培养的。因此对产品的创新进行有意识的、足够的教育是非常重要的。这样人们就可以在不同层次发挥创新能力，这样对整个人类文明的进步都会起到推动作用。

常用的创新方法包括：群体激智法、系统探求法、5W2H 法、奥斯本设问法、特性列举法、联想类比法、组合创新法等。

5.6　面向制造的设计

研究表明，大量的设计最终不能成为实际产品，有许多原因，其中一个重要原因在于设计出的产品很难制造，或是制造的成本太高。因此，面向制造的设计技术对于一个设计能否最终成为产品是非常重要的。

这种面向制造的设计技术涉及许多方面，其中包括：

1) 制造零件或元件的成本应合理。

2) 制作完成的零件或机器应便于运输。

3) 产品质量便于检查。

4) 产品的性能可检测。

5) 零件或机器应便于维修。

目前，绝大多数产品的开发过程都是一步一步进行的，设计者关注的是如何实现产品的性能，并不考虑产品能否被制造出来，因此到最后，产品开发往往就不会成功。

采用面向制造的设计理论和方法，设计者可以在设计阶段评估产品的可制造性和经济性。一般来说，面向制造的设计的关键技术与以下几方面有关：计算机的辅助概念设计、产品制造评估方法、并行设计过程模型、设计与测试技术等。

5.7 绿色设计

自20世纪70年代以来，由工业污染造成的全球环境危机越来越严重。为加强环境保护，全球工业产品的策略正逐步向绿色转变，工业的发展应尽可能减少对环境的污染；产品产生的垃圾越少越好，对地球的资源应合理加以利用。而绿色技术是减轻环境污染或减少原材料、自然资源使用的技术、工艺或产品的总称。绿色设计就是以绿色技术为原则所进行的产品设计。那么，如何判断一个产品是否是绿色产品呢？答案主要有以下几个方面。

1) 产品的材料应对环境无害。

2) 设计时应考虑最大限度利用材料资源。

3) 设计应考虑最大限度节约能源。

绿色设计的主要内容包括：

1) 绿色产品的描述与建模。

2) 绿色设计的材料选择与管理。

3) 产品的可回收性设计。

4) 产品的可拆卸性设计。

5) 绿色产品的成本分析。

6) 绿色设计数据库。

5.8 虚拟设计技术

虚拟设计是以虚拟现实技术为基础，以机械产品为设计对象的设计手段。它能使产品设计实现更自然的人机交互，能系统考虑各种因素，把握新产品开发周期的全过程，提高产品设计的一次性成功率，缩短产品开发周期，降低生产成本，提高产品质量。虚拟现实技术是一项综合技术，能使用户在计算机生成的虚拟环境中感受逼真的沉浸感，用户可以采用自然的三维操作手势、语音等多通道信息来表达自己的意图，可以按用户当前的视点位置和视线方向，实时地改变呈现给用户的虚拟环境。虚拟设计中的产品是虚拟环境中的产品模型，是现实产品物理原型的形体和表现，可以在计算机上逼真地展示产品性能。在进行虚拟产品设计时，设计人员可以利用现有的 CAD 系统建模，再转换到虚拟现实环境中，让设计人员或客户来感知产品。设计人员也可利用虚拟现实和 CAD 系统，直接在虚拟环境中进行设计与修改。虚拟设计包括虚拟装配设计、虚拟人机工程学设计和虚拟性能设计等应用领域。虚拟装配设计将计算机仿真模型在计算机上进行仿真装配，实现产品的工艺规划、加工制造、装配和调试。虚拟人机工程学设计是在计算机虚拟样机系统中，引入虚拟人机工程学评价系统，通过研究产品的人机工程学参数，根据设计要求，修改并重新设计产品。虚拟性能设计是以产品的最优性能为目标的新设计思想。由于网络技术的出现，使得设计者在设计过程中能够突破环境、技术和材料等因素的限制，从而来实现对所设计产品的最终性能指标的估计和控制，完成真正意义上的产品性能设计。

附　录

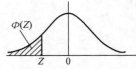

附表 1　标准正态分布表　$\Phi(z) = \int_{-\infty}^{z} \frac{1}{\sqrt{2\pi}} e^{-z^2/2} \mathrm{d}Z = P(Z \leqslant z)$

z	0.00	0.01	0.02	0.03	0.04	0.05	0.06	0.07	0.08	0.09	z
-0.0	0.5000	0.4960	0.4920	0.4880	0.4840	0.4801	0.4761	0.4721	0.4681	0.4641	-0.0
-0.1	0.4602	0.4562	0.4522	0.4483	0.4443	0.4404	0.4364	0.4325	0.4286	0.4247	-0.1
-0.2	0.4207	0.4168	0.4129	0.4090	0.4052	0.4013	0.3974	0.3936	0.3897	0.3859	-0.2
-0.3	0.3821	0.3783	0.3745	0.3707	0.3669	0.3632	0.3594	0.3557	0.3520	0.3483	-0.3
-0.4	0.3446	0.3409	0.3372	0.3336	0.3300	0.3264	0.3228	0.3192	0.3156	0.3121	-0.4
-0.5	0.3085	0.3050	0.3015	0.2981	0.2946	0.2912	0.2877	0.2843	0.2810	0.2776	-0.5
-0.6	0.2743	0.2709	0.2676	0.2643	0.2611	0.2578	0.2546	0.2514	0.2483	0.2451	-0.6
-0.7	0.2420	0.2389	0.2358	0.2327	0.2297	0.2266	0.2236	0.2206	0.2177	0.2148	-0.7
-0.8	0.2119	0.2090	0.2061	0.2033	0.2005	0.1977	0.1949	0.1922	0.1894	0.1867	-0.8
-0.9	0.1841	0.1814	0.1788	0.1762	0.1736	0.1711	0.1685	0.1660	0.1635	0.1611	-0.9
-1.0	0.1587	0.1562	0.1539	0.1515	0.1492	0.1469	0.1446	0.1423	0.1401	0.1379	-1.0
-1.1	0.1357	0.1335	0.1314	0.1292	0.1271	0.1251	0.1230	0.1210	0.1190	0.1170	-1.1
-1.2	0.1151	0.1131	0.1112	0.1093	0.1075	0.1056	0.1038	0.1020	0.1003	0.09853	-1.2
-1.3	0.09680	0.09510	0.09342	0.09176	0.09012	0.03851	0.08691	0.08534	0.08379	0.08226	-1.3
-1.4	0.08076	0.07927	0.07780	0.07636	0.07493	0.07353	0.07215	0.07078	0.06944	0.06811	-1.4
-1.5	0.06681	0.06552	0.06426	0.06301	0.06178	0.06057	0.05938	0.05821	0.05705	0.05592	-1.5
-1.6	0.05480	0.05370	0.05262	0.05155	0.05050	0.04947	0.04846	0.04746	0.04648	0.04551	-1.6
-1.7	0.04457	0.04363	0.04272	0.04182	0.04093	0.04006	0.03920	0.03836	0.03754	0.03673	-1.7
-1.8	0.03593	0.03515	0.03438	0.03362	0.03288	0.03216	0.03144	0.03074	0.03005	0.02938	-1.8

z	0.00	0.01	0.02	0.03	0.04	0.05	0.06	0.07	0.08	0.09	z
-1.9	0.02872	0.02807	0.02743	0.02680	0.02619	0.02559	0.02500	0.02442	0.02385	0.02330	-1.9
-2.0	0.02275	0.02222	0.02169	0.02118	0.02068	0.02018	0.01970	0.01923	0.01876	0.01831	-2.0
-2.1	0.01786	0.01743	0.01700	0.01659	0.01618	0.01578	0.01539	0.01500	0.01463	0.01426	-2.1
-2.2	0.01390	0.01355	0.01321	0.01287	0.01255	0.01222	0.01191	0.01160	0.01130	0.01101	-2.2
-2.3	0.01072	0.01044	0.01017	0.0^29903	0.0^29642	0.0^29387	0.0^29137	0.0^28894	0.0^28656	0.0^28424	-2.3
-2.4	0.0^28198	0.0^27976	0.0^27760	0.0^27549	0.0^27344	0.0^27143	0.0^26947	0.0^26756	0.0^26569	0.0^26387	-2.4
-2.5	0.0^26210	0.0^26037	0.0^25868	0.0^25703	0.0^25543	0.0^25386	0.0^25234	0.0^25085	0.0^24940	0.0^24799	-2.5
-2.6	0.0^24661	0.0^24527	0.0^24396	0.0^24269	0.0^24145	0.0^24025	0.0^23907	0.0^23793	0.0^23681	0.0^23573	-2.6
-2.7	0.0^23467	0.0^23364	0.0^23264	0.0^23167	0.0^23072	0.0^22930	0.0^22890	0.0^22803	0.0^22718	0.0^22635	-2.7
-2.8	0.0^22555	0.0^22477	0.0^22401	0.0^22327	0.0^22256	0.0^22186	0.0^22118	0.0^22052	0.0^21938	0.0^21926	-2.8
-2.9	0.0^21866	0.0^21807	0.0^21750	0.0^21695	0.0^21641	0.0^21589	0.0^21538	0.0^21489	0.0^21441	0.0^21395	-2.9
-3.0	0.0^21350	0.0^21306	0.0^21264	0.0^21223	0.0^21183	0.0^21144	0.0^21107	0.0^21070	0.0^21035	0.0^21001	-3.0
-3.1	0.0^39676	0.0^39354	0.0^39043	0.0^38740	0.0^38447	0.0^38164	0.0^37888	0.0^37622	0.0^37364	0.0^37114	-3.1
-3.2	0.0^36871	0.0^36637	0.0^36410	0.0^36190	0.0^35976	0.0^35770	0.0^35571	0.0^35377	0.0^35190	0.0^35009	-3.2
-3.3	0.0^34834	0.0^34665	0.0^34501	0.0^34342	0.0^34189	0.0^34041	0.0^33897	0.0^33758	0.0^33624	0.0^33495	-3.3
-3.4	0.0^33369	0.0^33248	0.0^33131	0.0^33018	0.0^32909	0.0^32803	0.0^32701	0.0^32602	0.0^32507	0.0^32415	-3.4
-3.5	0.0^32326	0.0^32241	0.0^32158	0.0^32078	0.0^32001	0.0^31926	0.0^31854	0.0^31785	0.0^31718	0.0^31653	-3.5
-3.6	0.0^31591	0.0^31531	0.0^31473	0.0^31417	0.0^31363	0.0^31311	0.0^31262	0.0^31213	0.0^31166	0.0^31121	-3.6
-3.7	0.0^31078	0.0^31036	0.0^49961	0.0^49574	0.0^49201	0.0^43842	0.0^48496	0.0^48162	0.0^47841	0.0^47532	-3.7
-3.8	0.0^47235	0.0^46948	0.0^46673	0.0^46407	0.0^46152	0.0^45906	0.0^45669	0.0^45442	0.0^45223	0.0^45012	-3.8
-3.9	0.0^44810	0.0^44615	0.0^44427	0.0^44247	0.0^44074	0.0^43908	0.0^43747	0.0^43594	0.0^43446	0.0^43304	-3.9
-4.0	0.0^43167	0.0^43036	0.0^42910	0.0^42789	0.0^42673	0.0^42561	0.0^42454	0.0^42351	0.0^42252	0.0^42157	-4.0
-4.1	0.0^42066	0.0^41978	0.0^41894	0.0^41814	0.0^41737	0.0^41662	0.0^41591	0.0^41523	0.0^41458	0.0^41395	-4.1
-4.2	0.0^41335	0.0^41277	0.0^41222	0.0^41168	0.0^41118	0.0^41069	0.0^41022	0.0^59774	0.0^59345	0.0^58934	-4.2
-4.3	0.0^58540	0.0^58163	0.0^57801	0.0^57455	0.0^57124	0.0^56807	0.0^56503	0.0^56212	0.0^55934	0.0^55668	-4.3
-4.4	0.0^55413	0.0^55169	0.0^54935	0.0^54712	0.0^54498	0.0^54294	0.0^54098	0.0^53911	0.0^53732	0.0^53561	-4.4
-4.5	0.0^53398	0.0^53241	0.0^53092	0.0^52949	0.0^52813	0.0^52682	0.0^52558	0.0^52439	0.0^52325	0.0^52216	-4.5
-4.6	0.0^52112	0.0^52013	0.0^51919	0.0^51828	0.0^51742	0.0^51660	0.0^51581	0.0^51506	0.0^51434	0.0^51366	-4.6
-4.7	0.0^51301	0.0^51239	0.0^51179	0.0^51123	0.0^51069	0.0^51017	0.0^69680	0.0^69211	0.0^68765	0.0^68339	-4.7
-4.8	0.0^67933	0.0^67547	0.0^67178	0.0^66827	0.0^66492	0.0^66173	0.0^65869	0.0^65580	0.0^65304	0.0^65042	-4.8
-4.9	0.0^64792	0.0^64554	0.0^64327	0.0^64111	0.0^63906	0.0^63711	0.0^63525	0.0^63348	0.0^63179	0.0^63019	-4.9
0.0	0.5000	0.5040	0.5080	0.5120	0.5160	0.5199	0.5239	0.5279	0.5319	0.5359	0.0
0.1	0.5398	0.5438	0.5478	0.5517	0.5557	0.5596	0.5636	0.5675	0.5714	0.5753	0.1
0.2	0.5793	0.5832	0.5871	0.5910	0.5948	0.5987	0.6026	0.6064	0.6103	0.6141	0.2
0.3	0.6179	0.6217	0.6255	0.6293	0.6331	0.6368	0.6406	0.6443	0.6480	0.6517	0.3
0.4	0.6554	0.6591	0.6628	0.6664	0.6700	0.6736	0.6772	0.6808	0.6844	0.6879	0.4

（续）

z	0.00	0.01	0.02	0.03	0.04	0.05	0.06	0.07	0.08	0.09	z
0.5	0.6915	0.6950	0.6985	0.7019	0.7054	0.7088	0.7123	0.7157	0.7190	0.7224	0.5
0.6	0.7257	0.7291	0.7324	0.7357	0.7389	0.7422	0.7454	0.7486	0.7517	0.7549	0.6
0.7	0.7580	0.7611	0.7642	0.7673	0.7703	0.7734	0.7764	0.7794	0.7823	0.7852	0.7
0.8	0.7881	0.7910	0.7939	0.7967	0.7995	0.8023	0.8051	0.8078	0.8106	0.8133	0.8
0.9	0.8159	0.8186	0.8212	0.8238	0.8264	0.8289	0.8315	0.8340	0.8365	0.8389	0.9
1.0	0.8413	0.8438	0.8461	0.8485	0.8508	0.8531	0.8554	0.8577	0.8559	0.8621	1.0
1.1	0.8643	0.8665	0.8686	0.8708	0.8729	0.8749	0.8770	0.8790	0.8810	0.8830	1.1
1.2	0.8849	0.8869	0.8888	0.8907	0.8925	0.8944	0.8962	0.8980	0.8997	0.90147	1.2
1.3	0.90320	0.90490	0.90658	0.90824	0.90988	0.91149	0.91309	0.91466	0.91621	0.91774	1.3
1.4	0.91924	0.92073	0.92220	0.92364	0.92507	0.92647	0.92785	0.92922	0.93056	0.93189	1.4
1.5	0.93319	0.93448	0.93574	0.93699	0.93822	0.93943	0.94062	0.94179	0.94295	0.94408	1.5
1.6	0.94520	0.94630	0.94738	0.94845	0.94950	0.95053	0.95154	0.95254	0.95352	0.95449	1.6
1.7	0.95543	0.95637	0.95728	0.95818	0.95907	0.95994	0.96080	0.96164	0.96246	0.96327	1.7
1.8	0.96407	0.96485	0.96562	0.96638	0.96712	0.96784	0.96856	0.96926	0.96995	0.97062	1.8
1.9	0.97128	0.97193	0.97257	0.97320	0.97381	0.97441	0.97500	0.97558	0.97615	0.97670	1.9
2.0	0.97725	0.97778	0.97831	0.97882	0.97932	0.97982	0.98030	0.98077	0.98124	0.98169	2.0
2.1	0.98214	0.98257	0.98300	0.98341	0.98382	0.98422	0.98461	0.98500	0.98537	0.98574	2.1
2.2	0.98610	0.98645	0.98679	0.98713	0.98745	0.98778	0.98809	0.98840	0.98870	0.98899	2.2
2.3	0.98928	0.98956	0.98983	0.9^20097	0.9^20358	0.9^20613	0.9^20863	0.9^21106	0.9^21344	0.9^21576	2.3
2.4	0.9^21802	0.9^22024	0.9^22240	0.9^22451	0.9^22656	0.9^22857	0.9^23053	0.9^23244	0.9^23431	0.9^23613	2.4
2.5	0.9^23790	0.9^23963	0.9^24132	0.9^24297	0.9^24457	0.9^24614	0.9^24766	0.9^24915	0.9^25060	0.9^25201	2.5
2.6	0.9^25339	0.9^25473	0.9^25604	0.9^25731	0.9^25855	0.9^25975	0.9^26093	0.9^26207	0.9^26319	0.9^26427	2.6
2.7	0.9^26533	0.9^26636	0.9^26736	0.9^26833	0.9^26928	0.9^27020	0.9^27110	0.9^27197	0.9^27282	0.9^27365	2.7
2.8	0.9^27445	0.9^27523	0.9^27599	0.9^27673	0.9^27744	0.9^27814	0.9^27882	0.9^27948	0.9^28012	0.9^28074	2.8
2.9	0.9^28134	0.9^28193	0.9^28250	0.9^28305	0.9^28359	0.9^28411	0.9^28462	0.9^28511	0.9^28559	0.9^28605	2.9
3.0	0.9^28650	0.9^28694	0.9^28736	0.9^28777	0.9^28817	0.9^28856	0.9^28893	0.9^28930	0.9^28965	0.9^28999	3.0
3.1	0.9^30324	0.9^30646	0.9^30957	0.9^31260	0.9^31553	0.9^31836	0.9^32112	0.9^32378	0.9^32636	0.9^32886	3.1
3.2	0.9^33129	0.9^33363	0.9^33590	0.9^33810	0.9^34024	0.9^34230	0.9^34429	0.9^34623	0.9^34810	0.9^34991	3.2
3.3	0.9^35166	0.9^35335	0.9^35499	0.9^35658	0.9^35811	0.9^35959	0.9^36103	0.9^36242	0.9^36376	0.9^36505	3.3
3.4	0.9^36631	0.9^36752	0.9^36869	0.9^36982	0.9^37091	0.9^37197	0.9^37299	0.9^37398	0.9^37493	0.9^37585	3.4
3.5	0.9^37674	0.9^37759	0.9^37842	0.9^37922	0.9^37999	0.9^38074	0.9^38146	0.9^38215	0.9^38282	0.9^38347	3.5
3.6	0.9^38409	0.9^38469	0.9^38527	0.9^38583	0.9^38637	0.9^38689	0.9^38739	0.9^38787	0.9^38834	0.9^38879	3.6
3.7	0.9^38922	0.9^38964	0.9^40039	0.9^40426	0.9^40799	0.9^41158	0.9^41504	0.9^41838	0.9^42159	0.9^42468	3.7
3.8	0.9^42765	0.9^43052	0.9^43327	0.9^43593	0.9^43848	0.9^44094	0.9^44331	0.9^44558	0.9^44777	0.9^44988	3.8
3.9	0.9^45190	0.9^45385	0.9^45573	0.9^45753	0.9^45926	0.9^46092	0.9^46253	0.9^46406	0.9^46554	0.9^46696	3.9
4.0	0.9^46833	0.9^46964	0.9^47090	0.9^47211	0.9^47327	0.9^47439	0.9^47546	0.9^47649	0.9^47748	0.9^47843	4.0

z	0.00	0.01	0.02	0.03	0.04	0.05	0.06	0.07	0.08	0.09	z
4.1	$0.9^4 7934$	$0.9^4 8022$	$0.9^4 8106$	$0.9^4 8186$	$0.9^4 8263$	$0.9^4 8338$	$0.9^4 8409$	$0.9^4 8477$	$0.9^4 8542$	$0.9^4 8605$	4.1
4.2	$0.9^4 8665$	$0.9^4 8723$	$0.9^4 8778$	$0.9^4 8832$	$0.9^4 8882$	$0.9^4 8931$	$0.9^4 8978$	$0.9^5 0226$	$0.9^5 0655$	$0.9^5 1066$	4.2
4.3	$0.9^5 1460$	$0.9^5 1837$	$0.9^5 2199$	$0.9^5 2545$	$0.9^5 2876$	$0.9^5 3193$	$0.9^5 3497$	$0.9^5 3788$	$0.9^5 4066$	$0.9^5 4332$	4.3
4.4	$0.9^5 4587$	$0.9^5 4831$	$0.9^5 5065$	$0.9^5 5288$	$0.9^5 5502$	$0.9^5 5706$	$0.9^5 5902$	$0.9^5 6089$	$0.9^5 6268$	$0.9^5 6439$	4.4
4.5	$0.9^5 6602$	$0.9^5 6759$	$0.9^5 6908$	$0.9^5 7051$	$0.9^5 7187$	$0.9^5 7318$	$0.9^5 7442$	$0.9^5 7561$	$0.9^5 7675$	$0.9^5 7784$	4.5
4.6	$0.9^5 7888$	$0.9^5 7987$	$0.9^5 8081$	$0.9^5 8172$	$0.9^5 8258$	$0.9^5 8340$	$0.9^5 8419$	$0.9^5 8494$	$0.9^5 8566$	$0.9^5 8634$	4.6
4.7	$0.9^5 8699$	$0.9^5 8761$	$0.9^5 8821$	$0.9^5 8877$	$0.9^5 8931$	$0.9^5 8983$	$0.9^6 0320$	$0.9^6 6789$	$0.9^6 1235$	$0.9^6 1661$	4.7
4.8	$0.9^6 2067$	$0.9^6 2453$	$0.9^6 2822$	$0.9^6 3173$	$0.9^6 3508$	$0.9^6 3827$	$0.9^6 4131$	$0.9^6 4420$	$0.9^6 4696$	$0.9^6 4958$	4.8
4.9	$0.9^6 5208$	$0.9^6 5446$	$0.9^6 5673$	$0.9^6 5889$	$0.9^6 6094$	$0.9^6 6289$	$0.9^6 6475$	$0.9^6 6652$	$0.9^6 6821$	$0.9^6 6981$	4.9

附表 2　标准正态分布下侧分位数 z_P $\Phi(z_P) = p$

p	z_P	p	z_P	p	z_P	p	z_P
0.52	0.050154	0.72	0.582842	0.86	1.080319	0.96	1.750686
0.54	0.100434	0.74	0.643345	0.87	1.126391	0.97	1.880794
0.56	0.150969	0.76	0.706303	0.88	1.174987	0.98	2.053749

参 考 文 献

[1] 张维刚，钟志华. Advanced Design Methods［M］. 北京：机械工业出版社，2005.

[2] 陈立周，等. 机械优化设计［M］. 上海：上海科学技术出版社，1982.

[3] 蒋孝煜. 有限元基础［M］. 北京：清华大学出版社，1984.

[4] 刘惟信. 机械可靠性设计［M］. 北京：清华大学出版社，1996.

[5] 钱令希. 工程结构优化设计［M］. 北京：中国水利电力出版社，1983.

[6] 许锦康. 机械优化设计［M］. 北京：机械工业出版社，1995.

[7] EJ 豪格，JS 阿罗拉. 实用最优设计［M］. 北京：科学出版社，1985.

[8] 徐灏. 机械强度的可靠性设计［M］. 北京：机械工业出版社，1984.

[9] Jmesn N Siddall. Optimal Engineering［M］. New York and Basel：Marcel Dekker，1982.

[10] 任重. ANSYS 实用分析教程［M］. 北京：北京大学出版社，2003.

[11] 周昌玉，贺小华. 有限元分析的基本方法及工程应用［M］. 北京：化学工业出版社，2006.

[12] 邢静忠，王永岗. 有限元基础与 ANSYS 入门［M］. 北京：机械工业出版社，2005.

[13] 曾攀. 有限元分析及应用［M］. 北京：清华大学出版社，2004.

[14] 谭继锦. 汽车有限元法［M］. 北京：人民交通出版社，2005.

[15] 张洪信. 有限元基础理论与 ANSYS 应用［M］. 北京：机械工业出版社，2006.

[16] 谢贻权，何福保. 弹性和塑性力学中的有限单元法［M］. 北京：机械工业出版社，1981.

[17] 王焕定，焦兆平. 有限单元法基础［M］. 北京：高等教育出版社，2002.

[18] 蒋玉川，张建海，李章政. 弹性力学及有限单元法［M］. 北京：科学出版社，2006.

[19] 薛守义. 有限单元法［M］. 北京：中国建材工业出版社，2005.

[20] 张国瑞. 有限元法［M］. 北京：机械工业出版社，1991.

[21] 孙新民，等. 现代设计方法实用教程［M］. 北京：人民邮电出版社，1999.

[22] 廖林清，等. 现代设计方法［M］. 重庆：重庆大学出版社，2000.

[23] 张鄂. 现代设计方法［M］. 西安：西安交通大学出版社，1999.

[24] 刘力. 机电产品开发设计与制造技术标准使用手册［M］. 北京：世图音像电子出版社，2002.

[25] 王凤歧，等. 现代设计方法［M］. 天津：天津大学出版社，2004.

[26] 王焕定，焦兆平. 有限单元法基础［M］. 北京：高等教育出版社，2002.

[27] 居滋培. 可靠性工程［M］. 北京：原子能出版社，2000.